曹杰勇 著

产业园区空间形态

THE SPATIAL FORM OF INDUSTRIAL PARKS

上海科学技术出版社

图书在版编目（CIP）数据

产业园区空间形态 / 曹杰勇著. -- 上海 : 上海科学技术出版社, 2025. 6. -- ISBN 978-7-5478-6828-7
Ⅰ. TU984.13
中国国家版本馆CIP数据核字第2024LD0166号

产业园区空间形态
曹杰勇　著

上海世纪出版（集团）有限公司
上海科学技术出版社　出版、发行
（上海市闵行区号景路159弄A座 9F-10F）
邮政编码201101 www.sstp.cn
江阴金马印刷有限公司印刷
开本 787×1092　1/16　印张 21
字数 350 千字
2025 年 6 月第 1 版　2025 年 6 月第 1 次印刷
ISBN 978-7-5478-6828-7/TU・356
定价：150.00 元

本书如有缺页、错装或坏损等严重质量问题，请向工厂联系调换

序一
PREFACE I

产业园区,作为产业聚集的显著载体,不仅是区域经济发展和产业调整升级的重要空间表现,也是衡量地区社会经济发展水平的一个鲜明标志。它承载着汇聚创新资源、孕育新兴产业,以及推动城市化建设的重任。透过我国历次的"五年规划",可以清晰地洞察到,产业在宏观经济战略引领之下,不断调整与发展的壮丽历程。

上海,自1843年开埠以来,历经170余年的沧桑巨变,始终在产业演进与城市转型的道路上不断前行。面对外部环境的变迁、内部条件的转换以及国家战略的调整,上海总能审时度势,灵活调整其产业发展战略,从而引领城市产业的不断变迁。上海工业历史悠久,制造业底蕴深厚,产业门类齐全,综合配套生产能力卓越。然而,与此同时,我们也应清醒地认识到,上海在高技术产业的质量和效益上尚有提升空间,生产性服务业尚需进一步优化,以全面提升经济体系的生产效率,激发行业创新活力。

上海在产业不断演进和调整的历程中,逐步塑造出独特的城市个性,这为上海实现中国式现代化,提升在全球城市经济、文化、科技网络中的地位奠定了坚实基础。上海的产业发展轨迹,彰显了从传统到现代、从单一到多元、从依赖到自主的深刻转变。通过持续的政策调整和产业优化,上海始终保持了作为全球城市的经济竞争力和创新能力。

在上海的产业版图中,产业园区无疑扮演着举足轻重的角色。它们不仅是产业发展的重要承载地,更是孕育了众多全国领先的行业企业。在建设具有全球影响力的科技创新中心的过程中,上海产业园区市场承载了众多高质量产业的创新发展。集成电路、生命科学、人工智能、新能源汽车及游戏五大产业,在创新发展的战略转型中逐步释放巨大市场需求,已发展成为上海产业园区的支柱产业,展现出引领全国的强劲动力和行业优势。

上海建筑设计研究院有限公司（简称"上海院"）自成立以来，始终勇立潮头，是上海产业园区建设的积极参与者和实践者。从20世纪80年代的漕河泾开发区，到90年代的浦东经济特区大开发，再到21世纪的张江高科技园区、虹桥商务区，以及近年来的五大产业新城等，都留下了上海院建筑师们的智慧结晶和辛勤汗水。在全国范围内，上海院建筑师主导的产业园区项目也数不胜数，其中不乏华为青浦园区、徐汇滨江阿里园区、杭州阿里巴巴达摩院、成都字节跳动总部等具有代表性的项目。

上海院作为一家知识密集型、研究型企业，不仅注重项目实践，更重视理论研究，积极支持建筑师开展课题研究，实现从实践到理论、再从理论到实践的闭环。在产业园区领域，我们不仅有诸多优秀的项目实践，也开展了多个方向的理论研究，内容涵盖产业园区设计导则、工业上楼等多个方面。曹杰勇博士的研究，正是这一科研体系中的一颗璀璨明珠。他从城市设计的思维模式出发，结合产业发展历程、中西对比、产业政策等多个维度，由大到小、由简至繁、由宏观到微观逐级细化，通过大量案例分析及实地考察，深入剖析了产业园区空间形态的形成机制、特点与方法。

曹杰勇博士的研究成果，不仅系统全面，而且在产业园区空间形态研究中独辟蹊径，填补了上海院科研专项研究的空白。这对于指导设计项目的创新设计具有重要的推动作用。曹杰勇博士是上海院众多致力于产业园区研究的一员，他的成功离不开这个团队的共同努力和支持。我相信，在这个团队的持续努力下，我们的研究不仅能够紧跟时代步伐，承担国企在支撑国家产业发展中的历史责任，更能推动创新性的科研研究，引领整个行业的繁荣发展。

姚　军
上海建筑设计研究院有限公司党委书记、董事长
2025年5月

序二
PREFACE II

中国的产业园区从1979年的蛇口工业园区开始已经走过了45年的发展历程，已经成为重要经济增长极、重要的创新集聚地以及重要的开放先导区。经过45年的发展沉淀，产业园区在发展规模和结构上趋于成熟，发展模式总体呈现出由硬因素与软因素相互结合、交互作用的"二元非均衡"的特点。产业园区是一种特殊的经济区域，至今依然是中国新时期高质量发展的关键平台和主要基地。截至2023年，仅407家国家级经济技术开发区和高新技术产业开发区，就贡献了全国GDP的1/4、出口的2/5、税收的1/4。园区在实现由产业积聚转向产业集群的过程中，不断地进行着各种形式的融合：园区内的融合、园区间的融合、园区与城市的融合、园区与国际的融合。

产业园区的空间形态是产业园区硬实力发展的一种外在表现，在一定程度上可以体现出园区的产业特色、管理特色、员工的行为特色、地方文化特色等软实力。产业园区不仅是推动区域经济发展的核心动力，也是国家实现经济突破的重要切入点。在此背景下，园区不仅需要引入现有的发展模式，还需要深入探讨如何构建适应未来需求的新发展模式。园区建成环境的优化和提升也是产业园区空间治理的重要抓手，在这里我们通过梳理产业园区的形态发展规律，探索适合未来园区发展的空间新模式。

产业园区发展新模式，可以从要素多元和要素关联两条线拓展分析：一方面，在要素多元上，随着园区的发展，必须满足在产业上特色更鲜明、链条更强更有价值，在环境上更友好，在社会功能上服务更丰富、更方便。另一方面，在要素关联上，必须考虑园区企业在供应链上的相互联系；在产业升级和创新上有不同层次、不同企业的社会交往场所和活动；在设施上建设共同使用的实验室等。具体而言，就是要促进园区内企业间的各层次多方位的联系合作、园区内线上线下间联系合作、园区间的联系合作、产城间融合等。

产业园区发展新模式也是园区建立以企业与外部各要素（供应商、合作伙伴、竞争者、客户、政府以及环境等）的多元化和互联化，实现产业升级和创新发展目的而采取的一系列政策、制度、技术、管理等方面的规范方式。构建园区发展新模式，本质上就是要循着要素多元和要素关联的解决去思考，要建立产业、自然和社会三维生态的园区愿景。

产业园区的空间形态也会从平面扩展型向多维立体型发展，以适应园区管理、园区产业的新变化。产业园区的未来发展应适应新的外部条件变化，在土地稀缺条件下探索空间模式上工业上楼、智造空间、数字孪生技术建设等新方向、新应用。

曹杰勇博士在 EMBA 阶段的硕士论文《产业园区空间治理》的基础上，继续用了 3 年时间深入调研和观察，尤其是结合自身建筑设计专业的工作实践，对产业园区空间形态进行了系统性的研究。作者依托经济学、管理学的视角，从国家宏观产业政策的地理空间适配研究做起，逐级梳理空间逻辑，研究产业新城、产业新区、产业社区、产业街区、产业建筑等的空间形态特征和发展规律，不同于之前部分学者的单层面研究，首次将产业空间从宏观到微观的内在逻辑进行了研究，并对产业园区空间形态提出了一些独到而有价值的观点和建议，对于园区建设者、管理者有一定的指导意义。在下一步的工作中，希望作者进一步推进产业园区空间形态与空间治理的多学科、跨学科的交叉研究，为产业园区理论体系的研究作出更多的贡献！

任 浩
同济大学发展研究院院长、博士研究生导师
2025 年 5 月于同济大学

序三
PREFACE Ⅲ

产业园区作为集生产、科研、办公、商业等综合配套功能于一体的产业聚落，在推动城市或地区的产业集聚和升级中发挥了重要引领作用。从历史到现在，从国外到国内，在国内从改革开放初期深圳蛇口工业区的试验，到20世纪80年代第一批国家级经济技术开发区的诞生，到90年代第一批国家级高新技术产业开发区的创立，再到而后的各类开发区、新区、综保区、自贸区的涌现，全国范围内的产业园区逐步建立、逐步完善、逐步提升，展现了对中国经济巨大变迁的"试验田"和"先行区"的独特形象和强大力量。从更广阔的视角审视这一经济现象，就催生了本书"产业园区空间形态"的主题研究和思考。

《产业园区空间形态》一书在论述中"大开大合"并不拘泥于园区建设中的一些细节，而是从产业全球化入手，从中国产业融入世界的趋势入手，分析了国内外产业园区建设的历程和异同，寻找适应中国的园区空间建设模式。书中总结了六种产业园区的形态，分别是产业新城、产业郊区、产业更新区、产业社区、产业街区、产业建筑。这六种空间形态不仅涉及中国城市的工业化、城市化扩张进程，也进一步探究内生性的产业更新、社区建设、人文精神、生态文明等的高质量发展，最后的研究落脚点就是产业建筑的实体化形态。全书的思路就是从产业政策、工业土地政策、城市发展阶段、可持续发展、建筑的适用性等全方位、多要素的角度去研究产业园区空间形态。

本人所任职的上海漕河泾新兴技术开发区就是一个产业园区，起步于1984年，前身是上海市漕河泾微电子工业区，是我国首批14家国家级经济技术开发区之一，也是首批26家国家级高新技术产业开发区之一。我荣幸地亲历了漕河泾开发区"从无到有、从小到大、从低到高、从弱到强"的历程。看着一栋栋厂房拔地而起，看着一批批中外企业从谈判、到建设、到投产、到发展，看着一个个自主创业的中、小、微科技企业成长起来，看着"科创漕河泾、生态漕河泾、人文漕河泾、和谐漕河泾"目标的逐步实现，心中的喜悦是无法用语言表达的。

在发展过程中，我们着力推进园区内涵提升和空间形态改进，先后在美国、英国、德国、韩国、新加坡、日本和我国台湾地区的产业园区中广泛考察和精心比选，最终选择了英国宇航集团（BAE）及其下属的阿林顿园区发展公司（Arlington）。英宇航是世界500强企业，阿林顿则是其专门从事欧洲著名高品质科技园区和大学R&D Campus的规划设计者、建设经营者、运行管理者，他们结合在一起为一方，我们开发区为一方，我方以土地使用权出资，对方以等值现金投入，共同组建股比为50：50的"科技绿洲"开发主体，从"毛地"开发到基础设施建设、厂房建设、环境建设、项目招商、物业管理、区域管理、综合服务等方面的全面合作。漕河泾"科技绿洲"项目从一期到六期的持续开发充分表现了不同时代条件下产业园区空间形态、建筑设计的一个探索、提升、创新的历程。

在目标定位上，"科技绿洲"重点发展体现国家战略、上海优势、漕河泾开发区特色的高新技术产业和高附加值服务业，尤其是智慧产业、绿色产业、生命健康产业等。在项目引进策略上，主要引进国际著名跨国高科技企业和国内著名行业龙头科技企业，重点为"一部三中心"（地区总部、研发设计中心、运营结算中心、管理服务中心），以此带动相关上下游产业的集聚，形成细分产业链、产业群、产业网。

一、遵循"Why is the Hi-Tech Oasis Park?"——"For a better working life!"（为什么选择它？——为了造就一个更好的人本环境！），由中英双方在"头脑风暴法"基础上提炼并确定"科技绿洲"的定位：以"Life"为核心的生态的人本的科技产业园。具体体现在以下诸点：Top Talent Magnet（智慧高地）、Cutting Edge Technology（科技前沿）、Total Workplace Solution（全方位服务）、World Class & Global Standard（世界级、国际标准）、Chinese Characteristics（中国特色）。

二、遵循"All in one!"和"Putting people at the centre!"（一切都包容和以人为中心），立足"高标准，高品质，先造景，再建楼，生产与服务并重，产业发展与科技创新并举"，为园区内企业和员工提供一个轻松舒适、清新优美，能够激发想象力和创造力的工作环境，实现效益环境和效率环境的有机结合。具体体现在"二高二低二多"，即高绿化率：达35%以上；高品质：建筑选材、施工方面标准高、质量高；低容积率：在 1~1.5；低建筑：为 3~4 层结构，建筑高度不超过 30 m；多配套：设置餐厅、银行、健身、休闲等综合服务设施；多景观：设计水景观，营造园林式生态。

三、在园区规划中践行要点：园区的总体规划有一个长期发展的谋划思路，遵循"不求最大，但求最好"；内外结合，东西融汇；以人为本，创新创业；效率优先，效益优化；国际认证，国际接轨。

四、"科技绿洲"建设要求：在建设过程中明确建设的基本要求，考虑多维度因素。具体有：低能耗、低维护成本，实用、经济和高质量；节能减排设计、环保材料应用；人性化的无障碍设计，采用便捷顺畅的交通设计；环保和无损健康的建筑材料，不使用石棉或含有石棉、氨水的材料；高效的节能措施，包括能耗最少化、有效利用及能源回收；良好的建筑保温；安静的建筑空间（建筑内保持低噪音水平，有充分的降噪措施）；宽敞的内部空间（建筑一层高 4.5 m 以上，标准层 4.2 m 以上，室内净高不低于 2.75 m）。

五、"科技绿洲"管理标准：开发初期就确定了为科技人员提供一个富有效率、高质量和引人入胜的工作生活环境愿景。在管理目标上明确了要建立一个尽可能高速有效的园区管理运行体系；快捷有效的供应商运作和沟通、管理以及信息追踪；通过与供应商的真诚伙伴关系，第一时间提供全面服务；实现信息管理透明化；以合理的成本达到优质的服务质量。我们为所有入住的企业承诺优质的服务，在第一时间，准时、全面地满足客户需求；全力以赴达成客户的租用目标；不推卸责任，用质量赢得客户的信任；与客户和供应商维持长期合作关系。

历经 20 多年开发建设，"科技绿洲"已建成并投入使用。飞利浦电子、昕诺飞（建筑照明节能）、国核工程、国电投（风电、太阳能）、中航信息、罗克韦尔、3M 医疗、费森尤斯医疗、莱迪思半导体、蔚来汽车、电气数科、华为昇思、复星凯特、程远通信、雅培医疗器械、雅诗兰黛、布鲁克（核磁共振）、莉莉丝、沐瞳科技、腾讯互娱、新迪数字（CAD 工业软件）、奇安信（网络安全）等一批国内外知名公司入住，"科技绿洲"已成为漕河泾开发区品牌的重要组成部分。伴随开发区实施"走出去"战略，"科技绿洲"园区品牌已辐射到上海闵行的浦江镇、松江的新桥镇、浦东的康桥镇、奉贤的南桥镇，以及浙江的海宁、江苏的盐城、贵州的遵义等分园区。为固化和统一"科技绿洲"的品牌内涵，推进各分园区"科技绿洲"的空间形态建设，我们对"科技绿洲"园区的规划理念、建设要求、产业定位、管理标准等方面予以统一诠释和规范。

中国的崛起要靠经济的腾飞，经济的腾飞要靠企业的发展，开发区是载体，是盛放企业的容器，要使它成为重器，就需要大批诚信、敏学、端行的工匠们。《产业园区空间形态》这本书是对中国当前产业园区建设的一次总结和展示，它代表了众多的工匠们为我国的产业经济发展付出的巨大心血。作者曾杰勇作为一名建筑师，从园区的空间形态入手分析当前产业园区的发展特点和趋势，有助于帮助园区的管理者和建设者有一个清晰的空间架构认知，有助于推升我国产业园区的建设标准和质量，有助于产业园区的生态文明建设。

陈青洲
中国开发区协会园区建设管理咨询专家
国家级上海漕河泾新兴技术开发区总顾问
2025 年 5 月

前 言
FOREWORD

1951年,"硅谷之父"斯坦福大学工学院院长弗雷德·特曼教授建立了美国首个科技工业园——斯坦福工业园区。园区的成功成就了硅谷,美国硅谷的成功又引领了全球产业园区的发展,使科技研发的集聚化倾向传遍全球,在一定程度上推动了世界科技与产业的发展。全球各国积极响应硅谷的成功模式,涌现出一批推动科技发展的园区,如法国索菲亚科学园、英国剑桥科学园、新加坡裕廊工业园、法国格勒诺布尔科学园等。

中国的产业园区开始于蛇口工业园区的建立,但真正的大发展是在20世纪90年代。主要的推动力量是中国的土地政策、税收制度的变革。从早期的农村集体土地上的乡镇企业开始,中国进入改革开放的工业化、城市化道路。城市土地划拨模式向招拍挂制度转变,再加上分税制改革,使地方政府成为国有土地的产权代表。地方政府利用国有土地的主导权,一手通过招拍挂控制城市住宅供给以获得高昂的土地出让金;另一手以建设产业开发区的形式低价或补贴出让工业用地招商引资,吸引企业入住以提高持续性的税收。产业园区经过多轮发展,如今已成为中国经济、科技发展的"桥头堡"。关于产业园区的研究也大量出现,以产业政策、园区运营、建筑设计等角度展开,而关于空间形态的研究相对比较少。

产业园区的建设已经从早期工业厂房式的简陋生产空间向包括科研、生产、生活、休闲、生态等多样化空间发展,更注重工作环境品质的追求,建筑形式也日益多样化。园区空间更是以"人"为中心营造不同的适配性场景,满足不同阶段、时段的需求,希望在空间品质上为科技人员的思想碰撞、工作效率的提高创造条件。

本书的研究内容以产业园区的外部空间形态为核心,基于产业的分布有很强的政策性、地域性的特点,甚至受到全球化的很大影响。研究的整体架构以中外比较研究为基点，从城市宏观视角切入点，逐层级细化，最终落位到建筑单体的设计。研究希望对于产业园区的空间建设有个思维脉络上的梳理，从因到果，宏观到微观，从大到小，从生产到人文。

本书将产业园区的空间形态总结为六类。

第一种产业园区空间形态是产业新城。产业新城是中国产业园区建设起步阶段的重要形式，得益于地方政府工业土地供应的特殊政策，为了促进地方经济的发展各地大量建设了远离市区的产业新城、产业新区。这种模式较多出现在超大城市周边，希望通过市区产业的疏解，一方面解决老城的结构问题，另一方面也通过新城建设带来新的增长极。

第二种产业园区空间形态是产业郊区化。这在我国城市化的进程中普遍存在，工业的郊区化和城市的郊区化相伴相生，互为因果，互为支撑。产城的融合已是不可阻挡之势。

第三种产业园区空间形态是产业更新区。在城市内部原本就存在很多传统工业用地，一些区位更重要的工业用地被改变了用地性质，用于城市商业开发，提升城市能级。另一些则会采取产业升级、产业转型的方式发展城市绿色产业、高科技产业，也更有利于产业园区依托城市完善的基础设施向高质量发展。

第四种产业园区空间形态是产业社区。这种空间形态更关注产业园区的多元化、人性化、生态化，产业园区不应该是冰冷的工业文明景象，而是需要更多的人文交流和关怀。

第五种产业园区空间形态是产业街区。产业街区可以说是产业园区的最小单元，它不仅承载着产业内部的功能性，也通过街道、广场等空间形态链接着城市体系。

第六种产业园区空间形态是产业建筑。随着产业的科技化发展，产业建筑的类型和风格也有了更多的变化，工业厂房已经不能代表现在产业发展的全部形象，艺术化、风格化、个性化的产业建筑层出不穷，产业建筑再也不是城市风貌的痛点，而是城市产业特色的代言人。

本书的完成首先要感谢同济大学发展研究院院长任浩教授的悉心指导，先是完成了 EMBA 的硕士论文《产业园区空间治理》，这是跨出建筑设计领域的一个初步研究。本来计划出版一本关于产业园区空间形态和空间治理之间耦合效应的书，但是自觉有关"空间治理"部分不够专业，因此降低难度从自己的老本行做起，先撰写"空间形态"部分，"空间治理"部分有待下一阶段的继续研究。本书也是上海建筑设计研究院有限公司（简称"上海院"）科研项目"轨道上的紧凑城市"成果的一部分，从产业的角度讨论城市空间的生态、集约紧凑建设。上海院在产业园区建筑设计方面硕果累累，经历了上海产业园区建设的各个阶段。

还要感谢在研究、调研过程中给予指导的上海漕河泾新兴技术开发区总顾问陈青洲、总建筑师陈海舟、建筑师刘星，以及上海市张江高新技术产业开发区管理委员会的吕贵雪等，他们从园区管理者的角度提供了很多有益的建议。同时还要感谢上海院的赵永华、刘江黎、马基逸、丁银中、杨凯等同事及联创设计的付惠女士、都设计的徐燕宁女士提供的案例和技术支持，还有FTA、SOM等国际事务所中合作伙伴的鼎力支持。有了众多建筑的实践才给了我学习总结、实地调研的机会，才有了从城市设计、建筑设计视角思考产业园区未来发展的动力，再一次感谢那些在中国经济发展、产业升级中作出贡献、默默无闻的开拓者。

最后要感谢我的家人，妻子和儿子给予我极大的支持，使我在闲暇之余抽出时间完成研究成果。

曹杰勇

2025年5月

目 录
CONTENTS

第1章 绪论   1

1.1 定义产业园区及其空间形态   2
  1.1.1 产业园区   2
  1.1.2 产业园区空间形态   3

1.2 产业园区对城市空间形态的影响   3
  1.2.1 工业化对城市空间的影响   4
  1.2.2 国际贸易促进产业园区的发展   7
  1.2.3 产业地产推动产业园区发展   8

1.3 城市空间形态的复杂性   10
  1.3.1 城市空间宏观形态   11
  1.3.2 城市空间的二维平面形态   16
  1.3.3 城市空间的三维立体形态   19

1.4 城市产业与空间的协同发展   23
  1.4.1 产业园区引领科技创新   23
  1.4.2 我国产业园区的规模化建设   23
  1.4.3 我国产业空间的战略布局   24
  1.4.4 产业空间的扩张与空间治理的引导   26
  1.4.5 产业升级与空间响应   27

1.5 未来园区   27
  1.5.1 生态驱动：走绿色低碳可持续发展道路   28
  1.5.2 创新驱动：从量变到质变   29
  1.5.3 人文驱动：从个性到协同   30

参考文献   30

第 2 章　产业新城空间形态　　33

2.1　从田园城市到产业新城　　34
- 2.1.1　巨大城市空间治理的解决之道　　34
- 2.1.2　产业新城发展的探索之路　　36

2.2　从科技园到科学城　　48
- 2.2.1　筑波科学城——科技创新的新城建设　　53
- 2.2.2　产业园区的发源地——硅谷　　57
- 2.2.3　国际科技创新中心——怀柔科学城　　62
- 2.2.4　双城记——中国西部科学城　　64
- 2.2.5　从张江高科技园区到张江科学城　　68

2.3　从产业集群到大都市圈　　73
- 2.3.1　大都市圈的核心竞争力　　73
- 2.3.2　中国的都市圈发展　　75

参考文献　　81

第 3 章　产业新区空间形态　　83

3.1　城市郊区化与产业郊区化　　84
- 3.1.1　城市郊区化的动力机制　　84
- 3.1.2　中国产业郊区化的空间扩张　　85

3.2　可持续发展的产城融合空间布局　　97
- 3.2.1　空间意义上的产城融合　　99
- 3.2.2　治理意义上的产城融合　　104
- 3.2.3　功能意义上的产城融合　　111
- 3.2.4　多元整合的产城融合　　116

参考文献　　123

第 4 章　产业更新园区空间形态　　125

4.1　产业化过程中的产业更新换代　　126
- 4.1.1　产业化带动城市发展　　126
- 4.1.2　科技革命带来的产业升级　　126
- 4.1.3　产业更新推动城市更新　　129

4.2 城市中心区的产业园区更新模式　　133
4.2.1 空间布局从分散向集聚发展　　134
4.2.2 一区多园的特殊空间格局　　135
4.2.3 营建"人产城"体验空间　　138

4.3 制造业回归推动城市更新　　145
4.3.1 城市激发制造业的创新　　145
4.3.2 发展服务型制造业　　146

4.4 文化创意产业引领城市更新升级换代　　148
4.4.1 文化创意产业和城市更新的融合　　148
4.4.2 构建创意产业链　　150
4.4.3 文创产业社区化　　152

4.5 高科技产业引领城市更新面向未来　　153
4.5.1 科技回归城市中心——纽约曼哈顿"硅巷"　　153
4.5.2 港城融合发展的西雅图　　156

4.6 现代服务业提升城市更新品质　　157
4.6.1 城市更新推动生产性服务业发展　　158
4.6.2 生活性服务业提升城市更新的人文品质　　161

参考文献　　165

第5章　产业社区空间形态　　167

5.1 产业社区的构成要素　　168
5.1.1 产业社区的内涵　　168
5.1.2 产业社区的基本单元　　169
5.1.3 产业是产业社区的核心驱动力　　170
5.1.4 商业是产业社区的活力源泉　　172
5.1.5 空间是产业社区的创新催化媒介　　173
5.1.6 人才是产业社区的潜力和未来　　175
5.1.7 自由流动是产业社区的创新动力　　177

5.2 产业社区功能空间融合设计　　178
5.2.1 产业的差异化空间布局　　179
5.2.2 产业社区的功能混合促进创新效率　　182
5.2.3 产业社区的全产业链布局促进效率提升　　187
5.2.4 打破边界促进产业社区的空间融合　　188

5.3 产业社区的特色场景塑造 　　192
　5.3.1 　共享开放的场景塑造 　　192
　5.3.2 　自我表达的场景塑造 　　194
　5.3.3 　自然怡人的场景塑造 　　197
　5.3.4 　产业特色的场景塑造 　　198
　5.3.5 　工作与生活融合的场景塑造 　　201
参考文献 　　207

第 6 章　产业街区空间形态　　209

6.1 产业街区的空间模式 　　211
　6.1.1 　方格网式街区 　　211
　6.1.2 　行列紧凑式街区 　　212
　6.1.3 　内向围合式街区 　　214
　6.1.4 　自由开放式街区 　　216
　6.1.5 　群体组合式街区 　　219
　6.1.6 　巨构式街区 　　224

6.2 产业街区的外部公共空间塑造 　　226
　6.2.1 　步行友好的街道空间塑造 　　227
　6.2.2 　街道的场所空间塑造 　　228
　6.2.3 　促进交流的口袋公园 　　230
　6.2.4 　可感知的街道设施布局 　　231

6.3 产业街区的内部公共空间 　　233
　6.3.1 　开放流动的广场空间 　　233
　6.3.2 　各具特色的庭院空间 　　234
　6.3.3 　串联建筑的内街空间 　　236
　6.3.4 　室内外的过渡灰空间 　　237
　6.3.5 　多维基面的立体街区 　　238

6.4 绿色生态的产业街区 　　242
　6.4.1 　多层次的景观体系 　　242
　6.4.2 　绿色低碳园区 　　243

参考文献 　　247

第 7 章　产业园区建筑空间形态　　249

7.1　产业建筑的多样性　　250
7.1.1　科研办公类建筑　　250
7.1.2　智能制造类建筑　　251
7.1.3　物流仓储类建筑　　253
7.1.4　生物医药类建筑　　253
7.1.5　工业制造类建筑　　256
7.1.6　综合服务设施　　259

7.2　建筑功能的适应性设计　　262
7.2.1　功能从平面混合向立体混合发展　　262
7.2.2　弹性办公空间模式　　262
7.2.3　流动的内部空间　　266
7.2.4　地上地下空间一体化　　269
7.2.5　建筑景观立体化　　271

7.3　建筑风格的多元化　　272
7.3.1　建筑风格的一体化　　273
7.3.2　建筑风格的多样化　　273
7.3.3　建筑风格的个性化　　274

7.4　产业建筑单体平面空间　　278
7.4.1　明确客户需求　　278
7.4.2　明确商业模式　　281
7.4.3　明确设备形式　　281
7.4.4　合理设置开间与进深　　284
7.4.5　注重空间的模块化组合设计　　286
7.4.6　注重垂直交通的优化布置　　288
7.4.7　生态节能的智能化建筑　　289

7.5　"工业上楼"模式　　293
7.5.1　模式创新的积极意义　　295
7.5.2　应用场景的特殊性　　298
7.5.3　效益与经济的平衡性　　302

7.6　产业建筑的更新改造　　307
7.6.1　低效产业用地的再更新　　307
7.6.2　工业建筑的再利用　　307

参考文献　　313

第 1 章 绪论

1.1 定义产业园区及其空间形态

1.2 产业园区对城市空间形态的影响

1.3 城市空间形态的复杂性

1.4 城市产业与空间的协同发展

1.5 未来园区

中国土地公有制的基本土地政策，催生了"以地谋发展"的城市工业发展模式，推动了地方政府对产业园区建设的热情。产业园区的建设要遵从国家的发展战略，从宏观到微观全面布局。一个国家经济的发展，离不开规划的指导，产业规划对一个国家产业的发展、产业结构的调整与升级及各行业、各部门、各地区产业的协调发展都具有一定的指导作用。在经济全球化和区域经济一体化共同推动下，全球供应链和价值链体系不断地延伸和衔接，区域性的生产网络体系也日益完善和丰富，全球合作进入了一个相互依存的时代。产业政策与区域政策协调，产业发展战略和产业政策要考虑地区经济一体化、城市群发展、城乡一体化，充分发挥地区比较优势，区域规划、区域政策要考虑产业集聚、产业配套、产业链、供应链等现代产业运行特点，引导和促进有地区特色的产业结构形成。

1.1 定义产业园区及其空间形态

1.1.1 产业园区

18世纪末的工业革命使得欧洲从农业经济为主导向工业经济转变，城邦内的手工作坊逐渐被规模化的企业所替代。最开始工业厂区是私人企业主根据自身发展的需要粗放式发展的，还不能称为规模化的产业。当进入经济全球化时代，社会分工不断推进，企业规模不断扩大，产业的类别也越来越细分。为了提高企业的效率，相似产业及同一产业链的上下游企业选择集聚发展，形成规模效应，以创造最大化的财富，"产业园区"逐渐形成。1890年，马歇尔通过对企业发展的积聚效应研究，提出了"产业园区"的概念。

产业园区一般是指政府在工业化发展到一定阶段，为了促进某一产业或几个相关产业调整升级发展而创立的具有针对性的特殊区位单元。它是国家提高相关产业发展质量、促进经济发展的重要空间聚集形式。各企业通过共享资源、共同克服外部效应，通过构建相关产业链打造出符合市场规律的、富有竞争力的产业集群。

产业园区一般占据较大的城市区域或郊区，通过整体规划确定开发建设条件，公共设施配套齐全，同时提供统一的管理条件。产业园区的类型包括高新技术产业园区、物流园区、文化创意产业园、生态农业园区、经济技术开发区、自由贸易区、边境合作区等。

以 1979 年创立的蛇口工业园区为起点，我国的产业园区经过 40 多年的发展，在发展规模和结构上趋于成熟，在发展时间和阶段上趋于成熟，在发展理念和方式上趋于成熟。

由于产业园区的类型众多，本文聚焦高新技术产业园区和经济技术开发区并以它们为主要研究对象，在宏观和微观层面总结出相应的发展模式和特点。

1.1.2 产业园区空间形态

空间是一个相对于时间的宽泛的概念，在这里我们主要指物质空间。空间是万物本来就存在的一种状态，代表了物体之间的位置差异，并通过长度、宽度、高度等可度量的数据体现出来。空间不仅具有地理位置等物理特性，还具有经济、政治、文化、社会等多重属性，背后反映的是政治权利、经济资本、社会资源等多重关系。

城市空间一般是建筑设计、规划设计等领域所关注的空间形式。它是城市内部人类聚居场所构筑物之间所拥有的各种空间形式的总和，也是人类在城市生产、生活的重要媒介。城市空间的类型包括街道、广场、绿地、庭院等。

产业园区由于其特有的工业属性、科技属性，其形态一方面要遵照城市建筑发展规律，另一方面也要依照容身其内的产业类型特点，从物质空间的建设角度促进产城融合。

1.2 产业园区对城市空间形态的影响

城市空间的扩展演化伴随着人们的生活、经济、社会活动的发展不断推进发展。从生活据点、军事据点、商业据点、产业据点逐渐形成了空间、功能、交通、绿化等多元复合的现代城市。城市空间是三维的物质空间，是一种高度多样化的功能组合，包括经济形态、人口结构、生活方式、土地利用、建筑形态、生态景观等。

在中国，土地是通过用途管理管制来实现城市空间开发治理的。产业园区的土地性质一般为工业用地，地方政府通过压低工业用地地价的补偿方式来招商引资、吸引产业投资，由此产业园区在中国大地上遍地开花，是成为中国工业化的重要力量。

最早的产业园区可以追溯到18世纪，与第一次工业革命密切相关。英国最早完成工业革命，实现了从手工工厂到大机器工厂的飞跃，成为当时最大的资本主义产业园区。当时，产业园的定义是"工厂的集聚区"，狭义的工业地产就是指"工业建筑"。现代意义的产业园区和工业地产是第二次世界大战（简称"二战"）以后，各国通过制定各种工业区域开发政策建立起来的特殊环境，在日本称为"工业团地"，英国称为"企业区"，在中国称为"产业园区"、"园区工业地产"或"工业区"（香港）。从世界范围以历史眼光看，开发区的发展历史最早可以追溯到16世纪，但真正在世界各地普遍推行并引起广泛关注的是在20世纪中叶以后（图1-1）。

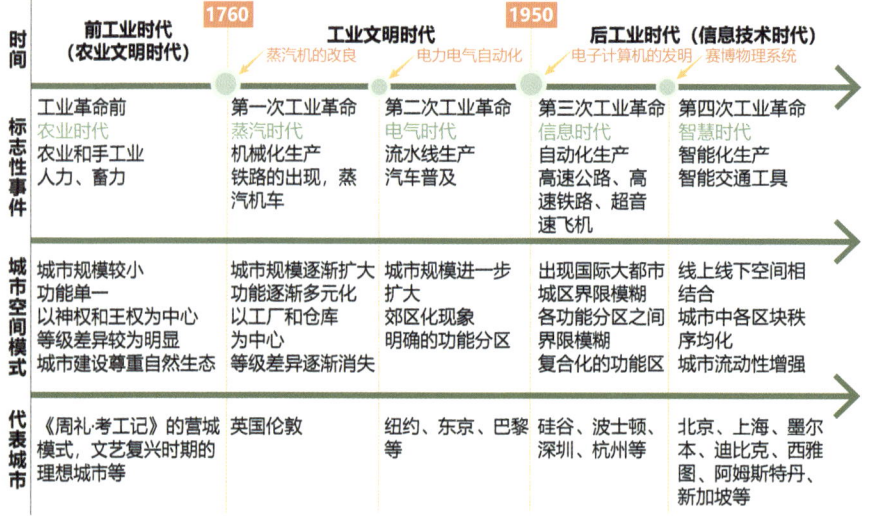

图1-1 工业文明发展对城市形态的影响

1.2.1 工业化对城市空间的影响

技术革命对城市功能、结构与形态的演化产生了根本性的影响，决定着城市发展的方向与格局，构筑了全新的城市时空体验。

伦敦大学规划学教授迈克尔·巴蒂（Michael Batty）曾在《创造未来城市》中写道："城市发展的根本动力在于技术的革新。"纵观城市发展的历史，每次技术革新都伴随着城市结构、形态和功能的演变。哈佛社会学家丹尼尔·贝尔（Daniel Bell）将社会发展划分为前工业时代、工业文明时代和后工业时代三个历史阶段。

在 18 世纪 60 年代的工业革命出现之前，农业和手工业主导着全球社会经济发展，呈现分散的、小规模劳动形式。由于生产效率低下、运输水平落后，城市建设受政治、经济、文化等因素的影响较大，技术主要服务于人们的日常生活，城市整体规模较小且功能单一，城市发展也比较缓慢。

工业革命的爆发使大机器生产进入人们的视野，整个社会的生产方式发生了巨变。由于工业生产的需要，大批农村人口流入城市，加速了城市化的进程，密集的工厂和仓库成为城市的新中心。蒸汽机的出现，推动了城市交通的变革，扩大了人们的活动半径，出现了以铁路干线为骨架的新的城市发展模式，城市规模迅速扩张，职能趋向于多元化，成为国家和地区的发展中心。

19 世纪中后期第二次工业革命阶段，电的应用提高了整个城市的运行效率，内燃机的发明和汽车的普及则改变了居民的出行方式，人们的居住和生活逐渐脱离工业区而独立存在，城市规模也随之扩大，城市中心由单中心演化为多中心。

工业革命彻底打破了农业文明下的城镇平衡状态。工业革命使欧洲国家从农业经济逐渐演变为工业经济，工业的发展带动劳动人口大量进入城市。早期的工业化是完全自由放任的，追求利润是资本家的最大诉求。大片工厂区、仓库码头区、火车站铁路枢纽、港口区等新的城市功能不断涌现，城市从单一功能向多功能混合转变。工厂成为了城市发展的唯一核心，商业、居住、交通等都变成了附属品。由于缺少统一规划和管理，城市空间的扩张不可避免地呈现无序的混乱状态，这个阶段被称为"第一次城市转变"。工业化时期的城市空间基本都是以产业为中心集中发展，城市空间随着产业数量、人口规模的扩大及运输工具、交通条件的改善表现为外延式的扩张，城市空间呈膨胀式发展。工业化时期典型的代表城市就是伦敦（图 1-2、图 1-3）。

20 世纪 50 年代后，以电子计算机的发明为起点的第三次工业革命爆发，互联网的出现将城市发展推入信息化轨道。物理空间不再能够束缚城市发展，城市中心区与郊区之间的有机联系得到加强，实现了进一步的协调发展。同时，城市发展跳脱过去功能与空间一一对应的线性模式，复合化的多功能区成为城市空间的重要载体。

技术革命加速了城市化的进程，城市的数量及规模都在迅速增长，城市的规模呈现出扩散与聚集并存的整体趋势。技术革命也极大地改变了人们的生活方式，包括认知方式、出行方式、就业结构以及消费模式等。

交通的发达增强了人们在物理世界的流动性，而通信技术的发展则使人和信息可以在虚拟网络中自由穿梭。城市空间体验逐渐从等级秩序和场所差

图1-2 伦敦城市中心城区空间范围演变
资料来源:《大伦敦规划漫谈》,搜狐网,2017年8月18日。

图1-3 1945年伦敦规划中心、边缘、远郊的不同开发模式
资料来源:《大伦敦规划漫谈》,搜狐网,2017年8月18日。

异中解脱出来，原有的城市格局被打破，呈现出高度的流动性和拼贴性，城市也由以前的封闭转向现在的全球化。

城市在扩张过程中，无论是城市系统内部，还是城与城之间，都逐渐摆脱了同心圆式的单中心空间结构，出现了多个发展中心，形成了复杂的网状结构。

人类生活的时间、空间两个基本物质导向的维度发生了变化，使得城市原有的运行方式和空间结构被改变，城市发展呈现出时间的压缩和空间距离的瓦解等特征，人们交往的时间和距离被缩短，造成了社会空间的重构，形成了全新的时空体验。

21 世纪之后，以数字化、智能化为标志的第四次工业革命推动着人类社会进入了"万物皆数"的智慧时代，新技术的应用使得城市的各部分均可实现数字化，全周期意识被贯穿于城市发展的整个过程，更精细化的城市规划、建设与管理也将进一步实现，重塑了"信息—人—城市"之间的关系。

1.2.2　国际贸易促进产业园区的发展

1.2.2.1　殖民地时期的对外贸易阶段

历史上第一个正式命名为自由港的是意大利的里窝那港（1547 年），外国货物不缴纳关税便可出入港口区域。自由港和自由贸易区纷纷在欧洲各主要资本主义国家出现，并随着资本主义经济自西向东的逐步扩张而扩散至世界各地。新加坡等地，都相继成为自由港或自由贸易区，成为殖民帝国进行转口贸易的重要场所。

截至第二次世界大战前夕，近 400 年间全世界约在 26 个国家与地区建立了 75 个自由港与自由贸易区。这些自由港或自由贸易区由于进出口免除关税等一些有利条件，方便了商品的进出口，促进了对外贸易和转口贸易的发展，同时，也给设区国带来很大的商业利益，繁荣了当地的经济。

1.2.2.2　以出口加工区为主体的发展时期

第二次世界大战后，世界生产力得到了迅速增长，有力地促进了国际分工的发展。各国经济相互依存和相互联系日益紧密，国际间的商品交流、劳务交换、资金流动、技术转让等已把各国的生产和生活紧密地联结在一起，各国都不可能完全闭关自守，开放已成为世界发展的大趋势。开发区在 20 世纪六七十年代进入了以出口加工区为主体的时期。

20 世纪 70 年代末，世界出口加工区总数已达到 240 多个。不少发展中国家（地区）正是凭借"出口加工区"为基地，大量引进外资，发展出口工业，以此带动本国（本地区）经济的高速发展。

1.2.2.3 综合化和高科技园区的发展时期

20 世纪 70 年代波及全球的石油危机和 80 年代初的世界经济危机，结束了战后资本主义发展的黄金时期，"出口加工区"一枝独秀的状况为开发区多样化、综合化、高级化所替代，而综合型和高科技型开发区的崛起，即代表了这一过程的发展方向。

综合型开发区是自由贸易区和出口加工区两种模式混合、交叉发展或自身升级换代的结果，它的特点是规模大，经营范围广，不仅重视出口工业与对外贸易，还兴办金融、旅游、服务、商业等。新加坡、韩国的济州岛、埃及的开罗等开发区也都属于综合型开发区。由于综合型开发区面积大、经营多样化、经济效益好，因而对影响和带动周围地区的经济发展具有特别重要的作用。现在，不管是自由贸易区，还是出口加工区，都呈现出向综合型开发区发展的明显趋势。

高科技型开发区是 20 世纪 70 年代末 80 年代初才出现的，其特点是以大学与科研单位为依托，把生产和科研、教育紧密地结合在一起，把运用最新科技成果生产和出口高级技术产品、培养第一流的专业人才作为办区的主要目标，具有较强的国际竞争能力。

所有这些反映了世界开发区正向纵深方向发展，开发区由单一功能向综合功能的方向发展，并且更加注重利用科学技术因素发展国家经济，同时也反映了世界经济发展的大趋势，反映了开发区适应经济发展的强大生命力。

1.2.3 产业地产推动产业园区发展

工业地产是指一个国家或一个区域的政府，根据经济发展阶段和自身经济发展要求，通过行政的、市场的多种手段，集聚各种生产要素，并在一定的空间范围内进行科学整合，使之成为功能布局优化、结构层次合理、产业特色鲜明的工业企业聚集发展区或者称产业群集。产业地产是指在新经济和城市经营背景下，以地产为载体，以实现财富的持续增长为目标，专业化地提供城市化、工业化、产业化集群空间物质载体的部门。

产业地产最初是以工业地产的名称出现在人们的视野中，即政府为了实现工业的高效发展而在充分考虑多种因素后人为划定的一种经济空间。最初的工业地产其实质是可以概括为在工业性质的土地上开发具有工业性质的房地产，这种地产业态在日本称为工业团地，在欧美称为工业物业、企业区等。英国最早在1880年左右提出了工业地产的概念，将工业企业集中在一起形成了工业社区，并通过系统的规划集中向企业提供公共服务，显著提高了资源的利用率，加速了经济的发展。在这种正向的表率下，各国纷纷开始效仿其模式，开始了工业地产项目的谋划与实践。美国的硅谷、法国的索菲娅科技园、日本的筑波科学城等是国外具有代表性的产业地产项目（图1-4、图1-5）。

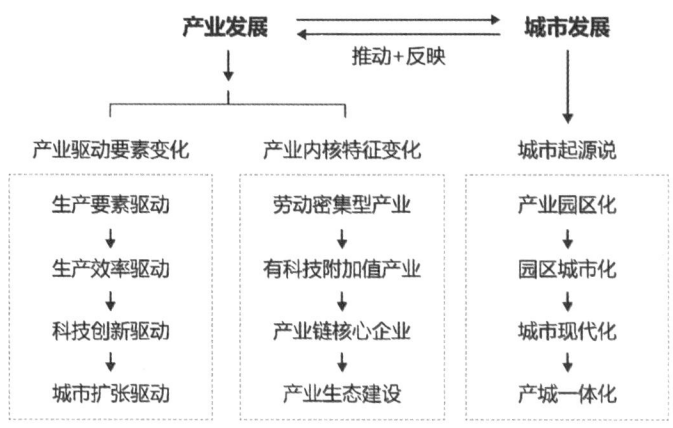

图1-4　产业地产发展历程

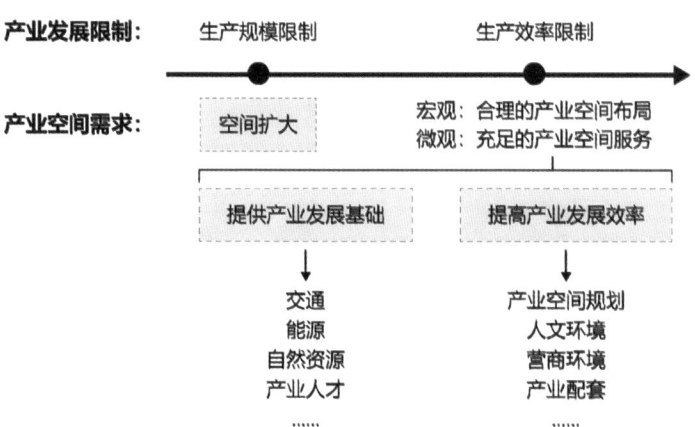

图1-5　产业地产对空间的需求演变

1.3 城市空间形态的复杂性

城市空间是人类聚居区社会、经济、政治、文化等要素的物质运行载体，人类的各类城市活动所形成的道路、功能区、景观休闲区等构成了城市空间结构的基本框架。城市空间是相对于乡村空间而存在的，功能的复杂化、产业的集中化、服务的高效化等促使城市空间更多样、更有活力。

城市形态在不同的学科语境下有着不同的内涵。从地理学视角出发，城市形态可以界定为"城市结构形态"，是由结构、形状和相互关系组成的一个空间系统，结构展现的是要素的空间分布，形状为城市的外部轮廓，而相互关系则是要素间的相互作用和组织，其是各种空间理念及活动所形成的空间结构的外在体现。而在规划学和建筑学视角下，城市形态更注重中、微观层面的形态，并称其为"城市肌理形态"，在城镇、分区和街区尺度下分析城市空间形态的构成及其演变规律。

凯文·林奇在1981年出版的《好的城市形态》一书中承认，他在60年代关于居民对城市的理解过于静态化和简单化，忽略了对城市意义的关注。对于好的形态的性能标准，主要体现在五个方面，最终都体现在效率和公平上，性能的效率和公平是对生命力、感觉、适宜性、可及性、控制五个方面标准的相互关系的总结（图1-6）。

图1-6 好的城市形态的五个指标和两个评价标准

什么是好的城市形态呢？它是有生命力的（可延续发展的、安全的、协调的），它是可感觉的（可确认的、有结构的、表里一致的、透明的、易辨认的、清晰的、独特的、重要的），它是适宜的（形态和行为相匹配的、稳定的、可操纵的、可复原的），它是可及的（多样的、平等的、可管理的），它是控制良好的（合适的、确定的、负责的、间歇性的放松）。而这些指标和辅助指标都要由公平与内在的效率来完成。

效率，体现一个城市维持平衡的标准，考虑达到一个目标所要付出的成本和代价，更多的是一种经济学上的考量。公平，考虑现在的空间权利和未来可能的使用者的空间权利，到底如何平衡才能体现真正的公平，则是具有社会学和政治学的属性。

凯文·林奇始终将城市物质空间形态作为研究主体，对城市空间模式进行扎实的研究。从历史形态到现代，不同的社会文化下的城市形态都进行了翔实的分析。一个好的空间环境应该与人的基本生理结构相吻合；应该有益于维持内部温度；应该配合自然的韵律：清醒及睡眠、警戒和放松；应该能提供适宜的感受：既不过度而容易疲劳，也不会太少刺激而无聊。好的空间是有利于每个个体的成长。

1.3.1　城市空间宏观形态

城市空间形态受自然地理环境、经济社会环境、交通技术发展等多重要素影响，呈现出不同的轮廓特征，带来了不同的发展轨迹、不同的风貌特征，最后反映在"城市文化"的历史传承中。城市外部空间物质的形态对应宏观状态，主要是指区域尺度和城市尺度下的城市形态。

1.3.1.1　集中型城市形态

很多城市在不受地理环境的影响下往往以同心圆的方式向四周扩张，城市形态表现出一种集中紧凑的模式。城市中心不仅是地理中心，也是资源的整合中心、商品交换中心、休闲中心，甚至是生产中心。道路交通系统一般为比较规则的方格网形式，有利于城市公共设施的集中设置，各个方向没有明显的区位差异，城市的运行效率更高。现代主义的城市就是典型的集中型城市形态（图1-7）。

图 1-7　东京市城市建设

1.3.1.2　组团型城市形态

组团型城市空间受外部自然条件限制表现为多中心、多组团的形态，每个组团之间常被山川河流等分隔开，组团之间即被分隔又联系方便，从而构成了一个完整的城市功能区域。这种城市形态一般表现为高效运营和城市生态环境兼顾的特征，重庆、桂林便是典型的多组团城市。

多组团的城市也包含围绕中心城的卫星城镇体系，这种一般出现在特大城市的周边。卫星城镇的出现往往是为了疏解大城市的功能，避免城市过度集中从而造成"城市病"。最早的卫星城出现在伦敦周边。重庆是我国著名的山地城市，中心城区用地紧张，很多建筑依山而建，在主城区外围又形成了 12 个组团式的卫星城镇（图 1-8）。

1.3.1.3　紧凑型城市形态

随着大城市地理空间无序蔓延，环境污染、交通拥堵、生态环境破坏等"城市病"日益严重，可持续发展的理念成为东西方城市发展的共同选择。1973 年，"紧凑城市"的概念被首次提出。紧凑城市，具备高密度人口、城市空间的高强度利用、混合的土地使用功能以及高效的交通系统等特点。紧凑城市是基于土地与空间高效利用的一种城市发展模式，"立体化"是实现

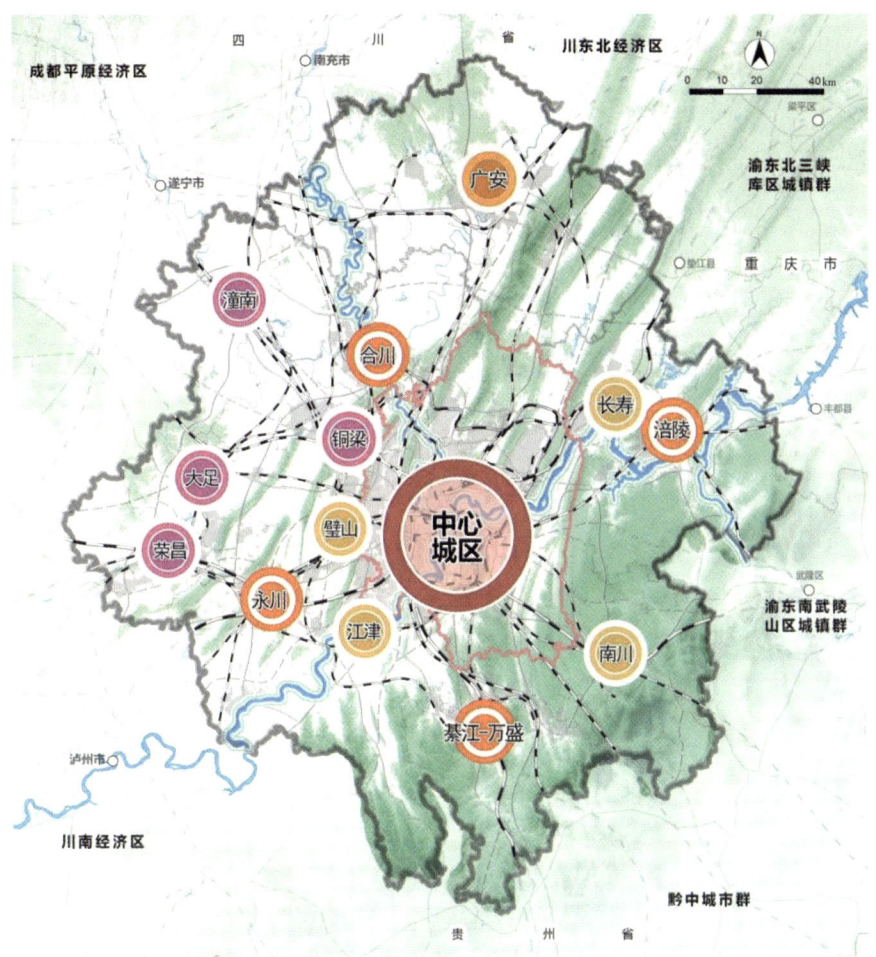

图1-8 重庆市组团式城市空间结构
资料来源：重庆市规划和自然资源局

城市紧凑的关键策略。自20世纪90年代以来，紧凑城市除了聚焦密度层面，还开始对土地混合使用等方面提出要求。相对较高的密度更能减少能源需求以及环境污染，从而更好地保证生活质量和环境状况。而通过构建能有效利用能源的城市形态，减少交通需求，从而降低交通尾气的排放，并且保护乡村免遭破坏。紧凑城市形态有以下几个特点：控制城市空间发展边界，反对城市蔓延；提倡公共交通，限制私人小汽车的发展；合理高效利用能源和基础设施；创造适合步行的城市公共交往空间；政策制度和法律法规的保障。香港城市地貌以山地丘陵为主，用地紧张，城市建设过程中通过地形改造、填海造地等形式形成了紧凑的高密度城市典范（图1-9）。

图1-9 芝加哥、香港的高密度开发

1.3.1.4 生态型城市形态

生态城市是运用生态学理念指导城市建设；是一种提倡清洁能源利用，减少环境污染；是可持续的、符合自然生态规律和城市自身特色的一种城市发展类型。生态城市更突出空间布局的合理性、基础设施的完善、生态环境的优美、资源的高效利用、公共交通的高效利用、限制小汽车的使用，追求经济、社会、生态三者高度和谐，达成人与自然互惠共生。

生态城市作为对传统的以工业文明为核心的城市化运动的反思、扬弃，体现了工业化、城市化与现代文明的交融与协调，是人类自觉克服"城市病"、从灰色文明走向绿色文明的伟大创新。它在本质上适应了城市可持续发展的内在要求，标志着城市由传统的唯经济增长模式向经济、社会、生态有机融合的复合发展模式的转变。它体现了城市发展理念中传统的人本主义向理性的人本主义的转变，反映出城市发展在认识和处理人与自然、人与人关系上取得新的突破，使城市发展不仅仅追求物质形态的发展，更追求文化上、精神上的进步，即更加注重人与人、人与社会、人与自然之间的紧密联系。"生态城市"与普通意义上的现代城市相比，有着本质的不同，它远远超出了过去所讲的纯自然生态，而已成为自然、经济、文化、政治的载体。生态城市的发展目标是要实现人与自然的和谐，包括人与人的和谐、人与自然的和谐、自然系统的和谐三方面的内容。

2024年9月27日，《成都市国土空间总体规划（2021—2035年）》正式获得国务院批复，规划中明确提出"以全面建设践行新发展理念的公园城市示范区为统领，坚持以人民为中心，统筹发展和安全，促进人与自然和谐共生"的目标。成都作为我国最成功的生态公园城市之一，其千园之城并非只是公园数量多，而是消除城市中不同空间的边界，让"整个城市是一个大公园"。一个个城市公园如翡翠般镶嵌在街巷之间，从锦江河畔的绿道蜿蜒，到龙泉山城市森林公园的磅礴绿意，持续厚植公园城市生态本底，把好山好水好风光融入城市，协同推进降碳、减污、扩绿、增长，精心绘就"绿满蓉城、花重锦官、水润天府"的大美画卷（图1-10）。

图1-10 公园城市——成都
资料来源：成都市规划和自然资源局、成都发展改革委

1.3.1.5 郊区化城市形态

城市空间的郊区化发展是工业城市化后期发展的一个阶段。伴随着城市中心区地租昂贵、人口拥挤、环境恶化、交通拥挤等问题，为了追求更舒适的环境、便捷的交通条件等，一些产业和居住空间不断向城市的郊区扩展。郊区化态势再次彰显了人口集聚和迁移的作用，首先郊区化的住宅，其次是商业部门，再次是工厂，最后是政府行政部门。当然，在人为控制下，也可能出现不同的郊区化次序，但人口居住地的逐渐疏散是主导性态势。

在美国，单中心城市结构和依赖小汽车出行的城市发展模式造成了城市空间的无序蔓延（图1-11）。在我国快速城市化阶段，很多特大城市由于城市人口和产业的高速发展，城市结构来不及优化调整，也出现了很多"摊大饼"的空间发展模式，尤其以北京的发展为甚。

图 1-11　美国洛杉矶郊区

1.3.2　城市空间的二维平面形态

城市的发展源于人类社会的大分工,在满足经济、政治、军事、交通、文化、宗教等层面不断提高的需求的同时日益扩张,并结合地理环境、自然环境等要素逐渐发展出不同特色的形态特征,有自由生长型、城堡围合型、网络型等。

在城市发展早期,由于受到社会生产力、建筑技术水平等因素的制约,城市形态基本处于扁平型的二维发展阶段。平面的形态也决定了城市的基本骨架,街道、广场、院落等公共空间开始出现。

1.3.2.1　有机生长的平面形态

有机生长的城市平面形态往往是基于自然山水条件、环境特征以及随时代不断变化的城市功能、生活习惯等内在因素自发生长的形态特征。这种形态表现为不规则、多样化、市民化,貌似随机无序,但实际上依托内生的规律彰显有序性,存在的即是合理的。

有机生长的平面形态都没有经过系统性的总体规划,是通过局部的不断优化推动了总体的发展。在城市发展的过程中也会受到城市管理者的约束,用一些城市管理规则满足皇权、神权、军事、经济等的需求。

古村落是最典型的有机生长型平面,也是城市发展的雏形。在中国,皖南古村落是有机生长的典型代表,其中以西递村和宏村最具代表性。西递与宏村坐落在黄山脚下,因其完好保存明清古村落风格而闻名于世,同时也是中国封建社会后期文化的典型代表——徽州文化的载体,集中体现了工艺精湛的徽派民居特色。西递村至今完好地保存着典型的明清古村落风格,有"活的古民居博物馆"之称(图1-12)。

图1-12 中国传统村落空间形态

在欧洲,中世纪是有机生长型城市形态的重要发展期。在这1000年间出现了大量封建割据、世袭领地,城市变成了行政中心、宗教中心。这些城市规模都不是很大,一般是地方自治,有利于结合现状适应性地发展,有机生长型的城市形态是最好的选择。瑞士的首都伯尔尼老城坐落在莱茵河支流的阿勒河一个天然弯曲处,一条缓缓流淌的阿勒河,从三面环绕伯尔尼老城而过,形成了一个半岛,阿勒河把整个城市一分为二,西岸为老城,东岸为新城。西岸保留了中世纪风格:窄而平行的拱形长廊街道;钟楼、监狱楼等遗留下来的旧城楼历史古迹;哥特式大教堂、市政厅、尼格德教堂和联邦宫等古建筑;红瓦白墙相映生辉的古老民居(图1-13)。

图 1-13　瑞士首都伯尔尼

1.3.2.2　十字网格型平面形态

网格型布局通常都是规划设计的结果，正交的道路系统将土地分成方形的小地块。这种划分有助于土地的划分和交易，便于市政设施的建设，功能使用方便。

在中国，网格型城市最具代表性的可以算是唐长安城和北京城。城市总平面依据皇权、神权等礼法制度对称布局，有明显城市中轴线。城市被方格网划分成若干里坊，每个里坊都有高墙分隔，又形成一个个的小城。

古罗马在营建城市中都采用了网格化的平面布局。公元前 475 年，希波丹姆主持的希腊米利都的重建规划被认为是真正完整的网格化布局。16 世纪，在欧洲兴起的巴洛克艺术派批评城市网格布局简单乏味，缺乏变化。1791 年，郎方完成的华盛顿规划在方格网的基础上运用了很多斜向的视觉通廊，增加公共空间和作为对景的纪念物，提高了网络布局的灵活性和变化性，提升了城市的美感（图 1-14）。

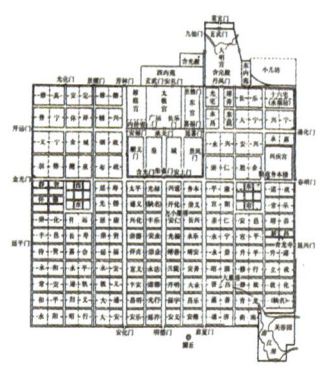

图 1-14　唐长安城平面图及郎方的华盛顿规划总平面图
资料来源：吴志强，李德华.城市规划原理[M].北京：中国建筑工业出版社，2010

在近现代的新城建设中，网格布局因为它的实用性、经济性、高效性等被商业社会普遍采用。中国的大量新城也以网格型的布局为主，通过结合地形等因素采取适应性的变异手法，创造了很多个性鲜明的新时代城市空间。雄安新区是国家推进京津冀协同发展作出的一项重大决策部署，启动区作为先行规划建设的区域是北京非首都功能疏解首要承载地。启动区遵照"蓝绿交织、城淀共融、产城融合"的总体要求，形成"一湾四带"的结构意象和延伸空间。如今启动区已经在如火如荼地建设中，不远的将来将会展现一个时代新城（图1-15）。

图1-15 雄安新区启动区控制性详细规划
资料来源：雄安新区管委会

1.3.3 城市空间的三维立体形态

1.3.3.1 空间的视觉景观形态

城市的空间形态表现出三维特征，空间和实体要素相互作用，带来变化多样的感受和体验，更多地表现为空间艺术性。欧洲中世纪的城市建筑艺术风格是备受人们喜爱和推崇的，这种城市三维空间风格是优美形式与自然和谐的结果，喜欢用不对称布局、封闭广场、曲折道路、序列空间、组织对景、构建框景、拱廊街道和中心聚集等形势。

奥地利建筑师卡米洛·西特在《城市建筑艺术》一书中极力推崇欧洲中世纪城镇的"自然的感觉"，他对城市空间活跃的不规则元素的表现力感兴趣，从单纯欣赏到发展成一套城市形式理论。他反对城市空间顽固的几何规则，批判奥斯曼式的尺度，赞扬佛罗伦萨这些中世纪城镇所创造的大量与自然和谐、风景如画的城镇。

中世纪画境风格的特征表现为：自然生长、自由布局；适应生活、尺度宜人；地域特征、个性鲜明。威尼斯的圣马可广场是中世纪画境风格的精品，被誉为"欧洲最美的客厅",其自由布局、建筑围合的广场、狭窄的街道、高耸的钟塔、通往大海的视线等都给人留下了深刻的印象(图1-16)。

图1-16　意大利威尼斯圣马可广场
资料来源：七海星尘

18世纪末的巴洛克艺术在城市建设中追求宏伟壮丽、几何秩序、英雄尺度、视觉通畅、纪念庄重和夸张奢华,是典型的以帝皇为中心的首都艺术。在形式上热衷于大广场、大轴线、广场边上的放射性道路、大台阶、纪念建筑、雕塑、喷泉和作为对景的方尖碑、凯旋门等,将城市形态空间与空间景观紧密联系起来。1585年的罗马总体规划和奥斯曼的大巴黎规划都是这个时期最著名的代表(图1-17)。

1.3.3.2　认知城市形态的五要素

1960年的《城市意象》是一部里程碑式的著作。这本书开创了通过人类主观感受来评价城市环境的先河,是以"人为本"思想的杰出尝试,可以说是后现代主义思想的先驱者。书中提出的五个要素——道路、边界、区域、节点、地标,对于我们理解城市、认知城市,尤其去感知一个陌生城市的时候价值无可替代。

(1)路径:指运动的通道,如街道、公路、铁路、步行道、水路等连续而带有方向的交通通道。

(2)边界:指线性的界限,用来划分城市中不同的区域,界定城市与周围环境。边界可大可小,既能是高大的障碍物,也可以是低矮可跨越的小围栏、灌木丛等。

(3)区域:指具有共同特征的片区。

(4)节点:指观察者可进入的具体战略地位焦点,通俗理解就是重要的

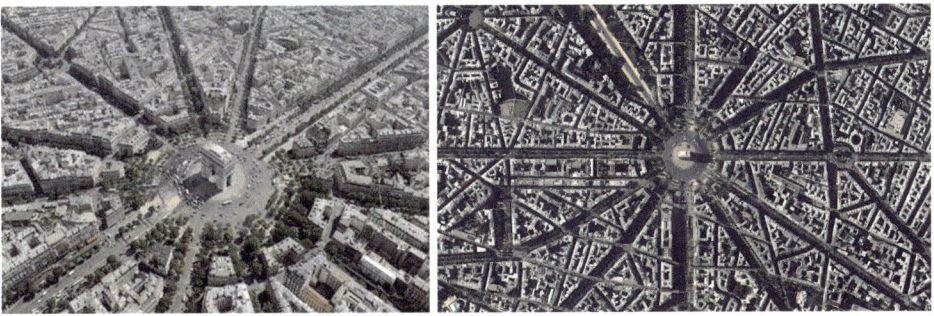

罗马城市空间发展脉络示意图

以 Étoile 地区为中心纵览巴黎

图 1-17　罗马、巴黎城市形态

资料来源：Serge Slalat. 城市与形态［M］. 香港：香港国际文化出版有限公司、豫陇秦沪·大庸

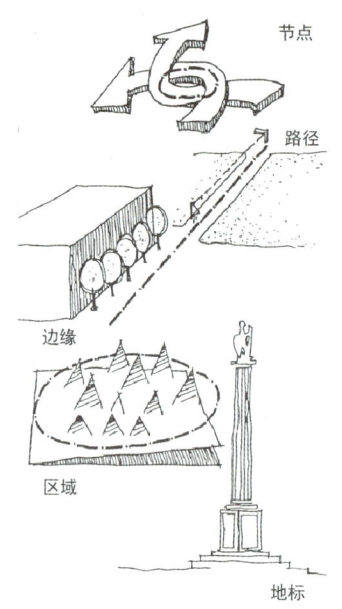

图 1-18 城市意象五要素
资料来源：凯文·林奇《城市意象》

人群集散点，比如车站、码头、交叉路口等。

（5）地标：指具有特征而又充分可见的定向参照物，环境中的标志一定是引人注目的目标或醒目的图形（图 1-18）。

1.3.3.3 立体城市形态

随着城市的发展，人们一直在探索更优质的城市生活空间，建筑技术的发展也促使城市空间向竖向立体化方向发展，城市从平房、楼房到摩天大楼，到地下空间，城市不断长高长深，并不断突破边界。从空间形态上来讲，城市可以分为地标型立体竖向形态、中心集聚型立体形态等。

地标型的立体城市形态由来已久，最早可以追溯到佛塔、伊斯兰尖塔和哥特教堂塔楼，这些单体建筑都是城市在竖向的制高点，视觉的中心。现代主义后，受建筑技术、资本等因素的影响，城市中的高层建筑越来越多，美国芝加哥被誉为高层建筑的鼻祖。高层建筑也越来越高，全球各大城市相互竞争，不断出现新的地标建筑，著名的有美国的西尔斯大厦、吉隆坡双塔、上海中心大厦等。目前世界上最高的建筑是迪拜的哈利法塔，高 828 m。

中心聚集型的立体城市形态一般出现在世界超大城市的城市中心区，就是我们常说的 CBD。这种中心聚集的布局更重视经济、市场的因素，而不是简单的精神、艺术价值。城市中心由于地价高，只有更高的高层容纳更多的人员，同时居住功能被挤出，城市中心成为资本竞争的核心场所（图 1-19）。

图 1-19 曼哈顿与陆家嘴

1.4 城市产业与空间的协同发展

产业分为第一产业（农业）、第二产业（工业）、第三产业（服务业）。常规来讲，第二、三产业广泛分布在城市的城区范围内。产业是城市在市场经济条件下参与全球竞争的根基，是城市发展的核心动力、经济增长的源泉，也为劳动者提供广泛的工作岗位和生存空间，关系一座城市的兴衰。如何立足城市自身条件，有效供给产业空间，促进产业持续性的更新升级，保障城市生活高质量发展，是各级政府、园区管理机构、公司等主体关注的焦点之一。

1.4.1 产业园区引领科技创新

1951年世界第一个科技园区——斯坦福工业园（硅谷）诞生之后，经过70年的实践，以科技园区为代表的产业园区成为了引领高科技发展以及世界经济转型升级的重要引擎。发达国家的产业园区更是遍布各地，比如法国的索菲亚·安蒂波利斯、德国慕尼黑和海德堡、西班牙圣·塞巴斯蒂安、英国剑桥等。

在我国，改革开放后产业园区也成为了带动全国经济增长的重要一极，比较出名的有深圳蛇口工业园区、苏州工业园区、北京中关村新技术产业开发试验区、上海漕河泾新兴技术开发区等。在新的经济形势下，如何建设具有世界一流水准的产业园区是我国当前需要解决的问题。

产业园区的空间发展和国家的宏观经济发展趋势一样，也经历了逐渐升级的过程。从最早的以简陋厂房为主，发展到结合产业、办公、休闲、文化等多方面协调发展的产城融合模式。我们可以看到产业园区的发展不仅仅要关注高新技术的发展，还要关注社会、人文、经济、环境、管理等多个层面。

世界每一次技术革命都伴随着世界经济的跨越式发展，从农业到工业化，再到后工业化，高新技术成为世界发展的动力之一，产业园区则是高新技术研发和产业聚集的地方。如何走出一条具有中国特色的产业园区建设之路并把它向全世界推广具有重要的意义。

1.4.2 我国产业园区的规模化建设

我国产业园区的出现和发展紧跟改革开放的步伐，经历了孕育期（1979—1983年）、初始培育期（1984—1991年）、高速发展期（1992—

2002年)、稳定整顿期(2003—2008年)、创新发展期(2009年至今)。

从1978年创办的深圳蛇口出口工业区到1984年国务院正式批准的第一个经济技术开发区——大连经济技术开发区，政府希望通过产业园区的建设来促进经济特区的改革开放，摆脱计划经济体制的掣肘。国家政策上的优惠使得初期的产业园区获得了巨大的发展机会，这些"窗口"通过较为完善的基础设施、高效的管理机构，创造了一批吸引外资的"小环境"。但是受到观念、资金、经验、体制等方面的限制，产业园区虽然取得了一定成绩但整体还不能达到令人满意的程度。

1992年邓小平同志南方谈话后，改革开放进入了新的快速发展期。产业园区建设的春风从沿海向内陆推进，各地政府也意识到产业园区对于地方经济带动的重要性，产业园区的数量和质量大幅提升，逐渐形成了以经开区、高新区、保税区等多层次、全方位的格局。到2002年的10年间，53个国家级高新区的营业总收入、工业总产值、净利润、税收、出口分别增加了65、68、32、77、142倍。

中国加入世界贸易组织（WTO）后，我国产业园区进入稳定整顿期。这一时期的产业园区为了应对国内外经济和政策的变化，遏制无序竞争、土地浪费、盲目招商等现象，提出了一系列清理整顿的举措。国家也提出了"以提高吸收外资质量为主、以发展现代制造业为主、以优化出口结构为主，致力于发展高新技术产业、致力于发展高附加值服务业，促进国家级经济技术开发区向多功能综合性开发区发展"的"三为主、二致力，一促进"的发展方针。

2009年以后，国家制定了一系列区域发展规划，国家开发区也进入了一个"扩容"的创新驱动发展时期。2017年《国务院办公厅关于促进开发区改革和创新发展的若干意见》指出，在新常态、新形势的时期，国家产业园区必须发挥作为改革开放排头兵的作用，形成新的凝聚效应和增长动力，引领经济结构优化调整和发展方式转变。产业园区更强调内外并重、加强自主创新，落实国家发展战略和供给侧结构性改革，从以产业为主导向多功能综合性区域转变。

1.4.3　我国产业空间的战略布局

截至2022年6月，我国共有173个国家级高新区、230个国家级经济技术开发区、2 107个省级经济技术开发区，660家国家级产业园区，15 000多家各类产业园区。从区域分布来看，经济发达区域产业园区分布密集，主要呈现出"东强西弱"态势。相对来说，越发达的地区，园区数量越多，园区发展实力也越强（图1-20）。

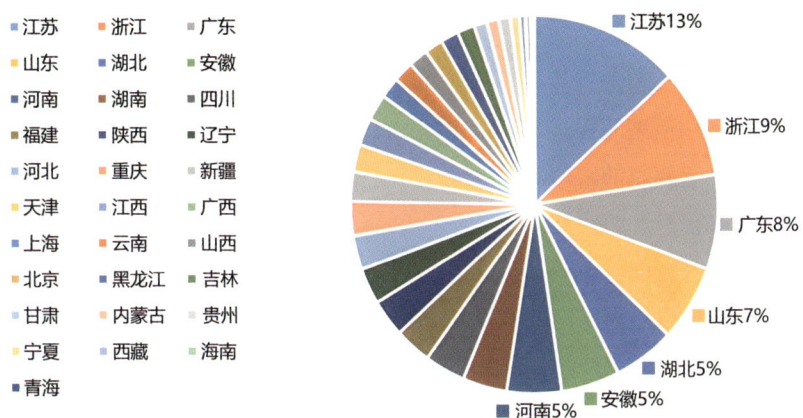

图1-20　国家级高新区、国家级经济技术开发区及国家级产业园区总分布情况

中国产业发展面临着很多问题、挑战与机遇。从国内来看，产业结构有待优化，"结构趋同—产能过剩—恶性竞争—资源浪费"问题突出。创新能力和核心竞争力弱，关键核心技术储备不足。产业发展不协调，虚拟经济对实体经济的支撑不够。产业发展的能源资源消耗强度大，矿产资源对外依存度不断提高，生态环境约束进一步加剧。产业发展环境欠佳，流通、物流、资金、信息和交易等成本较高，企业用工费用不断攀升，传统比较优势大为削弱。

从国际来看，贸易摩擦和壁垒加剧。中国连续18年成为遭受全球反倾销调查最多的WTO成员。一些发达国家构筑技术壁垒，严格控制高端技术向中国出口。国际市场竞争激烈，跨国公司主导全球供应链，掌控全球价值链高端。东南亚、南亚等国承接了大量劳动密集型产业。中国有可能陷入高端技不如人、低端又被转移的"三明治陷阱"。

从发展机遇来看，中国经济增长潜力巨大，产业发展空间和回旋余地很大。中国将在更深层地参与国际分工，有更多机会集聚全球的资源、人才、资金、信息。世界新技术革命和产业变革为中国加快培育和发展新兴产业、改造提升传统产业、构筑面向未来的现代产业体系带来机遇。国际金融危机后，西方不少企业陷入资金短缺困境，增加了中国对外投资的能力，为企业海外并购提供了机遇。到2030年，中国产业发展要实现"强、绿、智、联、特"，实施"需求导向、创新驱动、协调发展、灵活变化、植根世界"五位一体的战略。

1.4.4　产业空间的扩张与空间治理的引导

我国的产业园区在全国各地如火如荼的建设给我们提供了大量的实践机会。我们需要在我国特有的政治制度和文化背景下来研究产业园区的空间治理，并提出空间治理的模式和分析影响空间治理的各种要素。同时，与西方发达国家的趋于成熟的空间治理研究相比，我国的产业园区空间治理缺乏理论支撑、缺乏针对性的研究。

从理论源头来看，治理和管理最大的区别在于一个强调多元主体的协商过程，一个强调自上而下的决策过程。空间治理来源于城市治理，主要是对城市外部空间资源的系统整合过程。这个整合协调过程需要协调利益攸关方的利益诉求，使政府、市场、社会公众等多方利益主体所代表的公共利益和私人利益之间达到平衡。城乡规划本质上是一个极其复杂而又敏感的空间治理活动，是依托城市建成环境而开展的一个空间治理过程。

空间治理是城市治理的一个方面，需要遵循治理的理论框架。现代城市治理特征可概括为：①城市治理强调不同利益集团之间的互动过程，包括政府之间、政企和政社等；②现代城市治理是一种利益集团之间相对平衡协调过程；③城市治理已经不仅是政府等权力部门的工作范畴，还包括了非政府组织、企业等私人领域。

空间治理的模式研究基本上是围绕政府、企业、社会三大利益集团而构建的。传统视角下空间治理模式研究将其理解为"政府治理体系""市场治理体系""社会治理体系"三大政体治理体系。

中国的城市治理是典型的政府治理体系，政府既当规则制定者，又是裁判员、运动员，几乎涵盖了所有角色。但这种模式有着很强的计划经济体制的痕迹，不能适应当前市场经济的发展，也必将阻碍社会发展，因此政府治理体系必须进行改革。

当前我国正在推进市场治理体系的完善，"政府搭台，企业唱戏"被广泛应用。这种城市治理的方向是强化"公域"、还权"私域"、激励创新。市场治理体系模式是推进城市治理的重要手段，在一定程度上要求政府转变职能。

随着公民意识的加强，社会治理体系的建构得到非政府组织和普通公众的关注。空间治理中公众参与治理是一个必然趋势。公众参与可以有个人和社区参与等模式，社区参与在我国有较强的社会基础，可以较便捷地展开。社会力量参与城市治理也会逼迫城市治理模式的转变。

随着空间治理越来越复杂，空间治理的研究需要更综合的视角来研究，通过多元化的手段空间治理的研究领域也不断扩展，包括制度、体系、模式等。

1.4.5　产业升级与空间响应

以林毅夫为代表的新结构经济学认为，推动产业升级需要充分依靠和发挥地方的比较优势。一方面通过有效市场，基于地方比较优势形成相匹配的产业结构，参与全球经济，实现资本积累，促进产业升级；另一方面通过有为政府，面向产业升级的需求，提供硬的基础设施和软的制度安排，推动要素禀赋升级，形成新的比较优势。一个地方的产业升级还会受到市场需求、制度环境、生产要素、配套产业、同业竞争等诸多外部因素的影响。

产业升级是全球经济波动、国家制度环境和地方比较优势等外生变量综合作用下的产物。而伴随着产业的升级，产业空间相应演进，其作用机理主要包括两大路径：一是通过市场机制，随同全球经济波动和地方比较优势变化带来产业结构的升级，进而在新的产业需求带动下诱发新的产业空间供给；二是通过政府机制，在国家制度环境约束和地方公共产品供给下，形成差异化的产业空间及配套设施供给特征。正是在市场和政府的共同作用下，形成了产业空间的持续演进和阶段性特征差异。

2002年以后，东莞市政府加强了对土地资源的配置和监察能力，地方政府成为土地供应的主体，通过土地融资、搭建产业平台、建设产业新城，为高科技产业提供制度和空间上的支持。松山湖科技产业园区、东莞生态产业园等相继建成，其中，松山湖园区规模达 58 km^2，功能多元复杂，并与自然山水生态环境紧密结合，塑造出高品质的高科技园区。园区从早期的扩张性发展也逐渐向更新存量开发转变，腾笼换鸟以适应市场经济时代的发展。产业片区也向紧凑化发展，规模基本在 1～8 km^2，这样可以形成更有活力的产业服务圈和生活圈（图1-21）。

1.5　未来园区

产业园发展经历着功能单一到复合，空间割裂到融合的转变。产业社区概念的诞生与完善，标志着设计关注度从生产内容本身向更宽泛的需求转移：人的需求、生态环境需求、科技赋能需求等。虽然我们的产业取得了历史性

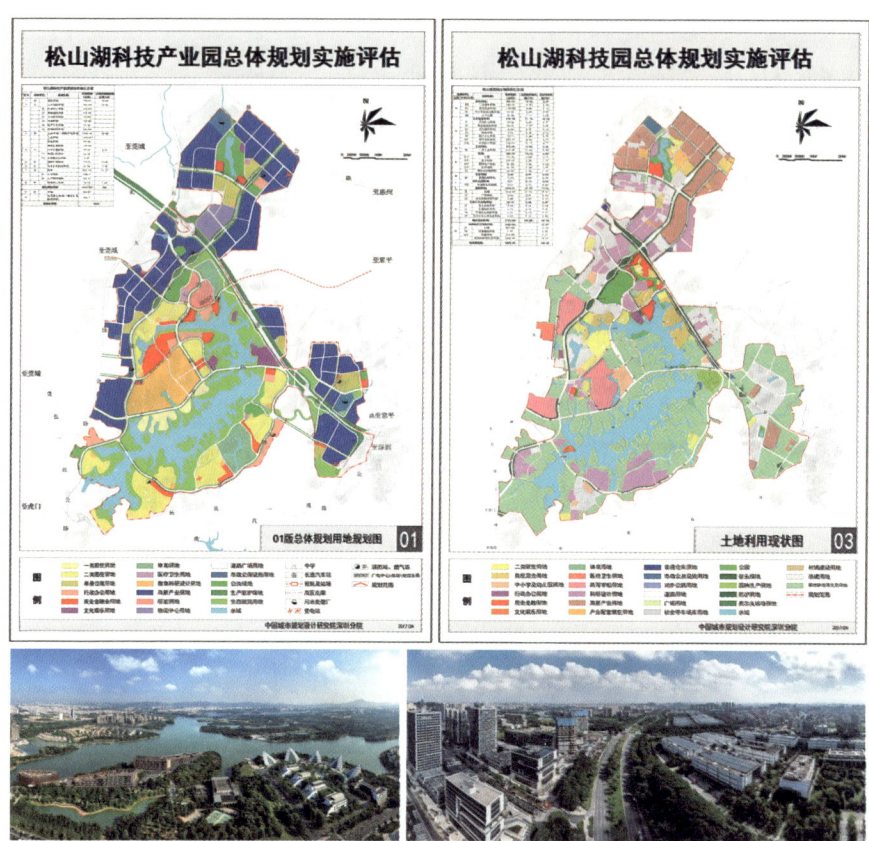

图 1-21　东莞松山湖科技产业园
资料来源：东莞松山湖高新技术产业开发区管理委员会

的突破，但是这种非常规的增长是有巨大代价的，以前的发展模式不能带来新一轮的增长，必须要转变观念，寻求新的发展思路。

1.5.1　生态驱动：走绿色低碳可持续发展道路

长期以来，中国的经济发展是建立在资源的不节约利用上的，是以牺牲自然环境为代价的。中国的碳排放总量目前位居世界第一，人均碳排放强度也明显高于世界平均水平。工业化和城镇化都是以消耗大量能源为基础条件，要实现国家发展的"双碳"目标，这意味着比发达国家更巨大的挑战，同时存在的机遇也需要创新的模式才能抓住。生态文明建设园区空间囊括了多种典型的碳排放场景，其减需要从产业结构、空间载体、基础设施和政策保障等多方面构建系统性、综合性的解决方案。为确保低能耗，在园区建筑更多地采用了创新的被动式设计策略和综合建筑运营的新思路，具体措施包括：充分利用自然光照、地板送风系统、创新幕墙系统、水资源可持续循环、屋顶太阳能、绿色交通设施、最大化绿化面积、智能楼宇控制系统等。

ESG 所面向的环境、社会和治理三大维度与可持续发展的内涵高度契合，催生出"城市 ESG"等新兴的规划设计概念。构建园区的可持续发展体系，须结合其本体的特定属性和内在诉求，将 ESG 理念和逻辑进行有机活用。这一体系需要面向园区规划设计者、使用者、运营管理者以及资本市场多方构建综合的策略性体系和工具，以评估、指导和服务园区全生命周期的发展（图 1-22）。

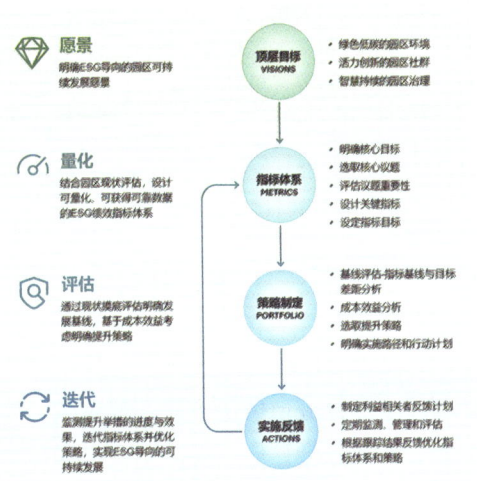

图 1-22　ESG 导向的产业园区可持续发展愿景、策略路径
资料来源：SJ 盛裕

1.5.2　创新驱动：从量变到质变

中国的土地制度使得地方政府依靠廉价的工业用地作为招商引资的优惠条件，促成了产业园区的膨胀式发展。国内大量的产业园区长期以来主要依靠要素和投资开发驱动，形成了路径依赖，往往重视产业"量"的增长而轻视"质"的提升。加强创新驱动、实现高质量发展成为国内现代化产业体系建设的核心要求。产业园区在创新驱动上的着力主要包括三个方面：原始创新要素支撑、应用创新生态孵化以及创新社群活力构建。

信息技术在现代产业园区中已经得到广泛应用，通过"智慧园区"的建设，铺设信息化网络，园区可以在通信、政务、产业服务、民生、节能环保等方面提供高度智慧化的管理。

1.5.3　人文驱动：从个性到协同

"智造未来"的设计理念促使设计者更多的思考空间布局的人文倾向，可以围绕"工业旅游"的主题组织功能流线，以工业物联网制造、产城有机融合、绿色低碳发展为导向，致力于打造一座集产、学、研、住、商等功能于一体的智慧型产业社区。产业园区从空间上也为科技人员提供更多的交流场景和场所，这些包括室外更舒适、环境更宜人的广场、绿地空间，也包括室内的中庭交流空间以及角落处的半私密空间，以及在交通路径上的不经意的停留空间、休息空间等，这些都希望给科技人员提供更放松的、有利于创新思维碰撞的人性化场所。

产业园区的产业特点决定了企业员工中高级白领的占比较大，生活品质和生活配套相比较于生产型制造业要求更高，职住分离、只重产业不重生活的园区已经难以适应需要，直接影响了园区的招商和人才吸引。产业园区在规划设计上充分考虑商住平衡的问题，通过生活配套的打造，建设完善商业街、住宅、医院、学校、广场、运动场及综合体等能够满足人们的居住安全、休闲娱乐、文化教育、社交等多方面需求的建筑载体，实现真正意义上的产城融合发展。未来园区将面向更广泛的社区开放，不仅服务于员工，还提供更多的城市解决方案，聚焦融合先进制造业、高科技研究机构、科研院校以及新型住宅，同时会提供医疗、托儿中心、健身中心、书店等丰富的公共设施和功能性空间。未来园区将会是一个"聚合之地"，建立起人与人之间的亲密连接。

参考文献

［1］ 任浩,甄杰,叶江峰,等.园区不惑——中国产业园区改革开放40年进程［M］.上海：上海人民出版社,2018.

［2］ 曹杰勇.新城市主义理论——中国城市设计新视角［M］.南京：东南大学出版社,2011.

［3］ 中华人民共和国自然资源部.都市圈国土空间规划编制规程TD/T 1091—2023［S］.北京：中华人民共和国自然资源部,2023.

［4］ 卢济威,庄宇,陈泳,等.城市形态组织论［M］.北京：中国建筑工业出版社,2022.

［5］ 张京祥,陈浩.空间治理：中国城乡规划转型的政治经济学［J］.城市规划,2014,

38(11): 9-15.
- [6] 陈易.转型期中国城市更新的空间治理研究:机制与模式[D].南京:南京大学地理与海洋科学学院,2016:5.
- [7] 汤哲铭.城市治理:基于合作博弈的分析[D].西安:陕西师范大学,2006.
- [8] 袁政.城市治理论及其在中国的实践[J].学术研究.2007(7):63-68.
- [9] 林毅夫. 新结构经济学的理论基础和发展方向[J].经济评论,2017(3):13.
- [10] 吴志强,李德华.城市规划原理[M].北京:中国建筑工业出版社,2010.
- [11] 徐建生.民族工业发展史话[M].北京:社会科学文献出版社,2011.

第 2 章 产业新城空间形态

2.1 从田园城市到产业新城

2.2 从科技园到科学城

2.3 从产业集群到大都市圈

2.1 从田园城市到产业新城

2.1.1 巨大城市空间治理的解决之道

2.1.1.1 有机疏散的卫星城

西方国家新城概念由霍华德的田园城市理念提出后而兴起。新城是指具有自身独立性、城市功能性和区域带动性等特征,对周围地区具有市中心集聚和辐射等作用,并与相邻的中心城市相辅相成发展。

西方新城建设源于大城市周边的"卫星城"发展。"卫星城"的概念是由美国学者泰勒早年提出的,目的在于把工厂迁出市区,把过度集中的城市人口分散在郊区。卫星城市建设与霍华德田园城市理论是分不开的,它发展了田园城市中分散主义的思想,摒弃了其中独立小城镇或郊区花园住宅的两种极端分化倾向,针对已经集聚的大规模城市进行功能疏解。二战后,卫星城建设逐步由早期附属于母城承担最基本生活服务的"卧城",发展为独立性较高,功能完备的产业新城。

20世纪中期,芬兰的规划师伊利尔·沙里宁提出的城市功能有机疏散理论,成为了西方许多大城市调整发展战略的理论指导。该理论指出城市发展是逐步离散的,新城并不是脱离中心城市,而是进行有机的分离运动。20世纪40年代阿伯克隆比提出的大伦敦规划和完成于1965年的大巴黎规划设立了多个新城,这些新城在大都市为中心的更大区域范围内,进行以疏散为目标的空间秩序通盘再安排,主要分担中心城市的压力,以此来寻求更加健康、有序的城市发展模式。

到20世纪90年代,国外新城建设带来了一些预想不到的问题。新城"反磁力中心"作用带来的中心城区"空心化"衰败现象开始出现,世界范围内大规模新城建设的热潮逐渐消退。西方国家很多学者针对新城在后期发展中出现的新问题进行了探讨,比如 Michael Burton 等通过对三代英国新城的研究指出,当新城开发投资来源从政府主导转向私人部门后,新城规模需求有所减小;Ann Forsyth 认为即使在美国这样的经济自由、地方分权的体制中,新城开发仍然需要地方政府在产业和政策等方面的强大支持(图2-1)。

2.1.1.2 新城的英国样板

英国是最早进行新城建设的国家之一,同时也是新城发展最为成功的国家。1944年,阿伯克隆比提出了《大伦敦规划》,这一规划的主要目的是分

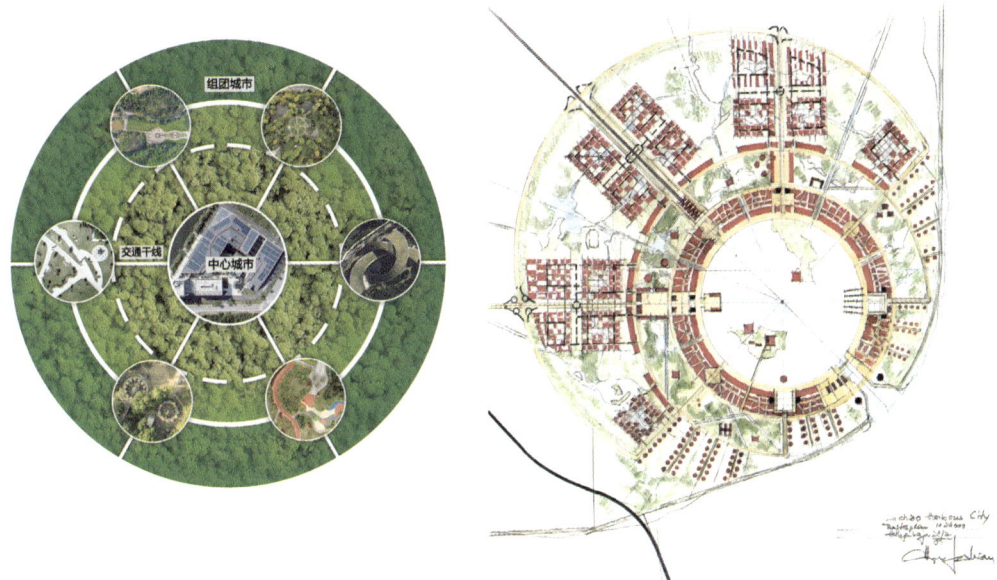

图 2-1　田园城市到现代新城
资料来源：GMP

散伦敦过多的人口与工业。规划提出在大都市周边建设 8 座新城，每个城镇人口增长最终达到 60 000 人。大伦敦规划对促进战后英国新城运动具有重要的细节补充作用。1946 年，英国政府首次颁布了支持新城建设的《新城法》，并开始了第一阶段的新城建设。《新城法》最大的特点在于，其更强调新城建设的"自给自足"与"平衡"。新城不仅具有分散伦敦等大城市人口与工业的作用，而且在城市规划思想上继承了霍华德田园城市理论和奥斯本的新城思想。

第二次世界大战后展开的英国新城运动开创了英国城市规划的鼎盛时期，战后 20 多年共建设了 34 座新城。战后英国新城建设的主要目的是通过疏解大城市人口来抑制过大的中心城市规模，因此新城大都建立在伦敦、曼彻斯特、纽卡斯特、格拉斯哥这样的大城市周边。通过一系列充分的实践，英国形成了较为完善和成熟的新城规划理论与实践。

英国新城规划可以归纳为三代。第一代以斯蒂文杰（Stevenage）、哈罗（Harlow）为代表；第二代以坎伯诺尔德（Cumbernauld）、朗科恩（Runcorn）为代表；密尔敦·凯恩斯（Milton Keynes）是第三代的代表（图 2-2）。

密尔敦·凯恩斯是英国第三代新城规划的代表，更多反映自下而上的市场选择，既作为大城市过剩人口的疏散点，又作为区域的经济发展中心。英

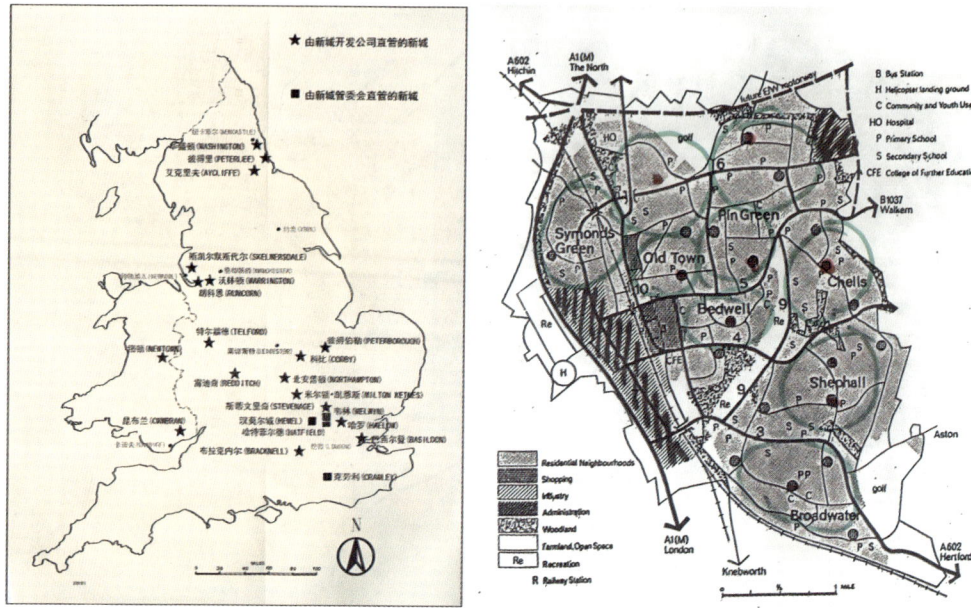

图 2-2　英格兰和威尔士的新城分布（1969）及斯蒂文杰空间规划结构
资料来源：吕一平，赵民. 英国新城规划建设的法制与启示［J］. 上海城市规划，2022 年第 1 期

国在此时首次提出在区域范围内构建"反磁力吸引"体系，就是要首先建立地区性生产综合体，提供工业发展基础；并综合开发高速交通线网，加强区内联系；合理安排行政、文化、科学中心；均衡布置生活、娱乐、旅游、服务设施；保护环境，在此基础上形成以综合职能城市为中心，并与各种专业化城镇相结合的城镇群。它既能适应社会化生产的专业化和协作要求，又在生产、生活等各个方面具有足够吸引力。

密尔敦·凯恩斯产业新城的成功，首先是在市场经济条件下工商业共同作用催生的产业新城，其次其产业更偏向传统服务业和现代服务业，产业和新城的融合具备先天的基础，新城与产业之间一开始便在空间上形成了高度重合的发展特点（图 2-3）。

2.1.2　产业新城发展的探索之路

2.1.2.1　改革开放最前沿的产业新城

中国新城的发展与规划建设受到总体经济社会背景的深刻影响，总结中华人民共和国成立后 70 多年的历史，我们可以把中国新城规划建设简要划分为 4 个阶段，分别为计划经济时期、改革开放的探索期、全面发展时期、新常态时期（表 2-1）。

图 2-3 密尔敦·凯恩斯产业新城
资料来源：伦敦城市展览馆

表 2-1 中国产业新城发展阶段对比

阶段划分	社会经济背景	新城总体特征	代表性案例
中华人民共和国成立后的计划经济时期	重生产、轻生活导向，城乡二元割裂	围绕重大工业项目而配建的郊区工业卫星城	上海闵行、洛阳涧西等
20世纪80年代至90年代中期	改革开放，由计划经济体制向市场经济体制逐渐转轨	开发区带动的近郊产业新城	深圳蛇口工业区、上海浦东新区、全国各类经济技术开发区
20世纪90年代中期至21世纪10年代初	全球化、城镇化、分权化、市场化等全面影响	高速城镇化与土地财政复合驱动的各类新城	广州珠江新城、南京河西新城、杭州钱江新城等
21世纪10年代初以来	百年未有之大变局、经济发展"新常态"生态文明建设等	融合多元价值，可持续高质量发展的综合新城	雄安新区、长三角一体化示范区、上海五个新城等

中国大规模的新城建设始于20世纪90年代中期，随着改革开放带来的经济繁荣发展，城乡二元壁垒逐渐松动并进入高速城镇化的阶段；同时土地资本化为城市发展提供了强大的融资能力与信贷支持，以外延式扩张、资本型增长为核心特征的城镇化1.0时代正式开启。

2.1.2.2 产业新城的上海样板

1）从卫星城到郊区新城

20世纪50年代，上海提出了发展卫星城的城市建设方针，主要是出于"分散一部分小型企业，以减轻市区人口过分集中"的目标，规划了吴泾、闵行、安亭、松江、嘉定五个卫星城。70年代，又规划了金山卫、吴淞—宝山两大卫星城。卫星城建设的工业色彩浓厚，规模较小、功能单一，还不具备独立的城市功能。

《上海市城市总体规划（1999年—2020年）》取消卫星城，首次提出了"郊区新城"的概念，提出集中力量建设新城，规划形成若干个城市功能完善、产业结构合理、2010年人口规模在30万人以上的新城。

《上海市国民经济和社会发展第十个五年计划纲要》提出加快"一城九镇"的发展。其中，"一城"指松江新城，也是市级层面明确的第一个集中建设的郊区新城；"九镇"包括朱家角、安亭、高桥、浦江、罗店、枫泾、周浦、奉城、堡镇九个中心镇，突出旅游、汽车、商贸、港口等特色功能。

2004年《关于切实推进"三个集中"加快上海郊区发展的规划纲要》提出临港新城、嘉定新城（含安亭）成为城镇体系中的二级城镇，"一城九镇"演变成"三城七镇"。

2006年《上海市国民经济和社会发展第十一个五年规划纲要》提出"1966"城乡规划目标，重点推进嘉定、松江和临港新城建设，加快其他新城的规划和建设。"1966"城乡规划体系是指1个中心城、9个新城、60个左右新市镇、600个左右中心村。

2011年《上海市国民经济和社会发展第十二个五年规划纲要》首次提出了"产城融合"的概念，具体举措包括：优化提升嘉定、松江新城综合功能，建设长三角地区综合性节点城市；加快青浦新城建设，提升产业和居住功能；大力发展浦东南汇新城，建设综合性现代化滨海城市；加快奉贤南桥新城发展，加强功能性开发和综合配套水平；与产业结构调整相结合推动金山新城发展；支持崇明城桥新城走特色化发展道路。

2016年《上海市国民经济和社会发展第十三个五年规划纲要》提出，将松江新城、嘉定新城、青浦新城、南桥新城、南汇新城打造成为长三角城市群综合性节点城市；优化金山新城、城桥新城发展规划，优化人居环境，发展城市个性和特色风貌。

2017年《上海市城市总体规划（2017—2035年）》明确将嘉定、松江、青浦、奉贤、南汇等新城培育成在长三角城市群中具有辐射带动作用的综合性节点城市；金山滨海地区、崇明城桥地区发展形成相对独立的门户型节点城市。

2021年《上海市国民经济和社会发展第十四个五年规划和二〇三五年远景目标纲要》提出推进"五个新城"（嘉定新城、青浦新城、松江新城、奉贤新城和南汇新城）建设，是上海服务构建新发展格局的必由之路，是更好服务长三角一体化发展国家战略的重要举措，是上海面向未来的重大战略选择，要全力推进"五个新城"建设，推动长三角世界级城市群向更高水平迈进。

2）新时期的上海"五个新城"

近年来，随着上海科创中心、自贸区示范区和长三角一体化等国家战略的实施，无论是空间布局还是资源禀赋，单靠一两个卫星城已经无法承担，需要依靠上海全域空间和卫星城群来实现。除了卧城、工业城等传统卫星城功能外，新城将以更多的人口和更大的区域空间全面增强上海城市科创核心功能，打造更强的科技动能与龙头地位带动长三角一体化发展，是整体提升上海国际超大城市都市功能的首位选项。最新的《上海城市总体规划（2017—2035年）》中作为郊区城市副中心的嘉定、青浦、松江、奉贤、南汇逐渐明确为相对独立的"五个新城"（图2-4）。

（1）引领高品质生活的未来之城。按照《上海市国民经济和社会发展第十四个五年规划和二〇三五年远景目标纲要》的要求，上海"五个新城"建设要聚焦"产城融合"，统筹产业基地与新城建设；聚焦"功能完备"，完善新城的基本功能；聚焦"职住平衡"，完善住宅空间布局和多元化的住房供应体系；聚焦"生态宜居"，打造绿色低碳和美丽宜人的生态环境；聚焦"交通便利"，打造"一城一枢纽"，加快形成与外省市联系直接高效、新城之间网络顺畅、新城内部完善便捷的交通体系；聚焦"治理高效"，持续提升城市治理的温度、精度和效能以及城市的韧性。同时，要发挥人才、土地、财税等政策的综合效应，扩大新城建设发展自主权。

"五个新城"按照独立的综合性节点城市定位，统筹新城发展的经济需要、生活需要、生态需要、安全需要。

"五个新城"要形成高标准示范和规范的现代之城。充分发挥上海"五个中心"和国际大都市优势,建设最具前沿性的现代新城,在长三角地区的城市现代化建设中先行先试、创造新标准、走在最前列。特别要改变长期以来的郊区城镇建设的传统思维定式,把新城建设放到建设具有世界影响力的现代化国际大都市的战略高度去认识,更要把新城打造成为引领长三角地区开放与创新的高质量发展新引擎(图2-4)。

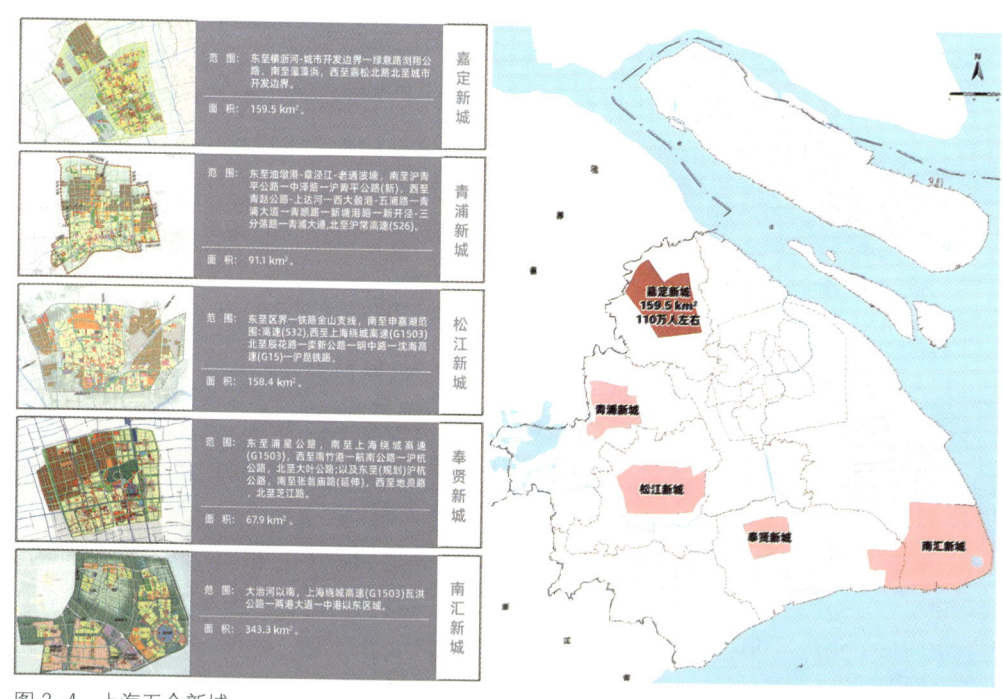

图 2-4　上海五个新城
资料来源:上海市规划和自然资源局

嘉定新城位于上海西北部,是通向江苏和 G42 长三角产业带的门户。嘉定新城已开发面积约 75 km²,2020 年常住人口约 48.6 万。嘉定新城规划范围约 200 km²,规划人口 80 万~100 万人,是由嘉定新城主城区、安亭辅城和南翔辅城组成的组合城市。

嘉定新城在五个新城发展中起步较早、城市能级较高,但功能定位有反复;面对长三角的周边城市,嘉定新城的城市能级还需要大幅度提升,特别是社区品质、园区效益和人才素质还有很大的提升空间,四区联动中的大学功能和研究院所作用需要进一步发挥。嘉定新城发展可以通过北虹桥区域开发的城市有机更新为契机,整体提升城市品质与园区产业水准和能级,以此推动和强化沪宁发展轴上的枢纽节点作用，建设国家智慧交通先导试验区，打造新能源和智能网联汽车、智能传感器、高性能医疗设备等产业集群，构筑相关产业的科技创新高地（图2-5）。

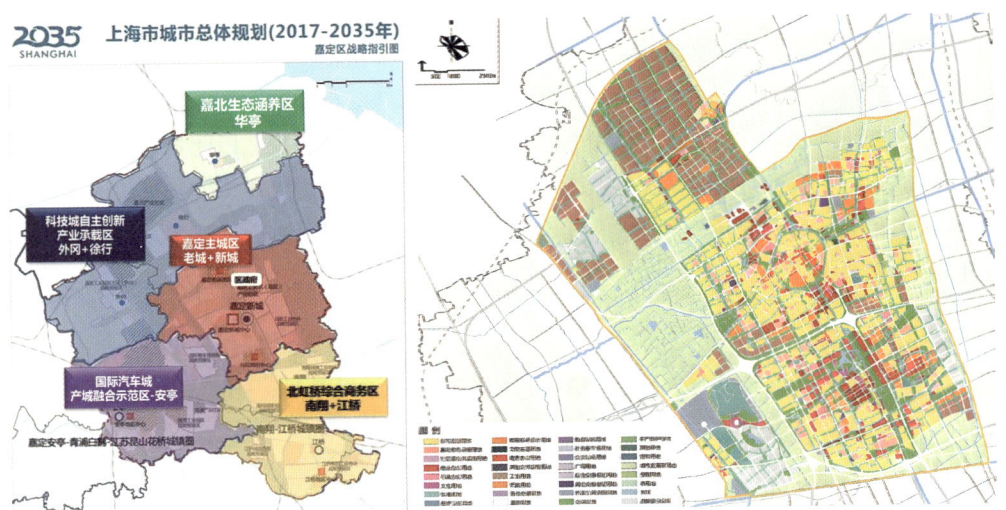

图2-5　嘉定区战略指引图、嘉定新城土地利用图
资料来源：上海市规划和自然资源局

（2）以有机更新的理念进行新城建设。"五个新城"利用原有城市化地区基础，结合农村集体建设用地入市，区域总体规划引领，通过"留、改、拆、建"等风貌保护、存量改造功能再造、新空间融合和新业态适应等手段，实现规划"全链条"、建设"全体系"和运营"全周期"的城市功能有机持续发展。为此，一是加快建设生态宜居、交通便利、公共设施体系完备的新城基础设施硬件功能；二是逐步构建产城融合、职住平衡、治理高效的城市精细化管理与服务的软件服务；三是努力形成活力四射、开放包容、守法有序的新城人文环境氛围。

青浦新城位于上海市西部，紧邻苏浙和长三角G50绿廊。2020年常住人口约45万，现状建设用地约57.8 km²，2019年完成GDP约413亿元、占全区的35.4%，经济密度约为6.35亿元/km²。"十三五"期间产业集聚效应逐渐显现、新动能崭露头角，2019年新城规模以上工业总产值为1 027亿元，高端装备、生物医药、电子信息等领域的一批领军企业落地壮大，其中青浦工业园作为制造业核心承载区集聚了149家行业龙头企业，创新主体发展活力和新经济动能不断加强。

青浦新城在五个新城发展中因为生态环境制约，城市发展能级较低；但也因为生态，区域发展速度和品质提升较快；面对接壤的长三角周边城市，青浦的任务主要是实现中心城集中度和品质提升、区域环境和公共服务均等化。依托生态环境和较为完善的居住区和园区功能，利用华为、小米等头部企业的入驻和产业导入，实现产业功能提升。青浦在四区联动中的城市服务功能、大学和研究院所资源非常缺乏，需要纵向通过西虹桥地区导入市区科技资源；同时通过交通，横向导入嘉定和松江地区的大学城资源；以此承接支撑虹桥国际开放枢纽和长三角生态绿色一体化发展示范区重大功能，积极发展数字经济，形成创新研发、会展商贸、旅游休闲等具有竞争力的绿色产业体系（图2-6）。

图2-6　青浦新城土地利用图、城市设计鸟瞰图
资料来源：上海市规划和自然资源局

（3）打造科技创新功能的空间新模式。按照"全球资源配置功能、科技创新策源功能、高端产业引领功能、开放枢纽门户功能"，五个新城将成为上海新的次中心连接近沪城市，上海的城市空间结构将由单中心向多中心演变，形成典型的都市圈空间结构。近年来，由于生态环境优美和交通便利的郊区吸引了大量的人才，科技活动逐步转向新区和新城，上海张江科技园和松江大学城等发展就此形成。因此，五个新城对长三角的辐射和关联，取决于新城级差地租位势。如，松江新城面对"G60科创走廊"射线上的八个城市，就需要坚持高点定位、高新发展要求、落实人民城市理念、坚持改革创新、增强系统观和分工关、坚持因地制宜和形成发展合力进行市中心功能关联和对外辐射影响。

"五个新城"要实现城区、社区、园区和校区等四大功能区的四区联动，实现"产城联动""职住平衡"和"有序流动"等目的的实施策略。

一是城区及其与外部地区的交通、资源等关联，包括医疗卫生与环境生态等公共服务，城市综合体、文化娱乐、旅游景点和酒店等商业服务，交通基础设施与各种交通组织等交通服务，以及新城与外部区域的联系。

二是社区及其与城区的联动交流，包括高端与国际化社区、中端人才公寓与居住社区、普通居民社区与大型居住区、保障房社区与工业区内公租房社区、农村社区等，以及与城区的交通、公共服务和商业等联动。

三是产业与科技园区、办公与楼宇经济等与城市配套服务的联动，包括商务活动与城区的联动、就业者与社区的联动等。

四是校区及周边地区与新城的联动关系，包括大学与国际学校、义务教育和培训教育等，还有围绕校园经济展开的周边人才的教育和培养、科技成果的交流和策源等，以及学生、教师和来访人员的城市、社区和园区关联。

松江区位于上海市西南，是早期上海的发祥地，自古以来就是上海沟通江浙两省的西南门户。松江新城包括城市生活区、松江工业园区、科技园区和车墩镇，2020 年常住人口 64 万人。松江新城聚焦人工智能、集成电路、生物医药、智慧安防、新能源、新材料等战略性新兴产业。

松江新城发展历史悠久，城市扩张十分迅速，园区发展和居住区品质提升较快。面对接壤的长三角的周边城市，松江新城的科技创新任务十分艰巨，新城的主要职责是利用大学城资源，导入新型研发机构，实现科技资源集聚和科技能力提升。通过提升城区集中度和社区品质，加强 G60 科创走廊战略引领作用，强化创新策源能力，做大做强智能制造装备、电子信息等产业集群，发展文创旅游、影视传媒等特色功能（图 2-7）。

奉贤新城位于上海南部，是奉贤区的政治、经济、文化中心。规划范围，东至浦星公路，南至 G1503 上海绕城高速，西至南竹港和沪杭公路，北至大叶公路，总面积 67.91 km²，规划人口为 100 万人左右。

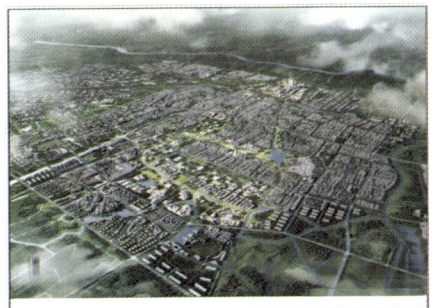

图 2-7　松江新城空间规划
资料来源：上海市规划和自然资源局

奉贤新城在发展中主要承担市区功能疏解、浦东功能对接和金山产业协同等职能。奉贤新城具有大型居住区开发超前优势和轨道交通后发优势，新城建设任务主要是实现城市能级提升、服务业产业升级和科创资源承载。依托较为广阔的腹地、园区和居住区，导入市区科技资源，尤其是毗邻的交通大学等大学科创资源；同时通过交通，横向连接浦东和松江地区的科技与产业关联功能，形成上海南部东西横向的科创走廊新通道，打通松江与浦东的科技连廊、贯通与金山的产业与科技辐射，为长三角未来的杭州湾区大发展，率先进行城市硬核科技和软实力的超前布局。为此，积极发展现代服务业高科技，发挥上海南部滨江沿海发展走廊上的综合节点作用，打响"东方美谷"品牌，打造国际美丽健康产业策源地（图2-8）。

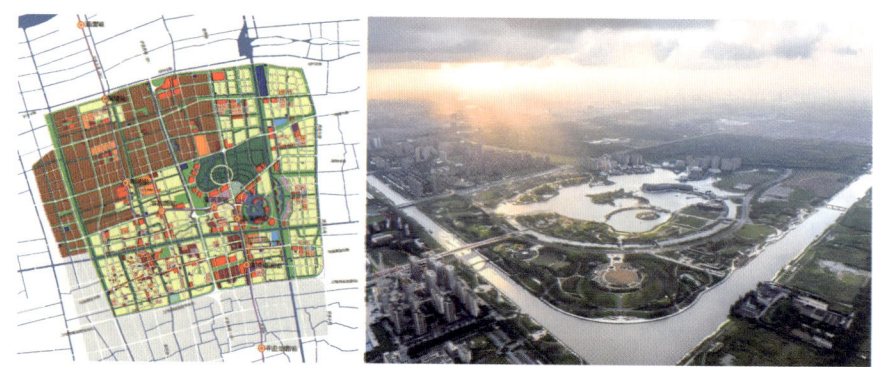

图 2-8　奉贤新城空间规划
资料来源：上海市规划和自然资源局、上观网

2.1.2.3　临港新片区空间形态

1）面向大海的临港新片区

临港的规划研究始于20世纪90年代后期，当时的上海还是一城九镇的时代。在临港新城规划报批的过程中，上海郊县在规划建设中感到与邻近的江、浙两省发展差距，特别在产业园区的规划建设规模上落后很多，于是提出了在嘉、青、松规划建设较大规模的工业园区。产业作为核心也引入整个大临港的规划中。

2019年8月，国务院正式官宣上海自贸试验区临港新片区落地，"临港新片区"参照经济特区管理，中央给予临港的新定位，可以说，临港新片区在上海城市发展的历史上，是继1990年开发开放浦东之后，是最大手笔的国家级战略（图2-9）。

中国（上海）自由贸易试验区临港新片区国土空间总体规划（2019—2035年）

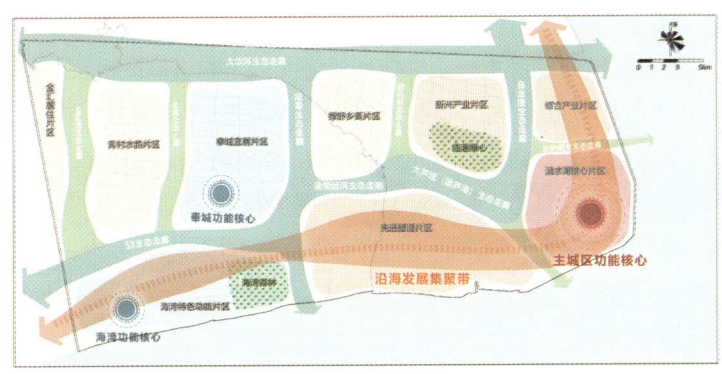

空间结构规划图

图 2-9 临港新片区国土空间规划
资料来源：临港新城管委会

临港新片区的两个目标，一是巩固国际航贸中心，助推国际金融中心，二是打造上海新的战略增长极。临港的产业集群，肩负着上海未来新的战略增长极重任。集成电路、人工智能、医药生物、智能新能源车等先进制造业集群，借助自贸区、三大交通枢纽、金融中心这些条件，临港的产业是面向全球的，而不是着眼于上海和长三角。

2）临港新片区的空间规划

临港新片区在2019年8月20日，自贸区临港新片区挂牌，规划范围为国务院《中国（上海）自由贸易试验区临港新片区总体方案》批复范围，包括上海大治河以南、金汇港以东以及小洋山岛、浦东国际机场南侧区域。方案强化沿海带状集聚发展，优化沿海区域交通、产业、岸线、空间等要素资源配置，同时兼顾向城发展，强化新片区东西联动，形成"一带三核、三廊九片"的空间格局。

"一带"：即沿海发展集聚带，依托沿海交通走廊，串联滴水湖核心片区、各产业片区以及生活片区。"三核"：即一主两辅，一主为主城区功能核心，强化集聚发展，重点发展新型贸易、跨境金融、总部经济、航运服务等功能；两辅为海湾、奉城功能核心，强化对周边地区的带动作用。"三廊"：即大治河生态走廊、浦奉生态走廊、S3—浦南运河—大芦线（团芦港）—白龙港生态走廊3条主要生态走廊。"九片"：以生态走廊划分规模适宜、功能完善的9个片区，包括滴水湖核心片区、综合产业片区、先进智造片区、新兴产业片区4个主城片区以及奉城宜居片区、海湾特色功能片区、绿野乡美片区、青村水韵片区、金汇居住片区5个周边片区，片区之间强调功能产业联动、交通互联互通、空间形态协调，实现更高水平城乡融合发展。在新兴产业片区和海湾特色功能片区规划2处生态绿心，分别为临港绿心和上海海湾国家森林公园。

3）片区中心南汇新城空间规划

南汇新城位于上海浦东的东南方，是唯一位于浦东新区的新城。南汇新城位于连接浦东张江科技城和临港自贸示范区的关键节点上，城市发展能级、城市功能和产业关联需要重新定位。一是"双自联动"城市空间新布局，南汇新城依托张江科技城和临港自贸区等两大国家战略功能区，在推动自主示范和自由贸易等；二是国际化社区和高端化园区新提升，新城的主要任务包括发展国际社区和居住区，建设国际人才服务港、顶尖科学家社区等载体平台；园区发展依托科学科技和金融贸易双平台，实现包括张江在内的浦东主城区和临港保税区的区域交通、城市功能和产业园区之间的无缝连接；三是构建新兴科技产业群，以"五个重要"为统领，构建集成电路、人工智能、生物医药、航空航天等"7+5+4"面向未来的创新产业体系，加快打造更具国际市场影响力和竞争力的特殊经济功能区（图2-10）。

图2-10 临港新片区主城区南汇新城总体城市设计
资料来源：上海市规划和自然资源局

南汇新城划分为四大片区，包括滴水湖核心片区、先进智造片区、综合产业片区规划、新兴产业片区。四大功能片区提升主城区功能能级，依托市域轨交线路串联若干功能节点，提高人口密度，加快推进产业能级提升，保障先进制造业产业空间，鼓励前沿制造功能与科技创新研发功能一体化布局，推动新型贸易、跨境金融、总部经济、航运服务等功能。建设新片区中央活动区，布局新片区核心功能，依托蓝色海湾，打造具有显示度的滨海未来城市形象。

4）滴水湖核心片区空间规划

滴水湖核心片区是南汇新城的一部分，是临港新片区主城区的核心区。其中临港的核心发展位置主要集中在临港101、103、105区域，称为核心功能区。这个区域内，规划有大量住宅、商业以及其他城市功能配套。未来也是人口导入最为主要的区域。

滴水湖核心片区作为新片区自由、开放服务功能的集中承载区、南汇新城的功能核心，凸显新片区的示范引领作用，建成引领高品质生活的未来之城。构建"一环、五片"总体空间结构。一环，即环滴水湖的开放环形，由新片区总规确定的沿海发展集聚带演化而来，串联起片区总部经济功能。五片，分别依托新片区中央活动区 2 处功能核心、顶尖科学家社区和两港大道 2 处地区中心、1 处行政中心形成 5 大片区，分别为现代服务业开放区、滨海中央活力区、国际创新协同区、文旅宜居区和行政生活区（图 2-11）。

图 2-11　滴水湖核心片区土地利用图和空间形态
资料来源：上海市城市规划设计有限公司

为了发挥综合性节点城市的核心功能作用，打造新片区自由、开放服务功能的集中承载区，规划意在将滴水湖核心片区打造成为集聚资源配置功能的开放枢纽地、汇聚海内外创新人才的国际会客厅、彰显海湖韵与多元文化的未来魅力城。围绕"开放枢纽地""国际会客厅""未来魅力城"提出了六大规划策略：①以人才需求为导向，提供多元优质居住与服务；②以核心功能为重点，合理引导产业集聚布局；③以节点城市为目标，完善综合基础设施体系；④以自然宜居为宗旨，打造蓝绿交融的生态城区；⑤以滨海新城为定位，凸显海湖韵特色城市风貌；⑥以立体城市为理念，打造"公园式地下客厅"（图 2-12）。

图 2-12 滴水湖核心片区
资料来源：上海市城市规划设计有限公司、上海兴港置业发展有限公司、上海临港新片区经济发展有限公司

2.2 从科技园到科学城

科学城的概念最早形成于 20 世纪 50 年代，是以提升原始创新能力为核心，集聚高端科研基础设施、多元创新主体和创新服务等创新要素，涵盖基础研究、应用研究、产业共性关键技术创新、新产业新业态培育等功能，具有数字化形态、高端人才宜居的重要创新载体。科学城，是城市乃至国家未来的希望。同样作为科学技术与产业的高度聚集地，城市关键特征在于人表

现出更多元化、多功能、多体系的特征。科学城就是一个具有"城"的形态特征的若干个"科学技术园区"聚合体。对于科学城来说，需要做好"城"，才有可能吸引并留住足够多的科学技术创意阶层。而创意阶层的聚集，才能促使"科学"产生美第奇效应。交融创新的"科学"，再加上吸引人的"城"，对于科学城的成功是必要条件。从全球经验来看，科学城的规划建设于西方起步，20世纪70—90年代达到发展的高峰期。到目前为止，全球已有超过600座科学城。其中，美国斯坦福科学城（硅谷）、俄罗斯新西伯利亚科学城、日本筑波科学城、韩国大德科学城、德国阿德勒斯霍夫科学城、丹麦哥本哈根科学城等在全球产生广泛影响。

科学城是以大科学装置为核心，以各类交叉研究平台为支撑的创新资源集聚高地，整合基础研究、应用研究、技术转化和城市服务等综合功能的全链驱动型创新城区。从发展趋势来看，从最早期科学导向的独立卫星城到产业导向的科技园区，再到产教研城融合的创新型城区，城市服务功能在不断加强。科学城城市中心既提供科学服务，又提供城市服务功能，最终通过"双圈"功能的供给帮助科学城实现"一链双圈"功能体系构建。

科学城与城市其他功能区的区别也在于社会人群的差异，科学城呈现出以科研人员为核心主体，多元人群构成的社群特征。这里既有短期科研实验与交流的国际化科研群体，也有长期扎根当地的科学家及其家属，以及相关科技企业群体。科学城的规划设计将以科学家需求为核心，结合科学家的人群构成特点，工作时间特点、空间场所需求，为科学家提供各类公共服务设施与国际化的服务，提供各种尺度的公共交流空间和24小时的交流场所（图2–13）。

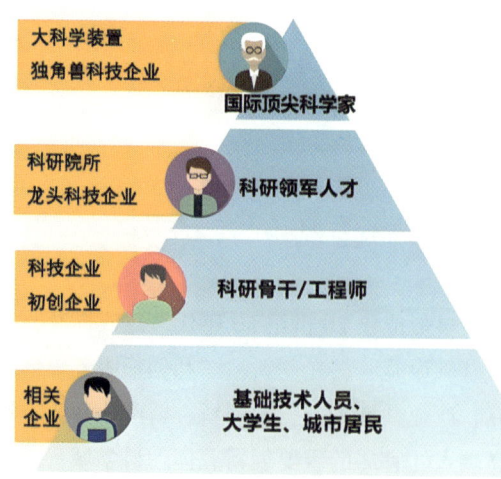

图 2–13　科学城人群结构

俄罗斯新西伯利亚科学城于 1957 年开始建设，位于距新西伯利亚市约 30 km 的森林中，是全球第一个正式命名的"科学城"，也是目前全球最大的科学城。新西伯利亚科学城是俄罗斯科学院新西伯利亚分院的核心部分，拥有新西伯利亚分院等 320 多个科研机构、新西伯利亚国立科技大学等 20 余所高等院校及 5 万多名研究人员，在数学、物理、化学、生物等基础科学领域及能源综合利用、信息技术、环境保护、核能开发、生物技术、航天科技等应用领域均有突出成果。科学城以"就近工作、就近居住"的理念分区打造城市功能，且十分重视生态和环境保护，桦树和松树林面积占科学城总面积 1/4（图 2-14）。

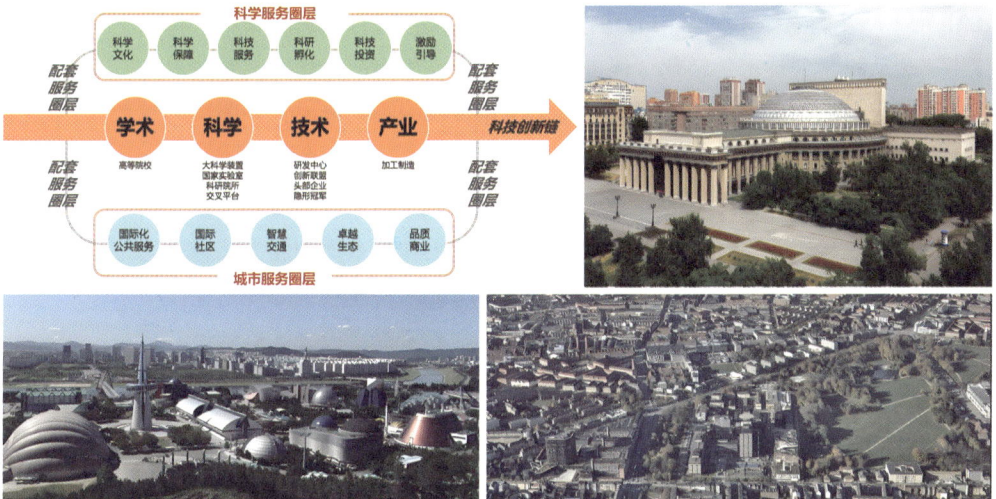

图 2-14　科学城"一链双圈"功能体系、俄罗斯新西伯利亚科学城、韩国大德科学城、丹麦哥本哈根科学城
资料来源：规划中国、上海华略智库、澎湃新闻

德国阿德勒斯霍夫科学城始建于 1991 年，距离柏林市中心约 20 km，是德国最大、欧洲第四大科技城。该科学城重点发展光电、可再生能源、微系统和材料、信息和传媒、生物和环境等主导产业，集聚了联邦材料研究与测试研究所、德国航空航天中心等十余个研究所和洪堡大学的六个研究机构。该科学城还打造了含别墅、公寓、酒店等在内的多层次生活居住空间和广场、公园、运动场等开放式生态休闲空间，拥有餐饮、购物、文化、医疗等系统化生活服务配套设施（图 2-15）。

图 2-15　德国阿德勒斯霍夫科学城
资料来源：上海华略智库、华高莱斯

虽然我国的科学城建设起步很晚，但我们有幸见证这波中国科学城建设大潮，同时也意味着我们可以广泛吸取全球同类"先驱"们的经验与教训。2021 年 2 月《国家技术创新中心建设运行管理办法（暂行）》的颁布，将定位于实现从科学到技术的转化，促进重大基础研究成果产业化的国家技术创新中心，提上地方发展的重要议程。科学城建设从国家角度讲，是国家科学技术突破核心技术问题，兑现创新红利的重要途径；从地方角度讲，是各地以科学技术为抓手，促进产业创新，进而实现经济转型升级的重要手段。我国已经布局建设了北京怀柔、上海张江、安徽合肥和广东深圳四大综合性国家科学中心，在建设过程中均以科学城为核心承载区。北京统筹规划建设中关村科学城、未来科学城、怀柔科学城，上海主要聚焦建设张江科学城，合肥推出滨湖科学城，大湾区加紧规划建设深圳光明科学城（图 2-16）。

图 2-16　成都科学城、杭州未来科技城、北京未来科学城未来中心、武汉未来科技城
资料来源：成都科学城管委会、北京未来科学城集团、武汉东湖高新区科创局

2.2.1 筑波科学城——科技创新的新城建设

2.2.1.1 科技创新之路

在20世纪60年代后期,日本开始从"贸易立国"转向"技术立国",从"强调应用研究"逐步转向"注重基础研究"(图2-17)。日本筑波科学城1963年开始建设,它是日本政府第一个尝试建立的科学城,完全由中央政府资助,以基础科研为主,是日本最大的科学研究中心,属国家级研究中心。

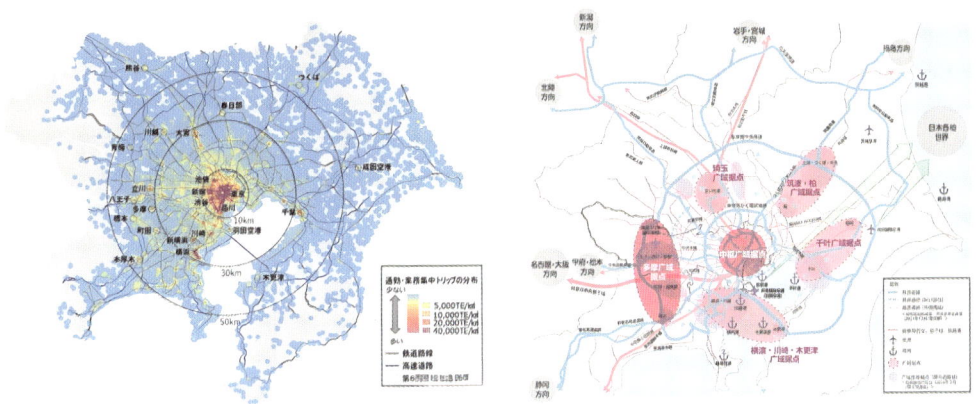

图2-17 东京都市圈及周边的新城

日本筑波城的建设目的主要有两个,一是为了缓解东京城市人口的巨大压力,二是创建一个适宜科学研究与教育的环境,助力日本科研技术的发展,其区域规划包括研究学院地区和周边开发地区两个部分。研究学院地区有27 km^2,位于筑波科学城的中心,其中包括国家研究与教育机构区、都市商务区、住宅区、公园等各功能区。周边开发地区有约257 km^2,将系统地被都市化,自然和田野环境将被保护,私人研究机构落户在那里(图2-18)。

日本政府把筑波定位为科学技术的中枢城市,围绕电子学、生物工程技术、纳米和半导体、机电一体化、新材料、信息工学、宇宙科学、环境科学、新能源、现代农业等优势领域,筑波科学城每年会产生大量具有国际先进水平的科技成果,成为新知识、新创造、新发明的诞生地,同时依托每年举办的国际科技博览会、成果展示会和科学技术周,向日本大企业集中展示和转移转化最前沿的科技成果,保持日本科技创新的领先地位。

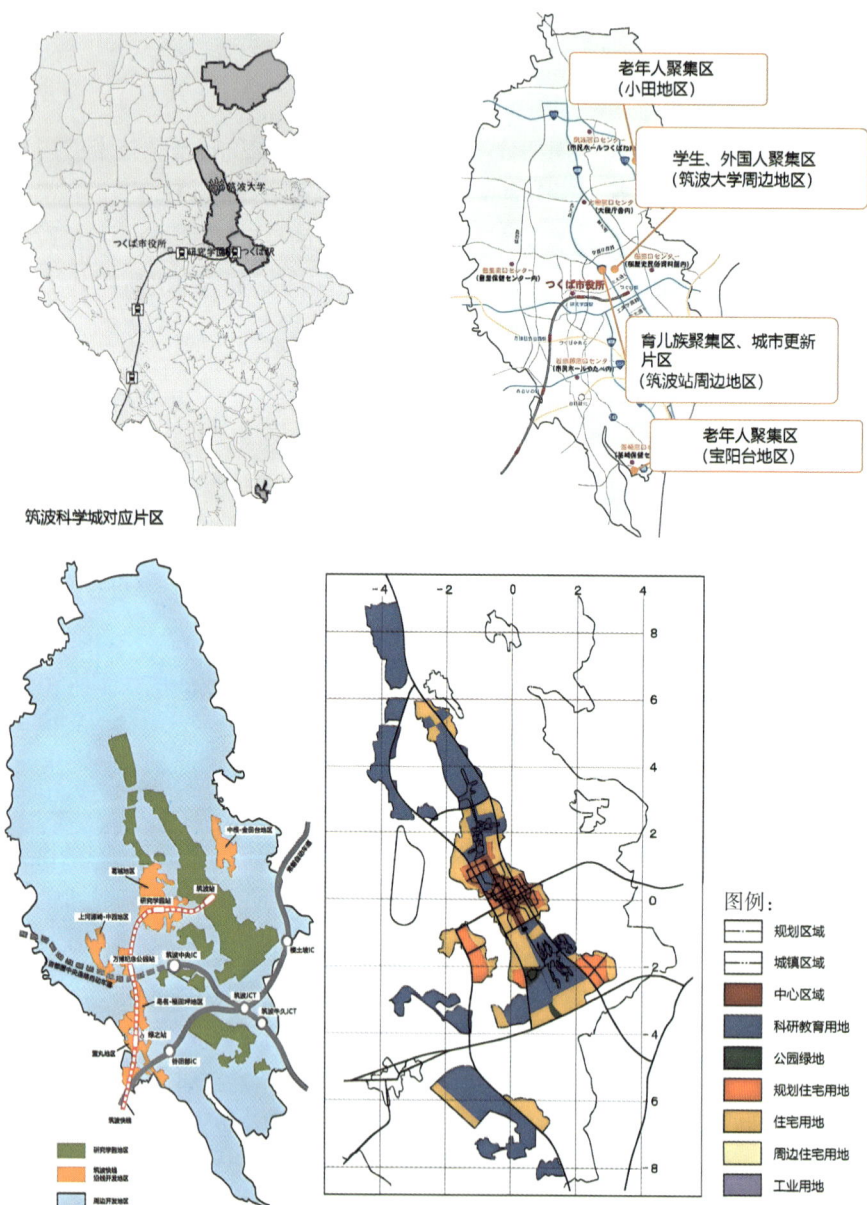

图 2-18 筑波科学城区、用地图
资料来源：筑波科学城官网

2.2.1.2 学院化的空间布局

筑波科学城并没有按传统的商业区、住宅区等来划分，而是将整个科学城分为生物研究实验区、土木建筑研究区、文教研究区、理工研究区和公共设施五个组团,彰显了科学园区的学院化气质。

筑波科学城内共有9个工业园区,吸引了300多家以研究开发为主的企业入驻,并且逐步形成了一个以研究开发功能为核心的高科技产业园区。筑波科学城市区中部为服务和商业中心,以国家实验室为主的基础研究,兼具生活形态。北部为文教、科研区。南部为理工研究区,其中电子技术综合研究所是全国研究开发电子技术的最大基地。西北部为建筑研究区。西南部为生物、农业研究区(图2-19)。

图2-19 筑波科学城
资料来源:中国市长协会、方塘智库

筑波科学城核心区用地约2 700 hm^2,一半规划为研究教育设施用地(54%);另一半规划为相关配套用地,其中居住用地占全部用地面积的25%。筑波科学城拥有完善的城市配套服务功能,具有完善的基础设施,包括地下隧道、公共供热制冷系统、有线电视系统、步行街,以及标志性建筑如图书馆、博物馆等。

空间风貌根据不同功能板块有所差异,大致可分为重大科学装置及科学实验室、科研机构、大学、企业、居住区、会议会展以及完善生活配套七大部分(图2-20)。

2.2.1.3 营造绿色生态环境

筑波科学城北倚筑波山,农田及公园绿地占总面积的65%以上。而且,在规划之初就秉持了"科学城的建设应该尽可能地使各种活动达到有机的联系。同时,通过保护自然环境和历史遗产,让科学城的建设能够帮助居民保持健康和文明的生活"的规划理念。经过40余年的发展,已经成为人和绿色共存的田园都市。筑波市在日本被评价为"舒适生活""安心育儿"的城市之一,有146个城市公园保证了居住者的安全与绿色惬意生活。

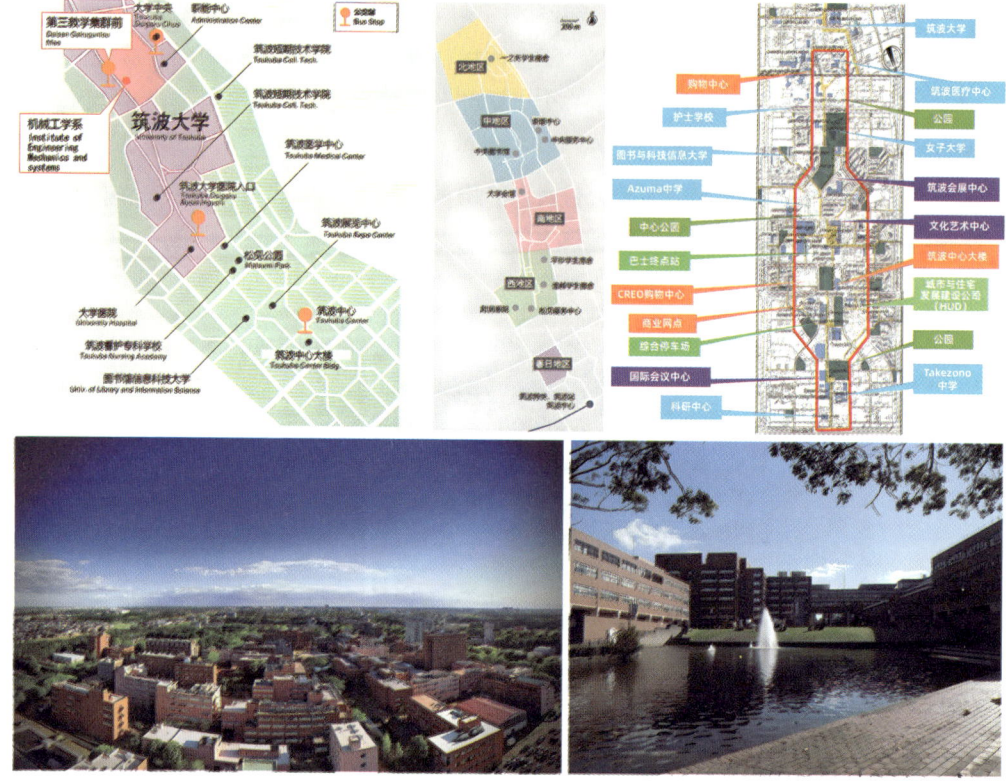

图 2-20　筑波科学城配套设施布局、筑波大学
资料来源：筑波大学官网

公园之间用全长 48km 的步行者专用道路进行连接，既保证了美丽的景观，又使得居住者的安全被重视起来。其中，最壮观的当属筑波公园大道，长达 18.147 km。在这条路线上，散布着众多市民文化场所，如地质标本馆、JAXA 筑波宇宙中心、筑波 CAPIO 等，以及大大小小的公共空间，为市民考虑日常活动空间的同时，也为游客在这条绿带上慢慢建立起了对于筑波的印象。

2.2.1.4　营造国际社区氛围

对于一座科技新城来讲，既有的科研水平和科研范围是硬实力，那么新城的生活配套、自然环境就是城市的软实力，这样软硬结合才能吸引人才、留住人才，并且还要倡导一种多元文化氛围，使得在此工作生活的各国人才更加适应。

借助各种活动开拓国际视野，促进市民参加各种活动与事业。以筑波国际协会为主体，每月举行一次的"世界茶话会"活动，邀请外国人作为参与者介绍自己祖国的历史、文化和生活方式等，每月有近 40 人参加。同时，还可以了解外国人如何看待日本及本国的问题。地区的国际化离不开外国人的生活与交流，筑波市努力举办外国人能够轻松参加地域社区活动的环境活动，提高外国人的地域社区参与意识。筑波市会定期组织各类活动，如筑波节、筑波国际节、筑波国际音乐节、筑波国际交流博览会等，促进多元文化融合和交流。

2.2.2 产业园区的发源地——硅谷

2.2.2.1 高新技术的摇篮

硅谷（Silicon Valley），位于美国加利福尼亚州旧金山湾区南面，是高科技事业云集的圣克拉拉谷（Santa Clara Valley）的别称，由40个小城镇组成的区域。最早是研究和生产以硅为基础的半导体芯片的地方，因此得名。该地区客观上成为美国高新技术的摇篮，已成为世界各国半导体工业聚集区的代名词。斯坦福大学被公认为硅谷的心脏和大脑，在这里还聚集了加州大学等8所高等大学及9所专科学院，集聚了100多万名科技人员、逾千名美国科学院院士和约30%的全球前100强科技巨头总部。

硅谷的发展史是在产品演绎的基础上一步一步发展起来的，硅谷是以1891年斯坦福大学成立为起点。1951年，斯坦福工业园完成规划，这就在空间上逐渐拓展并形成了硅谷的雏形。"硅谷之父"特曼联合斯坦福的其他教师和公司合作，规划出斯坦福工业园。这个工业园的建立包含着一种产业规划的意味：聚集电子信息通信领域的人才和企业，形成产业的集群，进而把这里打造成一个高校技术转化、学生老师创业的产业培养基地。这才是真正意义上的硅谷的前身。1959—1978年，这是硅谷大发展大爆炸的时期；1971—1990年，以英特尔、苹果等公司的崛起为代表；从20世纪90年代至今则经历了互联网到移动互联的阶段，硅谷的世界创新中心和全球高新技术产业高地地位最终确立（图2-21）。

2.2.2.2 硅谷的创新内核

硅谷从国家荒蛮之地到世界创新之巅，发展历程仅仅百年。回顾这段产业史、总结这套发展经验时，我们看到了从个人到企业，从自然环境到人文氛围、从教育体系到商业市场等众多方面的合力。一是有一个很重要的基础原因，那便是它的气候优势；二是硅谷位于美国的西海岸，便于聚集许多来自亚洲的优秀人才；三是丰富雄厚的教育资源也是硅谷一个巨大的优势。

硅谷的创新是创业精神、技术、资金完美结合的产物，也具有宽松的创

图 2-21 斯坦福大学
资料来源：斯坦福大学官网、豫陇秦沪·大庸

业氛围和人文环境。过去几十年时间，美国各地都在积极吸引科技人才和创业公司，提出打造新硅谷的愿景，也出现了硅山（得克萨斯州奥斯汀）、硅滩（南加州海岸）、硅港（波士顿）等新的科技创业中心。

2.2.2.3 硅谷模式

硅谷科学城的城市功能呈圈层式展开，利用咖啡馆、餐厅、酒吧等社会交往、商务洽谈空间形成的交际走廊串联起各个圈层，生态绿地面积占科技城总面积40%以上（图2-22）。

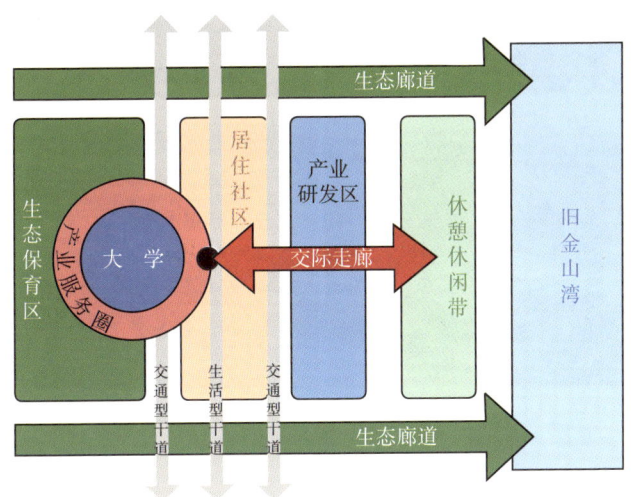

图2-22 硅谷圈层式布局

硅谷的发展模式不仅仅是技术层面或经济层面上的，更是社会和文化层面上的。

硅谷首创了一种科、技、产三位一体的发展模式，其中政府起重要的中介力量。三位一体的发展模式，是硅谷发展的内在动力，使得知识、高科技迅速成为生产力中的首要因素。知识成为获取财富的主要手段，而且能更快地创造更多的财富。硅谷渐渐变成一个以高科技为主导的知识社会，高水准的研究和控制中心。从而产生了一个包括科学家、工程师及其他技术人员在内的技术专家为主的新的中产阶级。

硅谷遵循以中小企业为核心的发展模式。中小企业是知识经济中最有活力的一支重要力量。硅谷组成了有机合作的高技术工业区，高技术小公司在新产品的生产过程中互相合作，既能保持小规模，又具有全球竞争力，在公司规模变大时，硅谷则选择裂变的形式，将高技术工业中标准化产品的制造部门移往南部或西部地区，而硅谷只保留研究和开发的功能，硅谷的成功在很大程度上缘于这种发展模式。高技术小企业这种发展趋向也使硅谷形成一种松散的、多样化的工业结构和生产结构，同时改变了硅谷的空间布局（图 2-23）。

图 2-23　斯坦福研究园区
资料来源：斯坦福研究园官网

高技术公司在硅谷都各自形成自己独立的园区，而不是聚集在一起；这种分散化和专业化导致了高科技业分工的超细化，如半导体工业，独立生产者在芯片的分工有设计、制作、封装、测试以及材料生产和装备等不同部门。硅谷中的城市地区分布没有明显的市中心和郊区的概念，硅谷的城市都是分散型发展的，这种分散化自由式的城市布局在某种程度上影响了硅谷人的思维方式和职业观，"硅样人"表现出的反常规、反潮流、不忠诚、变化快等心理特色也多多少少受这种空间布局的影响（图 2-24）。

硅谷几十年来形成的独特文化模式是它成功的最深刻而持久的因素，是美国个人主义、自由主义、创新精神等和现代文化在高科技时代的典型体现。它是一种允许失败的创新文化。在这种宽松环境下，创新不仅包括科学技术，而且还包括行为模式、思维模式、交往模式等各个层面。硅谷有一种看似随意性的"车库文化"的独特企业文化，这已成了硅谷企业文化的代名词，人才的超流动性、直呼上司的名字、随意穿着、弹

图 2-24　硅谷苹果旧总部园区、Apple Park
资料来源：世界建筑设计联盟

性工作时间、在家工作、雇员拥有股票等。在后工业社会，时间成了稀缺资源，这种时间文化改变了硅谷人的工作模式和劳动制度，按照创新的需要安排时间。

总之，硅谷模式是一个复杂的高科技发展的产物，它仍在不断地演进，它的发展模式不是僵化的，不是大学、科技园区和资金的机械"三合一论"。这种模式是有机的，它已经产生了一个有利于高科技发展的社会机制和制度环境以及支持高科技发展的理念和文化。

2.2.3 国际科技创新中心——怀柔科学城

与传统的科技园、高新区等不太一样的是，科学城更强调原创性的科学理论研究发展，以及以重大科技基础设施集群为基础的原始创新能力。在"创新驱动发展"时代新要求下，新一轮的区域竞争、城市竞争，越来越体现在高科技产业的竞争，国内主要城市纷纷把科技创新作为高质量发展和弯道超车的最佳选择。2023年12月，赛迪顾问城市经济研究中心发布《科技城百强榜（2023）》，科技城百强榜（2023）遵循科学、客观、可采集原则，围绕科技城、科技、城市三个维度，对全国（不包括香港特别行政区、澳门特别行政区、台湾地区）348个科技城（含科学城）的综合竞争力和发展潜力进行系统评估。从所在城市来看，百强科技城主要分布在63个地市，上海张江科学城、广州科学城、北京中关村科学城占据前三甲位置。比较著名的还包括怀柔科学城、深圳光明科学城、合肥滨湖科学城、中国西部科学城、东莞松山湖科学城、西安丝路科学城等。

为了打造国际科技创新中心，北京正在推动"三城一区"建设。"三城"指的是中关村科学城（海淀），怀柔科学城（怀柔和密云）以及未来科学城（昌平），"一区"指北京经济技术开发区（亦庄），它们是北京建设国际科技创新中心建设的主平台。

作为全国重大科技基础设施密度最强的地区之一，怀柔科学城战略定位是北京建设国际科技创新中心的核心支撑；引领全球科学发现和重大前沿技术突破的新引擎；与国家战略需要相匹配的世界级原始创新承载区。怀柔科学城已围绕物质、空间、生命、地球系统、信息与智能5大科学方向，布局了37个科技设施平台项目，包括6个大装置、17个科教基础设施、14个交叉研究平台。怀柔科学城构建"一芯聚核，怀密联动，一带润城，林田交融"的空间结构，形成山峦环抱、碧水绕城、组团镶嵌、疏密有致的整体布局。科学城按照"一核四区"进行空间功能布局。"一核"顾名思义即"核心区"，位于怀柔科学城的中部，规划面积2.3 km^2，主要包括重大科技基础设施集群和前沿科技交叉研究平台区域。"四区"指的是位于怀柔科学城北部规划面积5.6 km^{2}的科学教育区；位于南部规划面积12.3 km^{2}的科研转化区；为实现职住平衡，位于西部规划面积10.2 km^{2}的综合服务配套区；位于东南部依托雁栖河、牤牛河、大沙河和湿地，规划面积达10.8 km^{2}打造的绿色景观及生态保障功能区。

怀柔科学城也是在一座尖端创新要素集聚活跃、国际人文特色浓厚、城市综合服务完善、生态环境优越的活力智慧之城。在这里，不仅能入住国际化、有温度的社区，还能体验具有怀柔科学城特色的教育、医疗、住房、商业、文化等配套服务（图2-25）。

图 2-25　怀柔科学城空间规划、科学装置及综合配套
资料来源：北京市规划和自然资源委员会、怀柔科学城

2.2.4 双城记——中国西部科学城

2.2.4.1 成渝双城经济圈的重要支点

2020年1月3日，中央财经委员会第六次会议提出推动成渝地区双城经济圈建设，支持成渝两地以"一城多园"模式合作共建西部科学城，同年11月印发《成渝地区双城经济圈建设规划纲要》给予正式文件确认，自此西部科学城诞生。成渝双城圈目标在西部形成高质量发展的重要增长极，使成渝地区成为具有全国影响力的重要经济中心、科技创新中心、改革开放新高地、高品质生活宜居地，从而实现全面区域平衡发展。从贸易战、科技战以来，全国科技创新布局重新部署，在西部地区重新部署国家科技创新战略力量，推动国家科技力量全面提升和战略安全。

2023年4月12日科技部发布了《关于进一步支持西部科学城加快建设的意见》的通知，通知提出以西部（成都）科学城重庆两江协同创新区、西部（重庆）科学城、中国（绵阳）科技城作为先行启动区加快形成连片发展态势和集聚发展效应有力带动成渝地区全面发展。

西部科学城由四川、重庆共同建设，"一城多园"模式具体由西部（重庆）科学城、西部（成都）科学城和中国绵阳科技城共同构成，涉及2省、3市、10区。西部科学城是"科技研发+产业发展+新城建设"的综合体，川渝两地均设置了科学城核心区域，在有限区域内集中重点科技要素搞科技研发，围绕搞科技研发，开展建科学装置、实验室、大学、研究机构和吸引人才等系列部署。西部科学城要带动成渝地区高质量发展，创造产业经济价值，围绕研发体系部署产业，通过将产生的科学技术转化产业经济价值，进而反哺科技创新。同时也通过科技和产业的成长带动城市能级的成长，从而集聚更多的资源。

2.2.4.2 中国西部（成都）科学城

中国西部（成都）科学城地处四川天府新区核心区域，围绕兴隆湖形成总面积为132 km^{2}的规划区域，山水环绕、绿廊成网、组团布局、配套齐全构建了一座山水相依的滨水之城。科学城布局"一中心两基地，一岛三园"功能组团，开展"基础研究—技术攻关—成果转化—产业培育"全链条创新，着力建设"功能复合、职住平衡、服务完善、宜业宜居"的新时代公园城市。拥湖而兴的成都科学城已经聚集了一大批国家级的科研机构，比如永兴实验室、多肽耦合轨道交通动模实验平台等，也引进了包括上海交通大学四川研究院、天津大学四川创新研究院等校院地协同创新平台66个，都可以很好地赋能保障科技创新成果的转化。西部（成都）科学城遵循创新发展重点抓"两头"的方向路径，围绕"科学研究、技术创新、产业驱动、创新生态"四个功能，积极打造支撑成渝、引领西部、辐射全国的增长极和动力源（图2-26）。

图2-26　中国西部（成都）科学城"一核四区"空间规划
资料来源：马骥、逍遥、成都科学城管委会、四川天府新区融媒体中心

天府新区在总体格局上采用的是城绿相间的组团式布局。北部组团密度较高，南部组团处于城市边缘密度较低，中部组团为成都科学城组团，城绿关系比较均衡。在成都科学城要建设"成渝（兴隆湖）综合性科学中心"，总体上采用组团式布局，分为兴隆湖板块、鹿溪河板块、煎茶数字片区、高铁枢纽片区和永兴智慧片区。成都科学城构建了三级生态空间，第一级是分隔城市功能区的生态空间，包括北部的鹿溪河湿地公园和外围的绿色生态空间；第二级鹿溪河和凤栖湿地为代表的组团间绿廊；第三级组团内绿带，目的是让每一个地块尽可能邻近绿化。成都科学城在构筑生态价值转换体系的同时，也加强了科研成果的转化体系，总体上构建了以成都科学城为核心的前沿科学研究和技术研发机构集群，即承载原始创新与技术转化功能，包括科学研究、技术研发、科技商务、成果转化、智能制造和市场应用六个环节（图2-27）。

图 2-27 中国西部（成都）科学城"一核四区"城园耦合空间格局
资料来源：中国城市规划网

2.2.4.3 中国西部（重庆）科学城一城多园的空间结构

西部重庆科学城所在的西部槽谷地带，西部（重庆）科学城将以"一城多园"模式合作共建西部科学城，打造具有全国影响力的科技创新中心核心区，在成渝地区双城经济圈建设中打头阵、作先锋、挑大梁。西部重庆科学城拥有国家自主创新示范区、自贸试验区、国家级高新区、西永综保区等多块"金字招牌"，高新技术产业和科教资源集聚。目前，重庆市以重庆高新区作为西部（重庆）科学城规划建设的战略平台，正加快建立西部（重庆）科学城一体化建设发展机制。

在生产空间上，将规划构建"一核四片多点"的空间结构。"一核"，即重庆高新区直管园，是集聚基础科学研究和科技创新功能的核心引擎，集中力量建设综合性国家科学中心；"四片"，即北碚、沙坪坝、西彭－双福、璧山四大创新产业片区，主要承担教育科研、高端制造、国际物流、军民融合等功能；"多点"，即以创新创业园、高新技术产业园等为支撑，构建产学研深度融合的创新空间体系（图2-28）。

重庆市功能结构及西部（重庆）科学城大学及科研机构布局

金凤实验室及北京大学重庆大数据研究院

科学大道试验段院、管委会办公区

图2-28 重庆西部科学城空间规划及功能布局
资料来源：重庆市规划和自然资源局、重庆发布

在生活空间上，将规划构建"一主四副多组"的空间结构。"一主"，即以重庆高新区直管园的金凤为引领，与西永、大学城共同组成科学城主中心，规划集聚高端生活服务、国际科学交往功能，布局高品质居住区；"四副"，即北碚、团结村、陶家–双福、青杠四个片区副中心，承担片区综合公共服务和商业商务功能；"多组"，即围绕圣泉、西彭、丁家、青凤、歇马等节点中心，以及街道中心和社区中心，形成多个职住平衡居住组团，完善基础设施，强化功能配套，形成智能化应用场景覆盖全城的独立城市，打造"24小时办公、24小时生活"的不夜城。

在生态空间上，将规划构建"一心一轴两屏"的空间结构。"一心"，就是以寨山坪为依托的城市公园，是科学城的"城市绿心"；"一轴"，就是沿科学大道，由湿地群、公园群和城中山体组成的绿色长廊，是科学城的绿色"主轴"；"两屏"，就是缙云山、中梁山生态翠屏，是"城市绿肺、市民花园"。将促进科技、人文、生态相互交融，为科技注入生态元素，让科技为生态服务，用科技增添人文气质，充分激发创新主体的能动性和创造力（图2-28）。

在交通组织上，规划南北通达、东西畅联的城市交通体系。拓展四向联通大通道，向西串联成渝，形成成渝高铁、成渝中线高铁双通道，加密铁路网和高速公路网，联通亚欧；向东联结长三角，强化沿江高铁双通道，链接亚太；向南连通粤港澳，共建共享西部陆海新通道，对接东盟、非洲；向北联通京津冀，融入京昆大通道，通达蒙俄。打造铁公水空联运大枢纽，规划"两主四辅"客运枢纽，其中成渝中线高铁设科学城站，东接江北机场；成渝高铁引入金凤站，东接重庆东站，西连重庆第二机场，形成高铁"双枢纽"与"双机场"高效联动格局；规划"一主三辅"货运枢纽，充分发挥西部陆海新通道和中欧班列"双起点"作用。完善城市交通体系，规划"五快五普"的轨道网络，实现槽谷中心30 min通达南北；城市道路公交线网覆盖率100%，公交站点300 m服务半径覆盖率100%；推行"小街区、密路网"规制；构建"全龄友好、四季友好"的慢行交通体系（图2-29）。

2.2.5　从张江高科技园区到张江科学城

2.2.5.1　从现代主义功能分区到产城融合

张江高科技园区成立于1992年7月，位于上海浦东新区的阡陌乡野之中，规划用地范围为17 km²，园区被定位为"集科技、生产、销售、培训和与之相配套的生活服务设施一体的综合性基地"。1992年版规划上体现了现

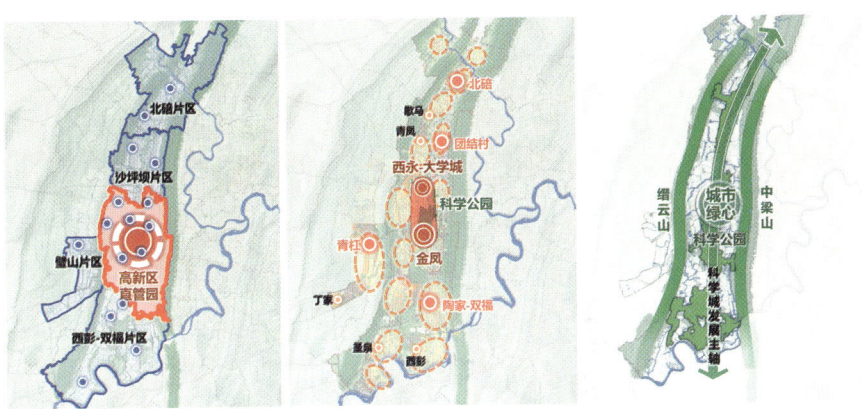

图 2-29 "一核四片多点"生产空间结构、"一主四副多组"生活空间结构、"一心一轴两屏"生态空间结构
资料来源：重庆市规划和自然资源局

代主义功能分区的思想，分为管理服务和大学科研区、工业区、居住区三大功能组团板块，各板块之间分区明确，在空间上缺乏有机的联系和互动。1995 年对园区规划又进行了较大的调整，增加居住和科研用地、楔形组团布局、网格状道路网、TOD 开发、设置大型绿地景观空间等，搭起了张江高科技园区的基本建设框架。

1999 年 8 月，上海市政府颁布的"聚焦张江"战略决策明确园区以集成电路、软件、生物医药为主导产业，集中体现创新创业的主体功能。战略实施后，于 2000 年又公布了新一轮园区规划，规划面积 25 km^2，可建设用地约 17.1 km^2，规划范围包括罗山路以东、龙东大道以南、外环线（环东二大道）以西、华夏中路以北（图 2-30）。

园区开发初期借鉴"硅谷模式"，开发公司统一建设低密度的标准化办公场所，园区容积率在 0.55～1，强调花园式的产业空间；组团之间强化绿色廊道的景观环境，给园区工作人员提供优质工作环境；2 号线贯穿全境，设立三个站，围绕每个交通节点形成 TOD 开发模式，提供生活、休闲、消费的配套功能。张江高科技园区的规划框架完全搭建成型。张江高科技园区作为当时新兴的产业空间，起步区面积比较小，遵循"大规划，小开发"的模式，可以保证在建园初期有足够的物力、财力的支撑，为园区的可持续发展积蓄力量。

园区总体分为六大功能区，技术核心区引进了十余所名牌高校和国家及科研机构；生物医药产业区一期、二期；张江集电港一期、二期；上海浦东软件园一期至三期；科研教育区，依托国家级上海光源项目，引进全国一流

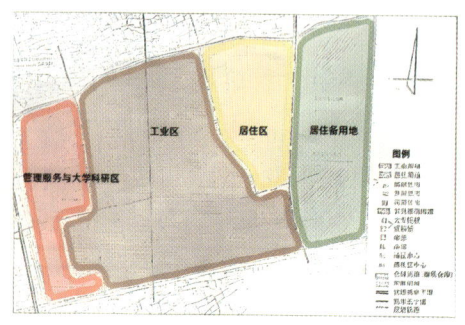
1992年版的张江高科技园区结构规划——功能分区图

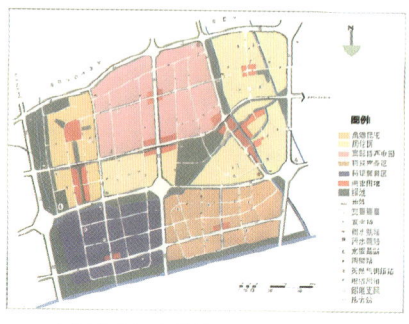
1995年版的张江高科技园区结构规划——用地规划图

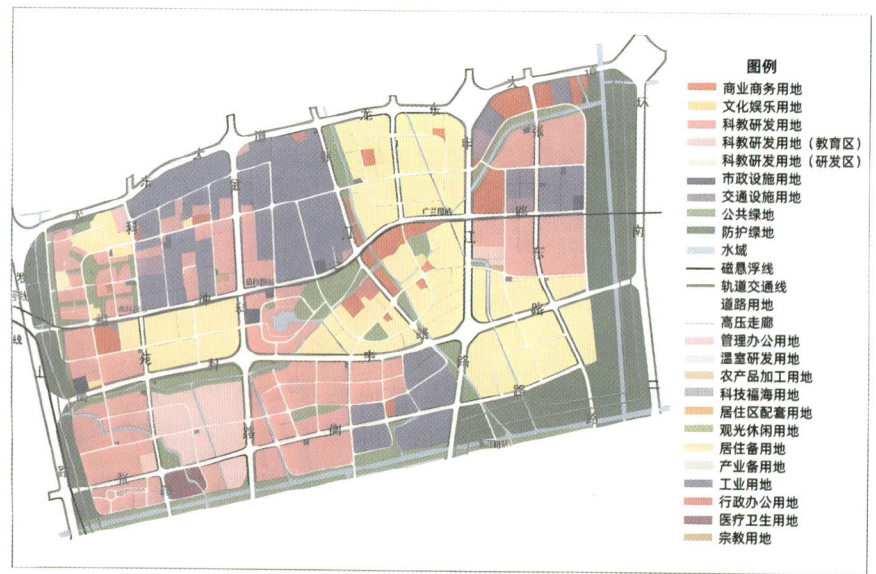
2000年版的张江高科技园区结构规划——用地规划图

图2-30　张江高科技园区1992年、1995年、2000年规划
资料来源：上海市规划和自然资源局

科研机构、大学和研究生院等；以及配套居住区。

随着开发的深入，低强度开发的"硅谷模式"并不适合中国的国情，在保证园区环境质量的同时，集约利用土地，提高开发强度得到了强化。

2008年张江高科技园区规划范围进一步扩大北至龙东大道，西缘罗山路，东到环东二大道（外环线），南至环南大道（外环线）。规划用地面积约43.1 km^2，园区以川杨河、华夏中路为界，由北至南分为北、中、南三区。北区以集成电路、生物医药和软件为主导产业；中区以生活服务、商务服务为重点，配以教科研发、总部经济、知识社区等基础功能，是园区的区域中心、公共活动中心；南区以建立高科技农业和生物医药结合的研发、孵化、展示、交易等的功能产业链，配以孙桥社区，创建科研创新、交流、居住和休闲的人文环境（图2-31）。

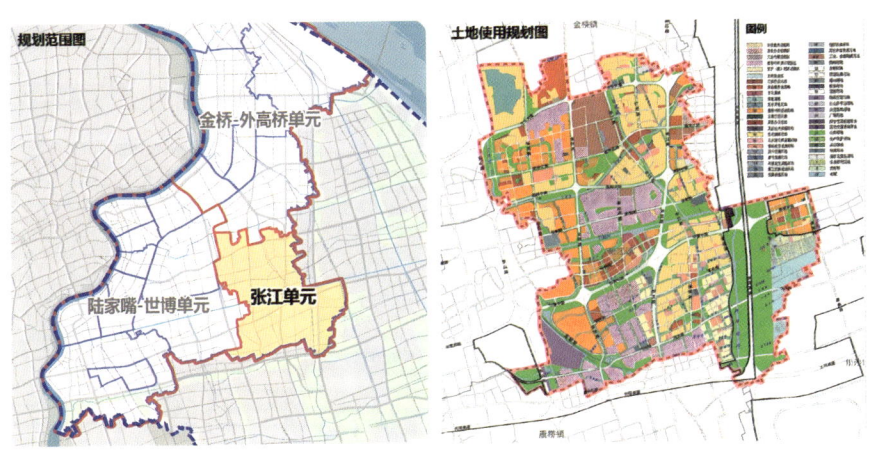

图2-31　张江单元规划
资料来源：上海市城市规划设计研究院

为贯彻落实中央对上海建设的战略部署，2017年由原上海市规划和国土资源管理局、浦东新区政府组织开展的《张江科学城建设规划》成果正式出炉，未来的张江科学城将围绕"上海具有全球影响力科技创新中心的核心承载区"和"上海张江综合性国家科学中心"目标战略，实现从"园区"向"城区"的总体转型。

张江科学城规划范围为北至龙东大道、东至外环—沪芦高速、南至下盐公路、西至罗山路-沪奉高速，总面积约94 km^2。为加强与龙阳路枢纽、国际旅游度假区的协调和联动发展，衔接范围191 km^2。

张江科学城要转型成为中国乃至全球新知识、新技术的创造之地、新产业的培育之地；成为以国内外高层次人才和青年创新人才为主，以科创为特色，集创业工作、生活学习和休闲娱乐为一体的现代新型宜居城区和市级公共中心；成为"科研要素更聚集、创新创业更活跃、生活服务更完善、交通出行更便捷、生态环境更优美、文化氛围更浓厚"的世界一流科学城。

2021年7月13日，上海市人民政府印发的《上海市张江科学城发展"十四五"规划》依托30年间建立的发展基础和当前形势，坚持以国际一流为目标、以创新策源为核心、以创新人才为根本、以开放创新为优势、以自主创新为动力，明确"十四五"的主要任务：①建设具有鲜明创新文化的全球人才高地；②提高张江综合性国家科学中心的集中度和显示度；③加快构筑硬核主导的高质量数字化产业体系；④营造强化策源功能的国际一流创新创业生态；⑤加快提升凸显科创特色的城市综合服务功能；⑥践行共建共治共享的人民城市发展理念（图2-32）。

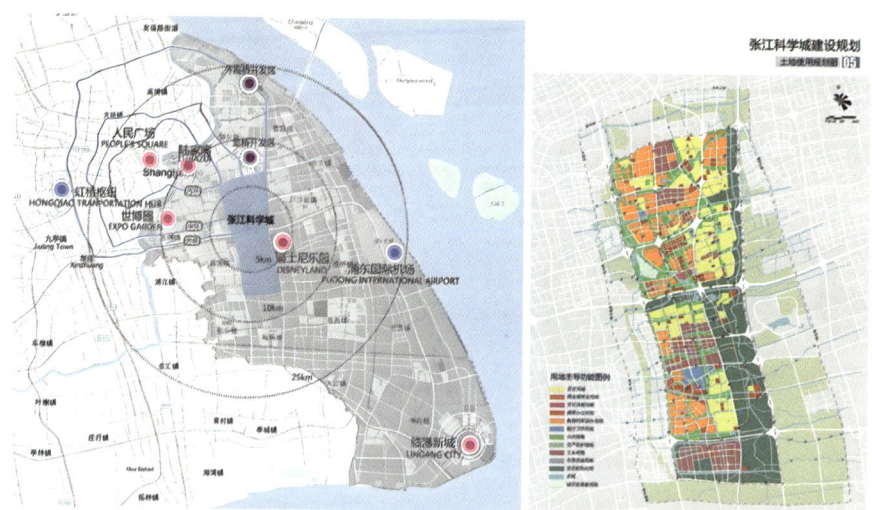

图2-32 张江科学城空间规划
资料来源：上海市城市规划设计研究院

2.2.5.2 张江科学城的空间规划特点

张江科学城规划区域将落实《上海市城市总体规划（2017—2035年）》的发展导向，构筑"一心一核、多圈多点、森林绕城"的空间格局。"一心"，是指依托川杨河两岸地区并结合国家实验室，集聚科创设施，引入城市高等级公共服务和科技金融等生产性服务，形成以科创为特色的市级城市副中心。"一核"，指结合南部国际医学园区，增加城市公共服务功能，形成南部城市公共活动核心区。"多圈"，指依托以轨道交通为主的公共交通站点，基本实现步行600 m社区生活圈全覆盖，强调多中心组团式集约紧凑发展。而"多点"，是指结合办公楼、厂房改造设置分散、嵌入式众创空间。"森林绕城"，是指连接北侧张家浜和西侧北蔡楔形绿地、东部外环绿带和生态间隔带、南侧生态保育区形成科学城绕城林带。

《上海市张江科学城发展"十四五"规划》围绕建设上海科创中心核心承载区的战略目标，对张江科学城总体空间进行优化调整，规划面积由95 km² 扩大至约220 km²，形成"一心两核、多圈多廊"错落有致、功能复合的空间布局。"一心":张江城市副中心。"两核":张江科学城南北"一主一副"科技创新核。"多圈":结合地铁站、产业节点等布局产业组团与生活组团,建设一批高端产业基地和产业社区,推动15分钟社区生活圈全覆盖,构建集约紧凑、功能混合的多组团式空间。"多廊":依托川杨河、北横河、咸塘港、浦东运河等城市生态廊道,纳入北蔡楔形绿地、黄楼生态湿地,形成"三横三纵、蓝绿交织"的生态空间格局(图2-33)。

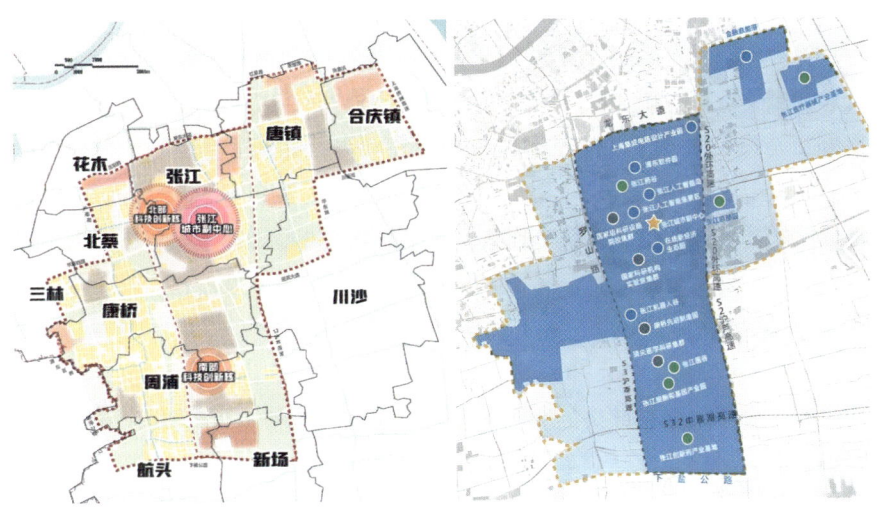

图2-33 扩大后的张江科学城区及主要产业园区分布
资料来源:上海市城市规划设计研究院

2.3 从产业集群到大都市圈

2.3.1 大都市圈的核心竞争力

2.3.1.1 具有竞争力的产业集群

全球化国家之间的竞争更多地表现为世界城市的竞争。世界城市的发展正由过去单个城市之间的竞争转向为以都市圈为主体的群体竞争,都市圈之间实现差异化、协同化的产业链分工合作,发展具有都市圈特色、承载国家战略、独具核心竞争力的产业集群。城市的发展需要尽可能围绕周边的城市集中打造都市圈,一起去发展,才会有聚集效应,提升生产效率,实现资源和要素的最佳配置,更好地突出规模经济。

城市群和都市圈以实现区域内部各城市之间生产要素的自由流动、城市之间的产业协同与功能互补、区域的一体化发展为目标。城市群和都市圈区域一体化通过推动各地区所拥有的资源要素结构的升级和空间集聚的经济效应助力产业结构优化升级,区域一体化对地区及邻近区域制造业集群、服务业集群等发展均表现出显著的促进作用。城市群和都市圈能较好吸纳并打造战略性新兴产业,是战略性新兴产业的策源地。

产业集群是产业现代化发展的主要形态,是提升区域经济竞争力的内在要求,是都市圈经济和产业的核心主体,也是现代产业体系建设的主要内容。产业集群超越了一般产业范围,形成特定地理范围内多个产业相互融合、众多类型机构相互联结的共生体,构成这一区域特色的竞争优势。产业集群也是中小企业发展的重要组织形式和载体,对推动企业专业化分工协作、有效配置生产要素、降低创新创业成本、节约社会资源、促进区域经济社会发展都具有重要意义。中心城市产业升级和外溢是都市圈形成的内生动力,伦敦、巴黎、纽约、东京等大都市圈都在各自国家城市化、国际化、高科技产业发挥了重要作用。

美国目前的11个大都市圈居住人口超过2.37亿人,全美超过70%的人口和工作岗位都在其中。美国2023年GDP总量为27.36万亿元,几大都市圈贡献了90%以上,排在前三位的都市圈是纽约都市圈、洛杉矶都市圈、芝加哥都市圈,这些都市圈都汇集了大批世界级企业。

2.3.1.2 世界经济中心——纽约大都市圈

纽约大都市圈是美国最大的都市区,位于美国东北部,以纽约市为中心,包括纽约州、新泽西州和康涅狄格州的部分区域,涉及31个县,规划面积约3.4万km^2,人口约2370万人。纽约作为美国东北部大西洋沿岸城市群的中心城市,是公认的世界经济之都,是许多行业的中心,包括金融、国际贸易、新型传统媒体、房地产、教育、时尚、娱乐、旅游、生物技术和制造业(图2-34)。

纽约具有投资效益高、基础设施完善等优势,形成了其独有的非同寻常的吸引力、引领力、辐射力和带动力,有力地引领、辐射、带动了整个城市群区域经济一体化的快速发展。城市群内各城市优势产业各具特色、错位发展、相互补充,形成了合理的地域分工格局和产业链条,从而使城市群产业集群的集聚特点并不十分明显,但从城市群的整体产业布局与发展来考察,城市群内各城市通过区域内的产业调整、协作和产业链条,形成了城市群产业战略性布局与多元化产业集群的发展基础和态势,有力地推动了城市群区

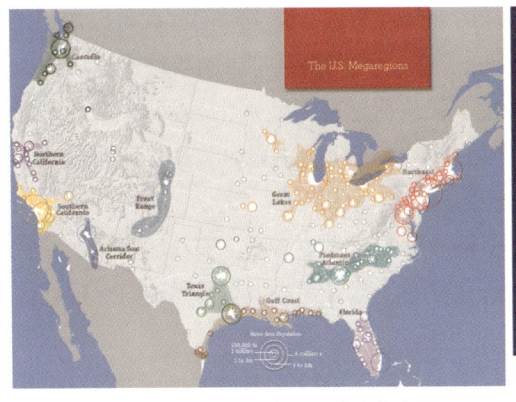

图 2-34　美国大都市圈分布、纽约大都市圈
资料来源：*America 2050*、*An Infrastructure Vision for 21st Century America*

域一体化的发展进程。城市群的空间扩张最初以纽约为中心，以波士顿、费城、巴尔的摩、华盛顿四大城市为支点呈斑点状分布，再通过日益发达完善的基础设施网络体系将伍斯特、普罗维登斯、斯普林菲尔德、哈特福、纽黑文、特伦顿、威明尔顿等 40 多个中小城市联网贯通，建立了具有密切联系的功能性网络体系，形成了城市群区域空间一体化发展的网络模式格局。

2.3.2　中国的都市圈发展

我国的城镇空间体系由中心城市、都市圈、城市群构成，形成了一个"同心圆"结构。一个城市群通常包含多个都市圈，比如《长江三角洲城市群发展规划》就提出发挥上海中心城市作用，推进南京、杭州、合肥、苏锡常、宁波等都市圈同城化发展。都市圈一般是指城市群内部以超大特大城市或辐射带动功能强的大城市为中心，以 1 小时通勤圈为基本范围的城镇化空间形态。在城市化发展的高阶阶段，需要进一步打破行政区划和自然地理的限制，模糊不同城市之间的边界，形成同城化的深度融合模式。

2.3.2.1　中国区域发展战略

1）中国产业新城模式的转变

（1）从"城市的新城"转向培育区域性节点。在城镇化 1.0 时代，新城的规划建设和功能影响大多局限在某一城市的辖区范围之内。而在 2.0 时代，新城规划建设的战略意义已上升到区域协同的层面，亦即要通过新城来架构城市区域协同发展的新格局。新时代新城建设需要主动呼应更大尺度的区域发展战略，从城市的新城转向区域的功能性节点，有条件的区域可以依托新城建设来加快形成多中心、多层级、多节点的网络型都市圈或城市群结构。

（2）从功能主义导向转向注重多元价值融合。城镇化 2.0 时代的中国新城建设正在突破功能主义的旧束缚而转向多元价值的融合，衡量城市运营水平的标准不再局限于经济效率，还需要综合考虑社会、文化、生态等多方面的因素。规划理念的转变渗透在多种形式的实践中，以雄安新区为例，其在规划纲要中明确提出绿色低碳、信息智能、宜居宜业、布局紧凑、交通便捷等建设目标。

（3）从资本主导驱动转向"资本 + 人本"的复合驱动。城镇化 2.0 时代的新城建设若要取得成功，还需要资本与人本的复合驱动。我国已跨越劳动力无限供给的"刘易斯第一拐点"，劳动力价格不断上涨，城乡经济社会逐步融合成一元结构。与之相关联的是城市发展方式的转变——发展逻辑从"聚资"转向"聚人"，发展理念从"轻人本"转向"重人本"，人群择业观从"先乐业再安居"转向"先安居再乐业"等。以上这些转变，均意味着有魅力的城市环境、高质量的生活水平、温暖的人文关怀成为城镇化 2.0 时代城市的核心竞争力。作为一种空间响应，新城建设不仅要有经济强度、建筑高度，而且要有社会温度、精神气度。城市规划可通过干预物质空间的多种手段，来塑造场所精神、市民精神，增强城市认同感，促进社会和谐，对人的体察关怀正是城市保持活力的根基所在。

2）区域协调发展

从改革开放初期的"积极支持沿海地区率先发展的区域发展战略"到 1999 年实施西部大开发战略，2003 年实施东北地区等老工业基地振兴战略，2006 年启动实施促进中部地区崛起战略，中国的区域发展形势与战略一直在转变。

改革开放四十年来中国主要以"控制大城市人口、积极发展中小城市和小城镇、区域均衡发展"的城市规划思想长期主导，初衷是为了避免出现欧美的大城市病等问题，然而中国 40 年的城市化经验和全世界城市的发展史，都证明了城市和区域的生长扩大来自于集聚的力量。2014 年，《国家新型城镇化规划（2014—2020 年）》出台，提出"以城市群为主体形态，推动大中小城市和小城镇协调发展"，并提出"十三五"期间要建设 19 个城市群，2017 年内全部完成 19 个城市群规划。

根据 2021 年《中华人民共和国国民经济和社会发展第十四个五年规划和 2035 年远景目标纲要》，优化区域经济布局，促进区域协调发展，具体到地域上就是优化发展京津冀、长三角、珠三角三大城市群、形成东北城区、中原地区、长江中游、成渝地区、关中平原等城市群。这些地区的产业园区必将承载更多的经济职能，同时也会得到国家及当地政府更大的支持力度，产业竞争将加剧效益低的产业园区将逐渐退出或转移。我国国家区域发展六大战略包括，京津冀协同发展战略，长江经济带发展战略，粤港澳大湾区发展规划，长三角一体化发展规划，海南自贸试验区发展战略以及黄河生态区发展规划（图 2-35）。

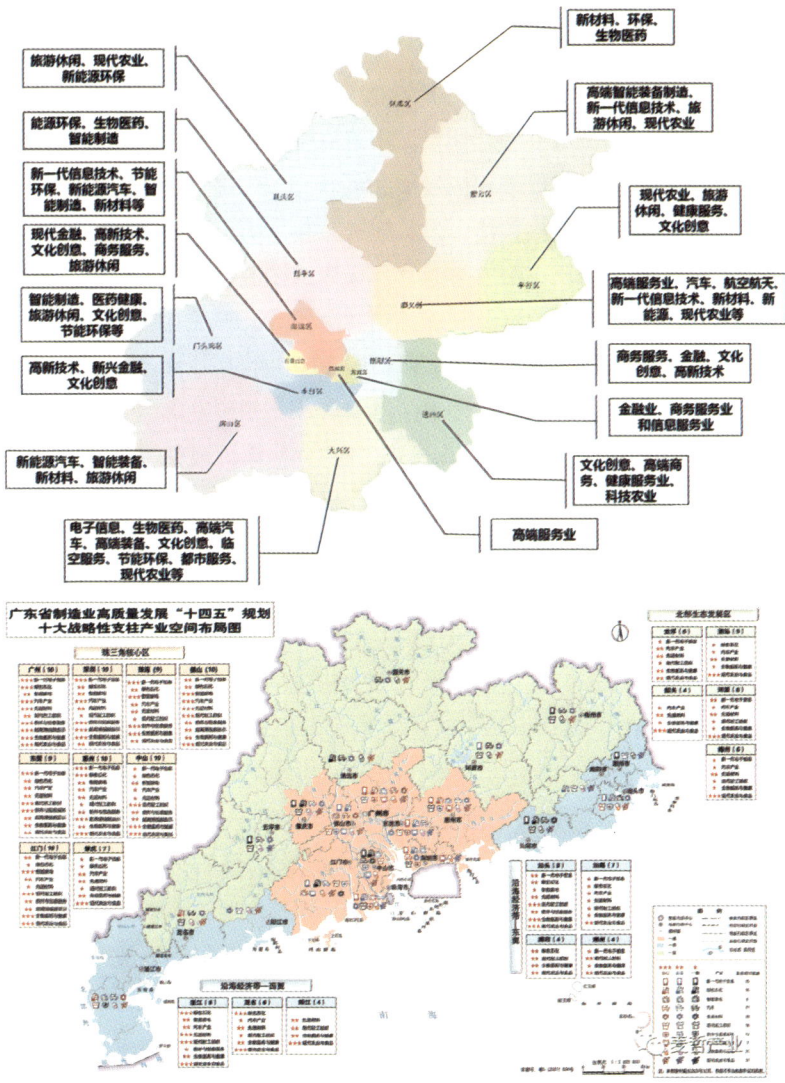

图 2-35　北京市产业布局、广东省"十四五"规划十大战略性支柱产业空间布局
资料来源：麦哲产业研究院

2019年2月，国家发展改革委在《关于培育发展现代化都市圈的指导意见》中提出了都市圈的概念：城市群内部以超大特大城市或辐射带动功能强的大城市为中心、以1h通勤圈为基本范围的城镇化空间形态。都市圈战略正是破除行政壁垒，实现生产要素自由流动的潜在途径。都市圈之间的竞争是产业集聚的竞争。

实施区域协调战略是国家重大战略之一，也是贯彻新发展理念的重要抓手。产业园区是新时代实现跨区域协作、解决区域发展不平衡问题、打造系统动态平衡新格局的关键枢纽，有助于促进全国统一市场建设、实现要素合理高效集聚。在此背景下，通过"城市群＋产业园区"联动，打破区域壁垒、实现资源共享与分工合作成为多地政府和园区运营商的重要发展战略。其一，加大产业园区和城市群的合作，城市群提供基础设施和人才服务，园区寻求城市群提供的资源，促进园区发展和创新能力的提升，进一步为城市吸引资本、企业、人才的聚集；其二，实施资源共享的工作机制，城市群基于自身特色优势产业的资源禀赋，与运营商成熟的园区服务经验、招商引资资源相结合，通过建立合理的资源利用机制共享资源，形成互联互通的网络体系，实现利益双赢；其三，注重城市群和产业园区的互补性和差异性，建立产业转移园区，如欠发达地区将技术前沿型产业（如研发部门）向发达地区转移，以便更好承接发达地区的前沿技术外溢，待条件成熟再通过优惠政策、招商引资将孵化项目引回欠发达地区，以提供技术改良性知识及提高科技成果转化水平。

2.3.2.2　中国经济中心——上海大都市圈

2019年12月，中共中央、国务院印发《长江三角洲区域一体化发展规划纲要》，明确提出"推动上海与近沪区域及苏锡常都市圈联动发展，构建上海大都市圈"，从长三角区域的层面提出了一体化的总体要求，以及区域协同、产业创新、基础设施、生态环境、公共服务等领域的重点工作。2024年7月长三角区域合作办公室印发《长三角地区一体化发展三年行动计划（2024—2026年）》，为长三角未来三年工作重点明确了路线图和任务书，标志着长三角一体化发展向纵深推进。长三角一体化的国家战略的切入口，应该是在尊重城乡空间布局和经济社会发展的规律的基础上，集中聚焦在对一体化需求最强烈、影响面最大、融合度最深的上海都市圈一体化的集中打造上。相较于《长三角生态绿色一体化发展示范区国土空间总体规划（2021—2035年）》，上海都市圈的一体化不仅可在规模和总量上高出一个数量级，而且一体化上是综合系统全面的融合，而不是仅仅在产业或者行政治理上的某些方面创新（图 2-36）。

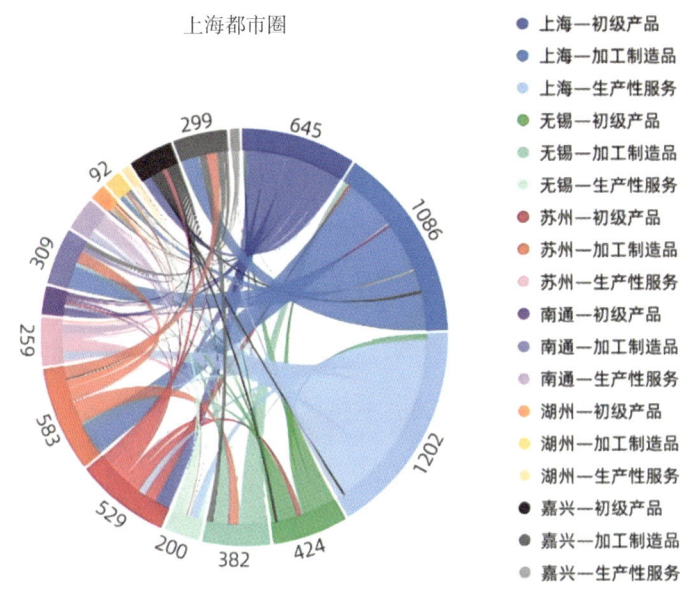

图 2-36　2017 年上海多中心网络结构都市圈产业链空间网络流（亿元）
资料来源：石敏俊，孙艺文. 中国都市圈的产业分工与功能协同分析 [J/OL]. 地理学报，1-16

　　上海作为长江三角洲区域的中心城市，拥有强大的产业基因，集聚了金融、航运物流、现代商贸、信息服务、文化创意、旅游会展等一批高端服务业，培育了汽车、电子信息、装备、钢铁、石化等一批先进制造业支柱产业，逐步形成了中心城区以现代服务业为主、郊区以先进制造业为主的产业空间布局。上海都市圈形成了合理的产业分工与功能协同网络，呈现网络流量高、流向多向化的多中心网络结构。上海都市圈高水平的产业分工与功能协同体现在初级产品、加工制造品及生产性服务环节网络流均衡。

　　按照最新的《上海大都市圈国土空间总体规划》，以上海为中心的 1.5 h 交通圈使上海大都市圈扩展到"1 + 13"的 14 个城市，涵盖 11.4 万 km^2 和 1.1 亿人口的超大尺度跨省域空间发展蓝图。上海大都市圈的总体空间格局为"一核四翼、三层三网三底色、多心多廊多链接"。其中的关键就在于"三层"，指的是大都市区、联动协同区、区域协作区三个空间层次。上海大都市圈以五大空间板块作为上海大都市圈空间协同的重要载体。重点推动环太湖区域共建世界级魅力湖区；淀山湖战略协同区共塑独具江南韵味与水乡特色的世界湖区；杭州湾区域共建世界级生态智慧湾区；长江口地区共保世界级绿色江滩；沿海地区共塑世界级的蓝色海湾。

由上海市青浦区、江苏省苏州市吴江区、浙江省嘉兴市嘉善县组成的长三角生态绿色一体化发展示范区（以下简称示范区），是实施长三角一体化发展战略的先手棋和突破口。2023年国务院批复《长三角生态绿色一体化发展示范区国土空间总体规划（2021—2035年）》为示范区规划、建设、治理提供了基本依据。同时该规划是首部经国务院批准的跨行政区国土空间规划，也为其他地区编制和实施区域性国土空间规划积累了经验，提供了借鉴，对深化"多规合一"改革精神、完善国土空间规划体系具有重要的示范意义。示范区将优化国土空间格局。立足区域资源禀赋和江南水乡特色，构建多中心、网络化、集约型、开放式、绿色化的区域一体空间布局，扩大生态空间，保障农业空间，优化城镇空间，构建"一心、两廊、三链、四区"39的生态格局、"四带多区"的农业发展格局和"两核、四带、五片"的城乡空间布局（图2-37）。

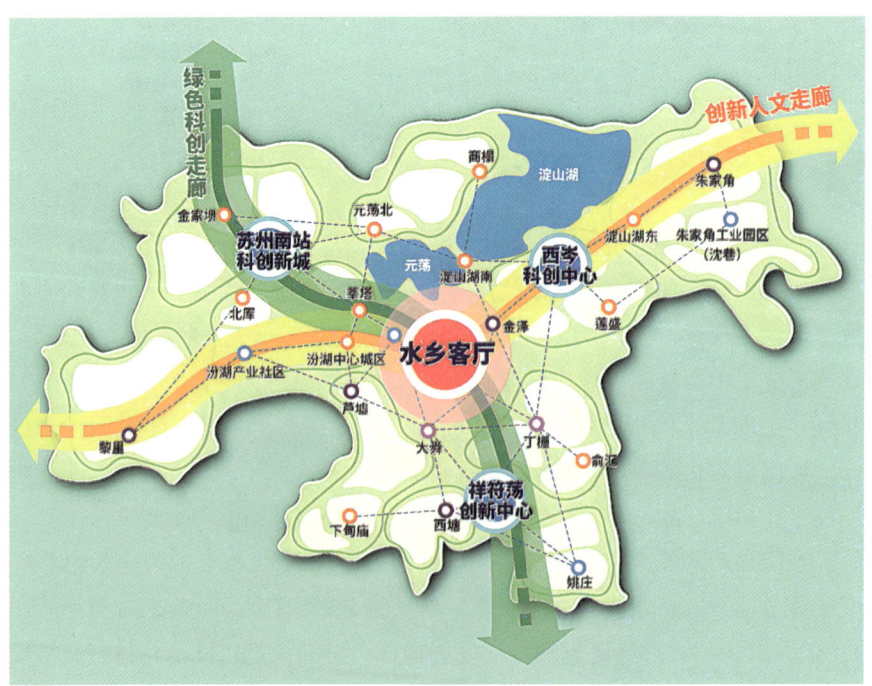

图2-37 长三角生态绿色一体化发展示范区先行启动区空间结构
资料来源：上海发布

上海市青浦区也率先提出依托 G50 高速公路主干廊道，数字经济为本源，打造"长三角数字干线"，作为"数字长三角"的样板示范。2024 年 7 月，长三角区域合作办公室印发《长三角地区一体化发展三年行动计划（2024—2026 年）》，文件中强调协同建设长三角世界级产业集群，要求加快建设一体化发展示范区集群、芜湖集群两个数据中心集群。加快推动 G60 科创走廊科创产业融合发展，加快建设 G60 卫星互联网产业集群等。

参考文献

[1] 郭岚.上海郊区新城发展研究[J].上海经济,2016(1):72-85.
[2] 宋霞.比较开发史[M].北京:世界图书出版公司,2002.
[3] 沈立,刘笑男.全球产业链体系发展态势、格局演变及应对策略[J].现代经济探讨,2022(5):53-67.DOI:10.13891/j.cnki.mer.2022.05.014.
[4] 曹卫东,曾刚,朱晟君,等.长三角区域一体化高质量发展：问题与出路[J].自然资源学报,2022,37(6):1385-1402.
[5] 赵海峰,张颖.区域一体化对产业结构升级的影响——来自长三角扩容的经验证据[J].软科学,2020,34(12):81-86,103.
[6] 石敏俊,孙艺文.中国都市圈的产业分工与功能协同分析[J].地理学报,1-16.

第 3 章 产业新区空间形态

3.1 城市郊区化与产业郊区化

3.2 可持续发展的产城融合空间布局

3.1 城市郊区化与产业郊区化

3.1.1 城市郊区化的动力机制

城市的发展就是一个空间不断膨胀的郊区化过程。在农业化时期城市以聚集效应为主，所有资源向城市中心聚集，城市的空间边界缓慢增长。但到了工业革命以后，机器大工业使生产力大幅度提升，家庭作坊式的手工业彻底被工业机器大规模生产所击败，城市的空间范围呈爆发式的扩张。

3.1.1.1 市场力量主导的郊区化

世界上最典型的城市郊区化就是美国大都市的郊区化。1920—1970 年，美国城市郊区化开始发展，由于日益严重的城市问题的产生，大都市的中心区人口逐渐向郊区转移；1970 年以后，大都市的郊区人口正式超过中心区人口，成为美国人口的主要构成部分，美国进入了后郊区化时代。在居住郊区化"美国梦"的主导下，依次带动工业、商业、办公的郊区化，从而塑造了美国城市的格局，在城市中心区的基础上形成广泛的城市蔓延区域。

美国大都市的郊区化是市场因素发展的必然结果，城市从集聚的高效率发展到了"集聚不经济"现象，人口和产业的郊区分散成为必然。一方面由于城市中心区的交通拥挤、环境恶化、用地紧张、基础设施老化等城市病的出现导致产业结构的郊区扩散；另一方面小汽车的普及、高速公路的建设等使人的活动空间有更大的灵活性，运输成本也大幅下降，再加廉价的土地成本，使追求利润的企业家将产业、资本、技术向郊区转移，进一步夯实了郊区化的产业基础。除了市场自身的选择之外，美国联邦政府制定政策也促进郊区化发展，包括住房政策、税收政策、高速公路政策等。

3.1.1.2 政府政策主导的郊区化

与美国不同的是，我国大城市的郊区化是以生产空间为主，主要推动力是政府这只"看得见的手"。政府通过一系列的政策，对资源配置和经济活动起支配作用。1950 年计划经济时期，大城市郊区开始建设工业卫星城，优先发展重工业；1978 年改革开放和 1988 年土地有偿使用改革后，进一步掀起城市中心区企业外迁郊区的热潮；1994 年的财税制度改革使地方政府主导的"土地财政"掀起了产业园区的郊区化高潮。同时 1998 年的住房制度改革后，房地产市场的发展促进了郊区人口的不断增加，并且引领了商业和基础设施的完善，郊区化的主体从生产空间为主转向生产、生活空间并重。

中国的城市化、郊区化的每一步都离不开政府的权衡与引导，地方政府、地方平台公司、新兴的房地产开发商共同推动了现代城市建设。政府追求税收、产业的升级换代、城市的发展质量、人民的公共利益，是产业园区建设的主力军，而房地产开发商则提供宜居的住宅和商业配套设施，这个时候政府因素和市场因素各取所需，相得益彰。

3.1.2 中国产业郊区化的空间扩张

中国大城市的离心扩散过程主要通过居住郊区化、工业郊区化、商业郊区化、大学城郊区化以及经济开发区郊区化等多路径实现。城市郊区化新区的产业园与中心城区高密度、高容积率的园区模式以及老工业区更新改造园区模式截然不同，凸显特色、完善配套、投资孵化、政策优惠等软性要求成为其重要的吸引力，利用自然资源优势打造高质量生态空间形象也是必要的基础条件。对园区的发展定位、客群获取、运营发展的谋划需要更加精准细致，避免带来巨大的浪费和风险。

在快速城市化阶段，为实现城市社会的发展，中国政府偏向于采用"房地产开发+开发区+大马路+大广场"的"摊大饼"建设模式，以期在实现财政目标的同时还能弥合城市工商业发展，满足城市居民持续增长的各类需求。这种超标建设大规模低效新城的"指标城市化"推进模式，造成了土地资源利用率低下、建设资源浪费、地方政府负债率提升等一系列问题，极有可能使中国的城市化陷入自我现代化的困境中。

3.1.2.1 我国工业化带动城市化

20世纪50年代我国工业化起步阶段，苏联总共向中国提供了高达66亿卢布的援助，相当于16.5亿美元（超过了二战后美国对德国进行"马歇尔计划"所提供的援助总金额14.5亿美元）。中国也开始了历史上前所未有的工业化进程，在能源、冶金、机械、化学和国防工业领域，陆续展开了"156项"（实际完成150项）重点工程。

到70年代初，中国初步完成了国家工业化的原始资本积累。先后兴建了一系列工业项目，形成了以鞍山钢铁公司为中心的东北工业基地，沿海地区原有的工业基地得以了加强，华北和西北也建立了一批新的工业基地，建立了种类齐全、完整的、独立的工业体系和发达的科技体系，成功地发射了

"两弹一星"。从此，我国开始改变工业落后面貌，向社会主义工业化迈进，为此后几十年来的经济建设发展打下了良好的工业化的基础（图3-1）。

1958年9月大连机车车辆厂制造的干线货运内燃机车、鞍山钢铁公司

郑州第二砂轮厂厂区、20世纪70年代末的二汽车箱厂

图3-1　1949年后的工业样板
资料来源：东风汽车、郑州市自然资源和规划局

中国在短短的30年内走完了西方发达国家上百年才能走完的工业化道路，成为世界主要工业大国之一。1949—1978年，不但国内生产总值达到年均增长7.3%，而且建立了独立完整的工业体系和国民经济体系。

中共十一届三中全会以后，党和政府果断作出将党和国家工作的重心转移到经济建设中来的决定。针对"文革"十年动荡，中央确立"调整、改革、整顿、提高"八字方针，对国民经济实行调整，改善农业、轻工业、重工业之间的比例关系，调整国民收入分配、改善积累与消费的比例，坚决地、逐步地把各方面严重失调的比例关系基本调整过来。加快以轻工纺织为主导的工业增长，满足人们生活需要。

在进入20世纪90年代以后，我国进入了再次重化工化和高加工度化时期。注重发展轻工业的同时，由于消费结构升级、城市化的进程加快、交通和基础设施投资加大，也带动了重工业的发展。重工业、轻工业出现相互促进、结构协调、同步发展格局。中国改革开放的前 20 年里，工业化基本上被局限在国内市场的狭窄空间里。2001 年后，中国加入世界贸易组织（WTO），步入中国经济全球化。国家对外开放程度持续提升，国内企业面临全球化的市场竞争，倒逼企业转型升级。中国加入 WTO，是真正对社会生产率带来第二次重大革命。在这一阶段，住宅、汽车、通信和城市基础设施建设率先成为我国新型高增长产业，并带动钢铁、机械、建材、化工等产业快速发展。随着新型工业化战略实施，我国产业结构持续优化，人力资源优势得到进一步发挥，非农就业人口比率稳步提高，能源利用水平也不断提升。随着出口拉动制造业的发展，外向型出口经济出现爆炸性增长，为中国创造了巨大的新增财富。

2015 年以后，新旧动能加快转换，战略性新兴产业和技术密集型产业加速发展并逐步占据主导地位，助力中国经济保持中高速增长并迈向中高端水平。这个阶段以《中国制造 2025》出台为标志，正式提出制造强国战略"三步走"规划，促进中国从制造大国到制造强国转变（图 3-2）。

图 3-2　中国一线城市：北京 CBD、上海黄浦江两岸、广州天河区、深圳蛇口港
资料来源：豫陇秦沪·大庸、招商局官网

3.1.2.2 从单位大院到产业园区

在我国产业发展的过程中不能不提"单位大院"。单位大院是计划经济的产物,是为了快速稳定建国初期不够稳定的社会状况,保障社会福利,其内部是一个独立的小型社会。计划经济时代土地实行统一划拨制度,抹杀了土地的经济特性。单位大院很大程度上影响着城市空间结构,是一个重要的城市单元。单位大院型社区以大门、围墙对内部生产生活空间进行封闭管理。大院内包含生产单元、办公建筑、职工居住楼、医院、学校、商业等综合配套服务设施,单位职工可以在大院内部完成工作和生活的全部内容。单位兼有生产、社会保障和社会管理等多种职能,人口同质性强(图3-3)。

图3-3 一个单位一座城——西安阎良区航天城
资料来源:豫陇秦沪·大庸

改革开放初期,国内经济建设面临资金短缺、技术滞后、农村劳动力剩余等问题,借鉴国外的成熟经验、引进新的发展模式,通过建设产业园区的途径来引进先进技术和国外投资,促进我国工业的发展,同时也可以解决就业等社会问题。改革开放政策的实施为引进外资与技术进行产业结构调整和建设产业园区创造了条件。

中国的改革开放采取了摸石头过河的、由点到面的渐进式改革思路。在1978年率先在广州蛇口创办了我国的第一个对外开放的工业区——蛇口工业园创立,蛇口工业园的建立为诸多政府与企业提供了创新的思路,通过产业园这种商业模式为中国各地打开了产业腾飞经济发展的大门。1979年在沿海地区成立了深圳、珠海、厦门、汕头四个经济特区,产业园区也成为了这些地方探索性开放的重要形式。

1992年,邓小平同志的南方谈话掀起了对外开放和招商引资的新一轮高潮,我国产业园区进入了快速发展阶段。1992年11月国务院批准了苏州、无锡、佛山等 25 个国家高新区，进入 21 世纪国家不断拓展产业园区的类型和规模，截至 1997 年 6 月，共批准了 53 个国家高新区。截至 2002 年底，共批准了 49 个国家经开区。这一阶段，经开区吸引了大量国外资金和代表先进科技水平的国际行业巨头，产业园区也开始从"三来一补"的劳动密集型企业向高技术含量的高新技术企业转变。

中国加入 WTO 后与世界经济联系更加紧密，作为对外改革开放的窗口，产业园区在发展中受到了国内外经济环境和政策变化的冲击，竞争的激烈对园区在建设和发展上提出了更高、更新的要求。为了更好地提高产业园区的发展质量，国家提出了"以提高吸收外资质量为主，以发展现代制造业为主，以优化出口结构为主，致力于发展高新技术企业，致力于发展高附加值服务业，促进国家级经济技术开发区向多功能综合性产业区发展"的方针，为国家的经济发展方式、战略的转型发挥重要作用。在产业发展上园区由单纯的为招商而招商的出口加工模式逐渐向核心企业、主导产业为引领的特色园区发展。

2009 年，国家结合新的国内外发展形势出台了一系列区域发展战略规划，产业园区迎来了新的一轮升级，充分发挥园区的载体和桥头堡作用，推动区域经济增长方式的转变。2014 年国务院办公厅发布了《关于促进国家级经济技术开发区转型升级创新发展的若干意见》，2016 年又颁发了《关于完善国家级经济技术开发区考核制度促进创新驱动发展的指导意见》，标志着我国国家及开发区正式进入转型升级和创新发展的新的历史时期。截至 2017 年末，我国共有 552 家国家级产业园区。

第四代产业园区顺应国家发展战略带动区域经济发展、深化供给侧结构性改革，努力实现由追求速度规模向追求质量效益转变，由要素驱动为主向创新驱动为主转变，由工业制造业为主向制造业和服务业融合发展转变，由同质化竞争向差异化发展转变，由硬环境优先向软硬综合营商环境取胜发展，由招商引资为主向招商引技为主转变，由政府主导投资管理向政府与社会资本合作方式转变，促进国家级产业园区向以产业为主导的多功能综合性区域发展转变。从更高层次参与到国际经济竞争与合作。

3.1.2.3 我国产业园区空间形态郊区化特点

1）乡镇工业化

乡镇企业的前身是发轫于 20 世纪 50 年代的社队企业。90 年代中期之后，乡镇企业开始普遍建立现代企业制度，进行产业的升级改造，乡镇企业逐步融汇进民营经济的大潮中。从"社队企业"到"乡镇企业",再到"民营企业",这三个关键词的转变,标志着中国乡村工业化的三个不同历史时期。中国乡镇企业的发展深刻地改变了农村经济单纯依靠农业发展的格局。这是中国农村经济发展史上的一个里程碑,它标志着中国农村经济已经进入了一个新的历史时期(图3-4)。

图3-4 20世纪90年代桐乡市东田村的皮鞋制造厂、东莞厚街工业区——园区与农民自建房混杂
资料来源:中国网

肇始于社队企业及之后乡镇企业的大发展,将我国乡村工业的发展推向了一个新的高度,集聚在农村和乡镇的大量富余劳动力表现出"离土不离乡""进厂不进城"的新生产方式,不仅迅速填补了计划经济时代市场供给的不足,也极大地提高了农民的收入,更为改革开放进一步深化背景下推进城市化、工业化、现代化、全球化奠定了坚实的基础。

从2012年至今,乡村振兴战略下的乡村新型工业化也就成为产业扶贫的重要内容。其中最为典型的现实就是,进厂务工、离土离乡的农民工在城市不仅获得了收入上的改善,更重要的是,他们在工业化进程中收获了工业化、市场化和现代化发展的知识和方法,为乡村工业在新时代的高质量发展创造了基本前提(图3-5)。

图3-5 蓬溪县菌菜现代农业园区——产村融合
资料来源:中国网

2）工业郊区化

工业郊区化是在市场和政府的双重作用下，大城市中心城区内的工业设施向郊区转移的过程。工业郊区化体现了大城市各种工业活动向郊区迁移并聚集的特征。工业化水平的提高是郊区化得以实现的必然基础和根本动力，是郊区化的动力机制体系中一个不可或缺的重要组成部分。在工业发展新阶段中，越来越多的大城市在郊区建设大型工业发展区，并控制城中心的工业发展，这一城市发展规划的要求推动了更多的工业企业离开市区转移到郊区；面对大城市转型升级的加速，城市中的第三产业发展势头迅猛，以生产性服务业和生活性服务业为基本特征的现代服务业占据了大城市主城区的核心区位。因此，面对土地有偿使用的压力，工业企业不得不逐渐退出市区，让位于第三产业而向郊区聚集[111]。工业郊区化的实现路径对于大城市的资源配置、人口和产业布局起引导性作用。大城市主城区的"去工业化"和郊区发展中的"工业化集聚"，已经成为大城市空间形态及产业迁移的重要特征。

大城市发展的客观规律和现实来看，其郊区化发展是城市工业大发展、科学技术进步、市民环境意识增强等综合因素的结果。随着中心市区那些难以承受高昂地价和环境成本的工厂企业的外迁，促使与它们有联系的小厂也跟着外迁，从而掀起了工业郊区化浪潮。郊区提供大面积廉价的土地供迁出企业扩建或新建以及灵活、快速、安全的汽车运输迅速发展的结果。城市郊区化，村镇、开发区、工矿企业与城市、城乡相融连成一片，几乎是城区、郊区紧紧相连、不分彼此。

我国大城市的城市化过程中，产业和人口的聚集和扩散效应同时并存。经过产业调整，城市中心区劳动密集型产业、污染严重的产业迁向郊区，而商业、金融业、服务业、高科技产业向城市中心聚集，推动中心城区的现代化。依照城市总体规划，外迁的产业结合开发区的建设在城郊地区形成了一些新的产业带（图3-6）。

3）产业园区郊区化

在我国，大城市的新区开发已成为城市空间区域扩大的主要方式，也是大城市郊区化的主要路径。开发区建设是城市经济开发建设和城市产业结构升级并行发展下的郊区化结果。大城市发展不断突破其主城区的规划范围和限制，基于城市的开发区建设来实现空间的大规模扩张，在城市边缘甚至更远的区域中寻求发展空间，突破了城市发展空间有限的困境并以极具优势的区位位置作为发展动力，形成工业、企业等多功能集群，可见大城市郊区化水平在开发区建设过程中不断得到提升；同时，开发区建设又以便捷的交

图 3-6　1984 年、1998 年、2010 年、2022 年大连经济技术开发区

通、完善的基础设施、优良的生态环境等优势为城市郊区化中的各功能聚集区提供空间运行的基础保障，加快大城市郊区的发展步伐，带动大城市实现更新演化。

产业集聚有利于降低企业运营成本，包括人工成本、开发成本和原材料成本等，从而提高企业劳动生产率，提升企业竞争力。此外，集聚体内企业之间的相互作用，可以产生"整体大于局部之和"的协同效应，有助于提高区域竞争力，促进区域创新发展。总之促进产业集聚是提升区域经济发展水平，转变经济发展方式的重要措施。

产业园区是区域经济发展、产业调整和升级的重要空间聚集形式，对于聚集创新资源、培育新兴产业、推动城市化建设等具有非常重要的意义。发展经济开发区，其主要目的在于产生集聚效应。这种集聚绝不是低成本的产业扩张，需要通过创新资源和高新技术的集聚，使其由集聚迈向集约，从而形成高质量发展的价值链条（图3-7）。

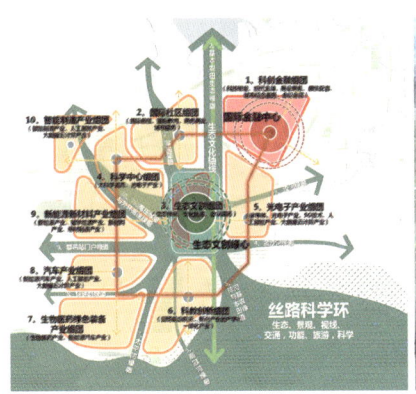 

图3-7　2022西安高新技术开发区丝路科学城规划
资料来源：西安高新技术开发区

4）园区类型多样化

我国各地制定了各种产业区域开发政策，建立了名目繁多的产业园区，例如免税区、出口加工区、自由贸易区、企业区、工业园、工业村、工业团地、科学园、技术园、研究园、技术城、经济技术开发区、高新技术产业开发区、生态工业园区、创意产业园区等。产业园区是企业走向产业化的集中区域，结合不同的研究和发展方向产业园区的分类也是多种多样（图3-8）。

按产业类型分类：产业园区可分为生产制造型园区、仓储物流型园区、科技研发型园区、商业商务型园区、综合型园区等。

按产业聚集度分类：产业园可分为单一型、复合型和综合型。

按照产业形成划分：可分为特色产业园和产业开发区。

按照建筑及功能划分：可分为生产制造型园区、物流仓储型园区、商办型园区以及综合型园区。

按照主导产业区别划分：可分为物流园、文化创意产业园、科技园区、生态农业园、软件园、高新技术产业园、影视产业园、化工产业园、医疗产

图 3-8 我国产业园区分类

业园及 2.5 产业园等。

按照时代发展的历程，产业园区可分为：①追求经济增长的传统产业园，包括出口加工区、工业园等。②多元现实问题导向下的现代产业园区，如科技园、生态工业园、创新园等（图 3-9）。

3.1.2.4 上海产业郊区化的空间扩张

改革开放以来，中国的城市化步伐加快，上海作为最早实行土地批租制度改革的城市，无论是经济发展速度还是土地开发利用变化速度都明显快于全国平均速度。

上海郊区已经进入后郊区化时代，远郊功能空间更加复杂多元，郊区空间更加独立，类城市体形态凸显。后郊区化空间的形成大致经历了三个阶段：1949 年后服务工业生产的工业卫星城镇；改革开放后先行先试的开发区；2000 年后综合功能空间营造的新城。不同空间载体重塑着郊区景观格局，推动着新空间聚落形态的形成。开发导向下的后郊区化空间建设，是地方政府新一轮郊区大规模开发建设保持自身增长的资本积累策略，其形成是地方政府主导下增长联盟共同推动的结果。政府企业化行为；资本的空间修补；居民的空间生产参与，均对中国后郊区化空间的形成产生明显的推动作用。

20 世纪 80 年代中后期起，上海政府开始对全市的产业结构进行调整，

图 3-9　东莞松山湖国家高新技术产业开发区实景
资料来源：东莞松山湖高新技术产业开发区管理委员会

将大量第二产业从中心城区外迁，并大力鼓励建设开发区和工业园区。20世纪 90 年代初期，上海加快旧城改造的步伐，中心城区第一次突破了传统圈层发展的空间布局模式。按照产业发展政策，在中心城区，上海建成中央商务区和中心商业区，加强金融、贸易功能。在内环线两侧地区，调整改造工业街坊和工业区，以工业和第三产业功能为主，部分工厂迁址、合并、停产和关闭，改为发展房地产和其他产业。

　　1993—1999 年，上海土地开发利用变化在这一期间开始加剧，近郊区的变化表现尤为明显。市郊以及各县相继开发、建设一批工业园区，接纳从市区迁入的工厂，引进三资项目。上海此时加快工业园区的建设，工业用地面积大幅增加。其中增幅最快的是近郊区，增长了 146.60 km²。继陆家嘴开发后，又相继开辟了金桥出口加工区、张江高科技园区和王港工业区。远郊区的工业用地这时也在增加，但是总体变化幅度不大。由于上海开始实施"退二进三"政策，原有中心城区的工业开始向郊区大规模扩散，许多工厂大部分外迁到近郊区甚至是远郊区，上海逐步从传统的工商业城市转向国际经济中心城市。

1999—2010 年，随着上海建设"四个中心"，这一时期上海土地开发利用变化非常显著，无论是高密度城市区还是工业用地和农村建设用地，其变化都达到了前所未有的速度。远郊区已逐渐成为工业用地增长的主力，从 122.30 km² 增加到 471.30 km²，年均增长 34.90 km²，主要集中在更远距离的临港、安亭等区域。上海制造业这时基本形成以 6 大产业基地为龙头、市级以上开发区为支撑、各类工业集中区和郊区都市型工业园以及生产性服务业功能区为补充的发展格局。2007 年，上海工业向市级以上工业区和 6 大产业基地集中度达到 65.4%，平均主导产业集聚度达到 88%（图 3-10）。

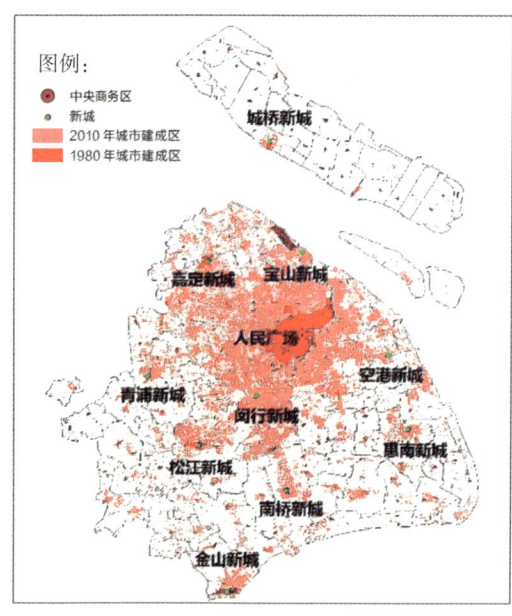

图 3-10　1980—2010 年上海城市建成区的扩张与用地变化
资料来源：汤庆园，王宝平.1980—2010 上海土地开发利用时空演变研究［J］.城乡规划，2017 年第 5 期

截至 2014 年，上海共成立了 12 个国家级开发区和 26 个市级开发区，约有半数位于郊区，上海市还确定了 104 个工业区块。然而一些工业园区的空间绩效较低，土地利用的低效性成为城市扩展的重要成因。

"十五"期间，为努力构筑特大型国际经济中心城市的城镇体系，上海市政府提出了"一城九镇"的发展战略。"一城"指中心城区，"九镇"包括松江新城、嘉定新城、城桥新城等。随着上海"一城九镇战略"的实施和多条郊区地铁线路的开通，上海城市化区域呈现出跳跃式的扩展，已经扩展到远郊区，不再以蔓延式扩展为主，由同心圆环状向外扩展转变为沿轴发展。

由于中心城区地价日益升高，许多科研机构开始在郊区建立新校区，"大学城""科学城"等相应而生。目前，上海全市共有9座大学城，其中松江大学园区、闵行大学园区和奉贤大学园区等5座位于城郊，这些都加速了城市扩展。

近年来，上海市高速公路及地铁等内外交通网络建设，提升了郊区可达性，更多的资本和人口流向郊区高速沿线地带。郊区土地空间更充足、土地价格和劳动力成本更低廉，吸引中心城区的企业外迁。通勤时间缩短、就业机会增多以及较低的房价也驱使人口向郊区流动。越来越多的高速公路郊区沿线耕地被征用开发，高速路网快速扩展引起了建设用地的蛙跳式扩展。

3.2 可持续发展的产城融合空间布局

与其说产城融合是一个概念，倒不如说更像一种理念，产城融合是相对于快速城市化下生产和生活空间高度分离的问题而提出的，大致描述的是产业与城市实现功能融合、空间整合，达到相伴而生、共同发展的状态。

产业结构变化与空间之间形成平衡的策应是较理想状态。当前表现为开发区空间发展滞后于产业结构的调整，人口与产业集聚不协调。因此，在产城融合背景下要进一步明确开发区转型的方向、路径及策略。

国务院在《国家新型城镇化规划（2014—2020年）》中明确了"产城融合"的发展理念，推进功能混合和产城融合，在集聚产业的同时集聚人口，防止新城新区空心化。《中华人民共和国国民经济和社会发展第十四个五年规划和2035年远景目标纲要》也明确指出，坚持产城融合，完善郊区新城功能，实现多中心、组团式发展。因此，产业与城市的发展相互需求、彼此促进，最终形成产—城—人融合发展。

2015年国家发展改革委发布《关于开展产城融合示范区建设有关工作的通知》，在全国建设60个左右产城融合示范区（条件成熟地区）。

目前为止，各示范区仍在探索建设阶段，国家层面也鲜有配套政策推出。相比之下，同时期由国家推动的EOD（生态导向开发）模式，在短短6年间，已完成从模式探索到成型推广，且相关配套政策已超过14部。

在产城融合背景下，提出产城融合的发展思路，推进产城一体化建设。一是构筑复合发展之路。开发区内统一发展平台，加强开发区内产业链的横向与纵向合作，合力实现复合发展。具体包括发展模式上由单一"产业区经济"向综合"城区经济"转型；产业增长方式上打破区域同构制约，强调产业结构性调整和技术创新推动，实现错位发展；在管理体制上整合发展主体，统一社会经济单元，形成政策趋同有效对接工作。二是促进经济方式转变。近年我国新兴产业如新能源、节能环保等不断兴起，不仅为经济增长提供了强有力的支撑，也带来了更多生产性与消费性服务业，同时促进开发区内经济方式的转变。

在地产开发限制的背景下，产城融合更多的不是新一轮的城建，而是产业与城市的互动。这种互动，包括产业与城市、产业与市民生活，也包括产业与产业互动，从而推动产业链升级。所以说，做好融合，就需要对我们"产人城"旧有认知全面升级。

产城融合并不是一种静止的状态，而是随着城市产业、人口和空间等的结构性变化，处于动态发展的过程中。

通常在大城市的快速扩张期，出于对产业升级的布局需要，科技产业园区通常会出现在当时的城市郊区位置，而随着城市的扩张，逐渐与城区连为一体，甚至最终成为了城区的核心部分。在这种情况下，科技园区也在产业升级中，逐渐摆脱低端制造，而转向与城市关系紧密的科技产业。

但是当城市进入发展瓶颈期，迎来向高端转型突围的阶段时，科技园区——这个特殊的存在，也将承担起特殊的责任。从整个城市乃至都市圈的角度看，处于城市内部的科技园区，终将成为都市圈产业的创新中枢，也可以说是大脑，站在核心研发与创新策源的位置上，统领区域产业的结构升级。

虽然"以产促城、以城兴产、产城融合"的发展思路已很清晰，但是产业，特别是制造业，特别是每座城市都在追求的规模化、全产业链制造，由于受限于生产安全、管理要求、物流运输，以及规划限制、人口规模、扰民因素等错综复杂的硬性条件制约，融合性先天不足。

此外，很多企业发展诉求不同，并不是补足生活配套、建设居住区、做好服务，就能实现融合。例如，游移型企业，他们会跟随政策、成本变化而迁徙，并不在本地深耕，因此也被称为松脚型企业，融不融合并不是他们关心的核心问题。制造企业产业园区由于受到物流通道的制约，很难实现产业和功能融合的、适合步行的园区环境（图3-11）。

图 3-11　美国及中国的制造企业园区

3.2.1　空间意义上的产城融合

3.2.1.1　产业郊区化的空间组织

在城市产业郊区化的过程中大尺度用地上合理配比仅仅是空间基础，在城市空间结构的延续和一体化过程中，郊区产业区的空间结构不仅需要自身的空间特点，还应该补强中心城区的空间架构。随着产业变革和生活方式转变，在更精细的尺度上实现产城融合，需要打造有特色的公共空间，使复合功能空间围绕公共体系展开。

1）开放的物理空间

由于考虑到安全隐患和权属等问题，产业园通常设定了明确的管理边界，导致很多园区"孤岛化"。为了让城市与园区更好地融合，需要园区基底城市化，打破空间上的硬边界，让园区更加开放和自由，增强社区感和互动性，促进城市更新和建设，主动融入城市环境。开放、自由的环境则更有利于人们的交流和互动，促进创新和发展，让园区更好地与城市和社区融为一体，更好地为社会和公众服务。实现与城市的深度融合和协同发展，提高整体竞争力和可持续发展水平。更好地满足人们对于绿色、舒适、宜居的城市环境的需求。让园区更加开放和透明，更容易吸引和留住人才，促进园区的创新和发展。

2）创造空间场景

国家级的产业园区持续的开发建设必须遵从城市尺度上的空间组织结构，大面积的绿地、水系、廊道也是园区空间场景的重要组成部分。宏观开放空间不仅仅明确了园区的本底特色，更是创造了园区的场景魅力。产业园区不仅仅有科研生产的小空间，也需要大开大合的山河胸怀。未来园区是高科技人才、知识型人群的主场，需要研究他们的工作规律，创新并非仅在正式会议或封闭的办公空间中产生,它可能在分布式的运动场和小咖啡亭,也有可能在街头小广场绿地中发生,也可能在享受大自然的江河湖畔产生。创造多样化的交流场景,才是未来人才所向往的办公生活。空间场景已成为一种经济,美国社会学家雷·奥登伯格提出了"第三空间"的概念,他强调"放松的气氛、交谊的空间、心情的转换,才是第三空间的真正意义和精髓所在"。在新青年人群中,办公环境和空间颜值成为选择职业的一个重要因素。产业社区必须在社区氛围的营造上实现突破,通过持续不断的交流互动、建立联系,促使空间成为社区的一部分。

3)多元功能融合

引入旅游、文化、创意等产业,增加园区的多元化功能,提高园区的吸引力和竞争力。此外,将园区规划视为建设旅游景区,将产业功能作为基础,旅游功能作为附加值,吸引游客成为促进园区经济发展的途径。

波士顿肯德尔广场为代表的科技园区走过了工业园→科技园→融合式创新区的产城融合路径。到 20 世纪 60 年代的大规模城市更新实施之前,肯德尔广场地区都是一片工业厂房的聚集地。在那个城市规划流行职住分离的时代,工厂就是工厂,不需要贴近城区,更不要污染本就脏兮兮的城市,产城不需要融合,甚至是有必要割裂的。

20 世纪 60 年代前后,肯德尔广场出现产城融合的萌芽。1959 年麻省理工联手开发商,将废弃工业设施改造为工业+科研的综合办公设施。而哈佛大学的遗传学研究所以及麻省理癌症研究中心的设立,则奠定了肯德尔广场走上生物科技这条产业道路。肯德尔广场成为了生物科技高地,90 年代时,已经有 100 多家生物公司聚集在此。1990 年的麻省理工创业中心,以及 1999 年建立的剑桥创新中心,是肯德尔广场最初的重要孵化设施。麻省理工创业中心在创业教育中,激发了不同学科人才相互合作,注重实践需求的氛围。而剑桥创新中心,则以初创公司和风险投资公司共享办公空间的形式,带动了科技园区的复合功能布局风尚。

2008 年所成立的肯德尔广场协会真正将开放式街区的理念付诸实现的。这个机构的成立初衷就是:增强人们联系和交流思想的能力,并在街道层面创造同样充满活力和引人入胜的活动。这种构建开放式、融合式架构的创新生态,确实吸引了全球 TOP 20 生物医药公司中 13 家位于此地。新兴高技术产业大多都已趋向于互联网大厂,比如新能源汽车,在车载软件、人工智能的岗位占比更高的今天,俨然就是一个科技园区,而高技术产业所在的产业新城,也越来越趋向于科技大厂所具备的产城融合特征。肯德尔广场将强社交的环境打造理念贯彻到底。这里不仅有数百家初创企业,也有众多金融机构、研发机构来服务科创。同时,零售、餐饮、休闲等社区功能也近在咫尺,完全与科创区融为一体(图 3-12)。

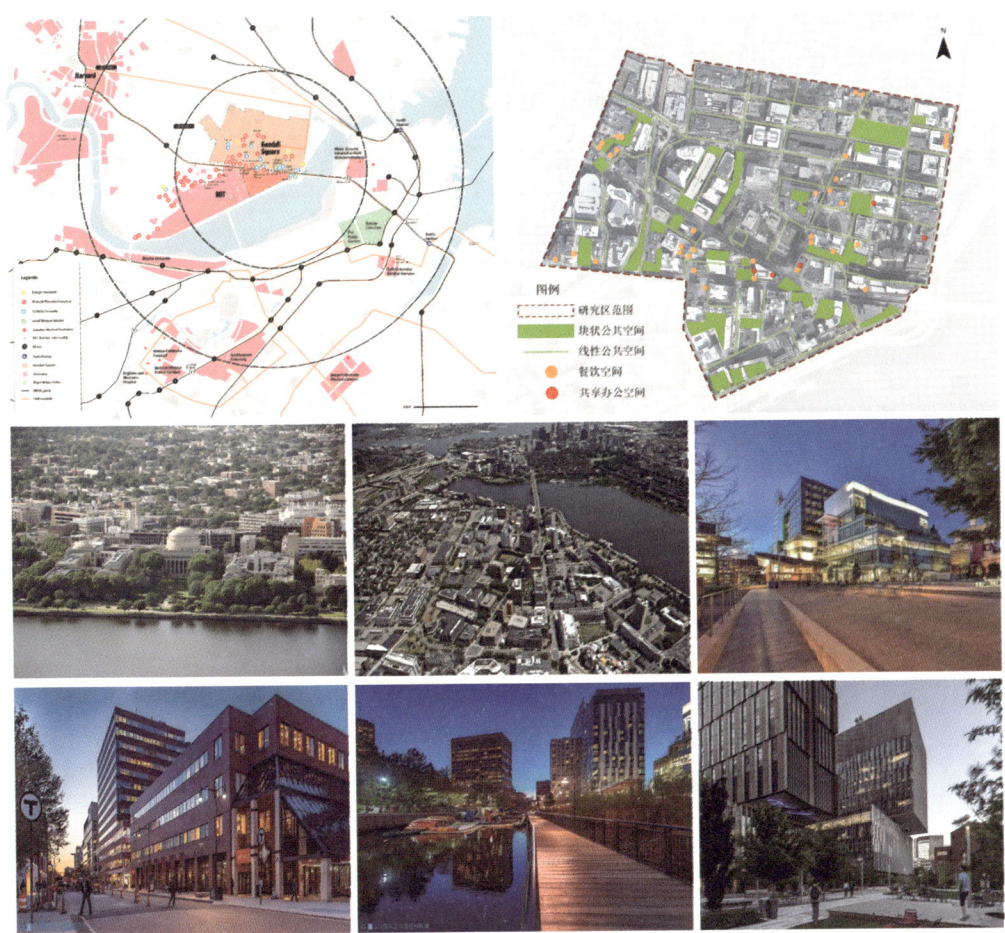

图 3-12　肯德尔广场、麻省理工区域
资料来源:华高莱斯、Hassell、Perkins&Will、MIT 官网

3.2.1.2　国际合作示范区——苏州工业园区

实现产业和城市协调均衡发展,首先要在空间上满足产城均衡发展的需要,形成合理的空间配比。苏州工业园区是比较经典的案例,是中国和新加坡两国政府间的重要合作项目,被誉为"中国改革开放的重要窗口"和"国际合作的成功范例"。虽然现在看来有其特殊性,但理念仍值得参考,工业园区从规划、建设一开始便同步推进产业发展和城市功能培育,园区规划面

积内工业用地不足 1/3，城市和生态工程用地占据绝大部分，以绿为脉、以水为魂的园区，绿化覆盖率达 45% 以上。合理的布局使得工业、服务业和居住生活紧密结合。

苏州工业园突出规划先行，摒弃单一发展工业的模式，着眼于"产城融合、以人为本"的定位。30 年来，实现"一张蓝图干到底"，保持了城市规划建设的高水平和高标准。园区空间结构始终保持开放性，不仅是发展中轴的稳定性，更是空间结构的开放和弹性。园区平均每 5 年优化一次总体规划，空间结构从"一轴三区"到"十字轴、三区多组团"，再到"十字轴、四区多片"，直到当前优化形成"一核两轴三心四片多点"的空间布局（图 3-13）。

苏州工业园的设立使得苏州形成了"一体两翼"的空间结构（"一体"指的是苏州古城，"两翼"指的是两个新区：西侧的苏州新区和东侧的苏州工业园区）。一条东西向主轴线将古城和两座新城连接起来，确立了从现有城市中心到新城核心的发展轴线。新城与古城的连续意味着工业园区建设可以依托古城方便地分期实施，以线性的方式生长。

金鸡湖商务主核是园区的中心，主要由湖西核心商务区、湖东商业文化区、白塘生态综合功能区等组成，构筑 24 小时集生活、娱乐、工作于一体的苏州 CBD。南北向科技创新轴使阳澄湖、金鸡湖和独墅湖"三湖联动"，促进园区科技商务、创新生态、产业服务功能融合共生。

中央商务区和金鸡湖是苏州工业园区通过城市设计重点打造的两个大型项目。中央商务区位于第一区的中央轴线上，东西长约 2 km，南北宽约 500 m，西端始于园区的"中央公园"，轴线在东端以一个梯形超级街区作为高潮收尾。高达 300 m 的"东方之门"建筑形式借鉴了苏州古典园林的标志性元素"月亮门"，成为环金鸡湖的地标。环绕"东方之门"的其他地块统称为"苏州中心"，2012 年开始建设，号称中国最大的混合用途开发项目，总建筑面积达 182 万 m^2，该综合体包括一座巨大的购物中心和 10 座塔楼，如今已经成为工业园区甚至成为苏州市的制高点。

7.4 km^2 的湖泊及其周围约 11.5 km^2 园区的生态和景观使金鸡湖成为中国最大的湖滨公园之一，更成为新城的核心，如今已经形成了长达 14 km、环绕全湖的步行和自行车系统。在功能布局上环湖西岸有大型聚会广场和开敞的湖滨步行道；南岸有李公堤；东岸是一系列社区公园、水族馆、户外音乐广场和花园组成的康健休闲区；北岸由另一个餐饮娱乐区和滨水公园组成，点缀着苏州文化艺术中心和苏州国际博览中心等大型公共建筑（图 3-14）。

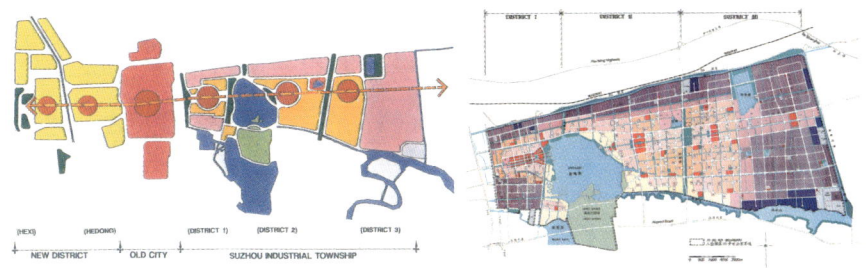

苏州工业园区概念规划中的"一体两翼"示意图、1994年中新苏州工业园区总体规划

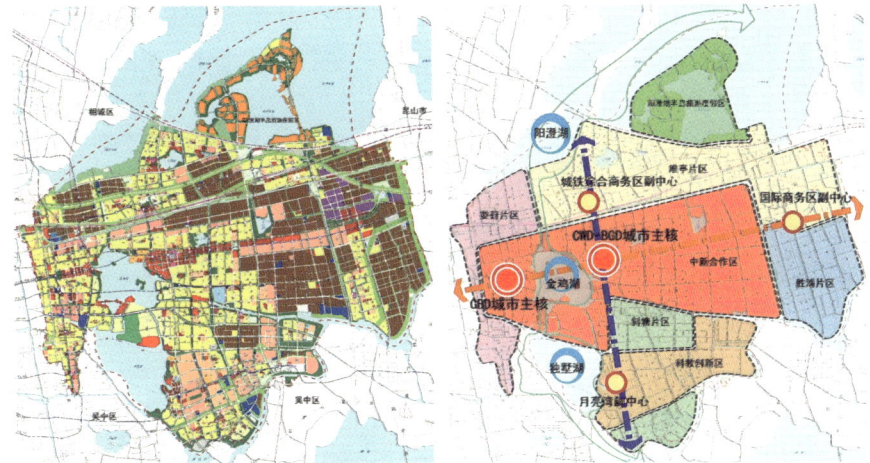

2012年苏州工业园区总体规划土地利用图、空间结构图

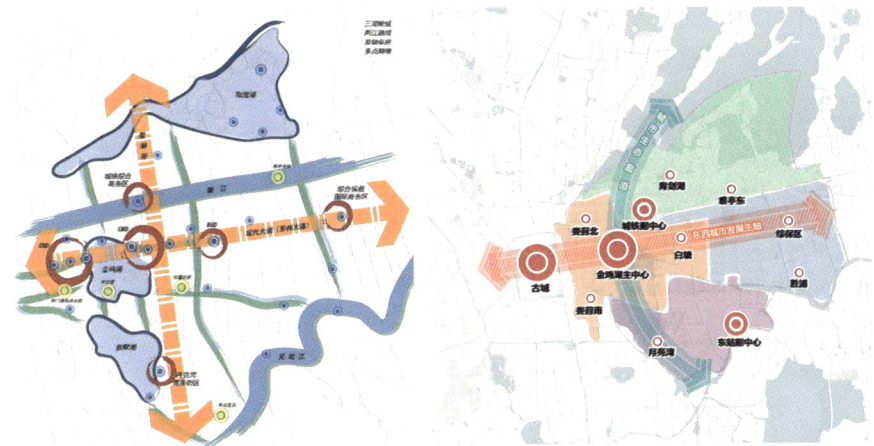

2012年苏州工业园区总体规划景观结构图、2021年苏州工业园区总体空间结构图

图 3-13 苏州工业园区总体规划演变
资料来源：苏州工业园区管理委员会

2003年苏州中央商务区城市设计总平面图

2003年苏州中央商务区空间意向图

图3-14 苏州工业园区CBD、金鸡湖景观城市设计
资料来源：苏州工业园区管理委员会、新华社记者李博、苏州发布

3.2.2 治理意义上的产城融合

3.2.2.1 空间治理推动高质量产业郊区化

在郊区城市化和工业化的过程中，行政管理体制的调整应当是逐步完成

的，但新城作为郊区发展最快的地区，体制机制问题往往更早出现也最为复杂。郊区新城的管理体制不同于中心城区，有的地方以管委会作为行政主体，有的由园区代管，有的则是街道和乡镇兼具，构建适应产城融合需要的行政管理体制，需要解决好从镇域发展向街道－社区治理模式转变、城区管理与园区管理的协调融合等一系列问题。

除了治理构架的优化之外，更深层次的是思维模式的转型，从上海的情况来看，一些新城即使在硬件建设上已经初具规模，但在管理和服务能力上仍与中心城区有不小的差距。其实，要同时做好从郊区到城市的转变，以及从产城分离到融合的转变，并要努力在未来治理的理念和技术上，达到与中心城区接近甚至更高的水平，对郊区新城的管理者提出了很高的要求。

3.2.2.2 "中国第一"产业园（蛇口工业区）到南山区

1979年1月31日，中共中央、国务院批准香港招商局创办蛇口工业区，中国第一个开发区正式创立，改革开放第一炮在蛇口打响。蛇口工业区作为我国第一个产业园区，所有的工作都是从头开始，在摸索中不断积累经验，形成了一条独具特色发展道路。蛇口工业区和深圳市是一起成长发展起来的，依托香港的经济优势和影响（图3-15）。

图3-15 1980年蛇口工业区第一版规划、起步中的蛇口工业区
资料来源：《袁庚传》，作家出版社，2008；深圳建设网

1982年开始，蛇口工业区的任务从以基础设施建设为主转向以工业设施建设、经营管理为主。1984年蛇口工业区管委会提出坚持"以工业为主，为南海油田开发服务，积极引进，内外结合，综合发展"的方针，已经建成投产的包括工业区石矿厂、中国国际海运集装箱股份有限公司、远东饼干厂等，其中"三洋电机（蛇口）有限公司"是深圳设立的第一家外商独资公司。经过8年的开发建设，蛇口工业区已开发$3.6 km^2$，初步形成产业结构以工业为主、企业资金以外资为主、产品市场以外销为主的外向型经济，初步形成工业化、城市化。

1990年10月15日，蛇口工业区划入深圳市南山区，招商局和深圳市的合作关系进入新阶段。蛇口工业区的园区管理与深圳市的城市管理接轨，蛇口工业区政企合一的管理体制在园区建设初期发挥了积极的作用，也给全国的园区建设起到了很好的示范和带动作用。但是随着我国改革开放的不断深入以及深圳市的迅猛发展，这种政企合一的管理体制已经无法适应新时代的发展需求，工业区为此付出的代价也越来越大（图3-16）。

为了更有利于深圳市的整体规划、一体化发展及政府的统一领导，也为了蛇口工业区的高质量发展，蛇口工业区的政企分离、保留企业功能、将社会职能归还给地方政府成为必须要完成的任务。2002年5月，广东省人民政府宣布撤销蛇口工业区、华侨城等397个开发区的管理机构，政府收回各项管理权限。2003年1月深圳市规划和国土资源局和招商局蛇口工业区有限公司签署了《关于处理蛇口工业区用地问题的协议》，标志着蛇口工业区的规划国土工作全面纳入深圳市政府集中统一管理。

从此招商局和深圳市政府的职责基本理顺，蛇口工业区的行政职责功能向南山区政府移交，由深圳市及南山区负责各项行政管理权限和医院、学校等市政配套设施，招商局则在蛇口工业区红线范围内对土地拥有权属，依据市场优势负责园区内的开发运营。这种"企业+政府"的管理模式，充分发挥各自在区域协调、整合资源、优势互补等方面的协作，助力蛇口工业区的"二次腾飞"。工业区功能逐渐向城市化功能转变，成为配套设施完善的宜居新城（图3-17）。

2008年世界金融危机产业的升级换代还未完成，老的产业逐渐式微，新的产业还未发展成熟。因此到2009年，蛇口工业区有限公司提出了"新蛇口、新梦想、新生活"的指导思想，正式启动"再造蛇口工程"。

蛇口工业区的定位再次被提升，它不仅是粤港澳创新合作先行区的重要组成部分，还是高端服务业基地，科技、文化产业基地，最终建设成为一

图 3-16　1994 年的深圳高新区北区、1995 年的深圳高新区南区、现存的蛇口老工业建筑
资料来源：《追梦深圳》，中国文史出版社，2020；豫陇秦沪·大庸

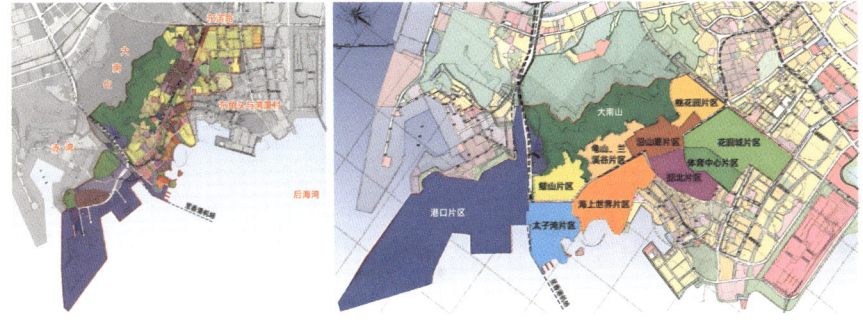

图 3-17　蛇口工业区土地利用图
资料来源：深圳建设网

个生产、生态、生活和谐的现代化城区，实现"产业升级高端化、硬件设施智慧化、城区环境低碳化、生活休闲国际化"的发展目标。蛇口工业区向现

代高端服务业转型升级,确定"两带三心"产业空间布局,重点发展网络信息、科技服务、文化创意产业。通过旧工业厂房改造,在蛇口的沿山路片区形成以"蛇口网谷"为核心的网络信息和科技服务产业带;由蛇口工业港到三洋工业厂房,打造以"蛇口创意岛""南海意库""潮人码头""工业设计岗"为主要项目的滨海文化产业带;以"花园城""海上世界""太子湾"三个综合开发项目为载体发展高端商业和商务中心。

在产业发展方面,要重点引入物流总部、科技服务、网络信息、文化创意、国际教育、高端医疗企业和公共服务配套等。2015 年 4 月 27 日,中国(广东)自由贸易试验区深圳前海蛇口片区诞生,占地约 11.23 km^2;2017 年 7 月,国家提出建设粤港澳大湾区。

蛇口工业区的整体空间结构依照"一轴一心三核"的布局展开。"一轴"是以南海大道为园区发展的主轴;"一心"是以蛇口体育中心、四海公园为中心的区域,打造体育、社区活动中心;"三核"是以沿山、海上世界、太子湾为重点的产业集聚。

南山将以建设全球海洋中心城市核心区为目标,以赤湾片区、太子湾片区、蛇口片区为主要承载区,瞄准海洋科技、海洋文化、港口经济、邮轮经济等产业方向,打造 12 km^2 左右的蛇口国际海洋城。

1)太子湾片区

蛇口国际海洋新城的建设,太子湾片区为主要承载区之一,"三大示范工程"明确提出将蛇口将太子湾片区打造成世界级海港活力区。这里汇集 2、5、12 三条地铁线,立足邮轮母港,联通世界,实现一小时国际生活圈。太子湾,是蛇口自贸区规划起点最高、成熟度最高的区域,无疑也将成为未来蛇口新一轮产业发展、崛起的核心源点。

太子湾以"一湾三坊城中城"概念打造,汲取山、海、城三大元素,构建高端"居住坊""商业坊""邮轮坊",形成"独一无二的都市港湾"、配置全方位城市配套,成就高端元素集萃纷呈的"城中之城"。

太子湾三面环海,可以说是深圳最好的临海位置。170 万 m^2 太子湾所匹配带来的,是一个融合了商务办公、高端居住、特色商业、国际邮轮、五星酒店、文化艺术等多种功能,宜居、宜业、宜商、宜游,自成一城的"世界级滨海城市综合体"。为践行智慧城市的可发展理念,招商蛇口携手数字巨头 IBM,将太子湾打造成了中国首个由企业运营管理的 360° 智慧城市(图 3-18)。

图 3-18 深圳太子湾
资料来源：招商蛇口地产官网

2）海上世界片区

深圳海上世界位于南山蛇口半岛的最南端，南面深圳湾，与香港屯门隔海相望，规划总用地面积为 44.94 万 m^2，北片区以明华轮为核心，并与片区北侧的娱乐广场、居住、办公建筑相衔接，建设商业服务、商务办公、餐饮娱乐、公共活动广场等，完善街区功能，延续地区文脉；望海路以南片区接近大海，以"女娲补天"雕塑为亮点进行环境设计。海上世界片区亦是一个具有山海风情的滨海休闲城市综合区域（图 3-19）。

图 3-19 蛇口海上世界片区
资料来源：招商蛇口地产官网、豫陇秦沪·大庸

3）沿山片区

蛇口沿山片区城市发展单元位于蛇口工业区的产业核心片区，面积约 2.40 km^2，紧邻前海和后海等城市战略发展地区。

在区域建设"高端服务业综合产业园区和国际化魅力城区"的总发展目标下,蛇口沿山片区城市发展单元的发展目标则定为:国际化、创智型产业综合城区;粤港都市圈产业转型升级示范区。根据规划,蛇口沿山片区在功能布局上将呈现"一核两区":"一核"即蛇口网谷产业核心区,以发展研发、创新产业功能用地为主;"两区"即南北两个综合配套服务区,以发展居住和生活性配套服务功能为主(图3-20)。

图3-20 沿山片区、蛇口网谷
资料来源:豫陇秦沪·大庸、南山区规划和自然资源局

该片区的具体发展策略,将综合运用拆除重建、功能改变、综合整治三种更新模式,优先选用功能改变和综合整治两种更新模式。以保持地区整体山海城优美景观、贯通山海城林荫廊道、保持街区内部宜人空间尺度为目标,塑造地区整体优美宜人环境品质。此外,通过提升地区轨道公共交通、优化常规公交系统和道路网络系统、着力打造慢行网络等途径,构建慢行城区。自行车骑行系统和步行系统相互结合形成片区内整个慢行系统。其中,创新产业核心区内宜以步行为主,骑行为辅。

3.2.3 功能意义上的产城融合

3.2.3.1 促进郊区功能的多元融合

从功能意义上理解产城融合,最关键的是新城的产业功能与城市功能形成良好互动,正如国家发展改革委在引导各地创建产城融合示范区时所提出的"以产促城,以城兴产"。相对看来,上海郊区新城在前三个层面实现产城融合都有较好基础,能否在功能层面实现融合是未来的关键。

不仅如此,按照新城综合性节点城市定位,上海五个新城的目标不是一般意义上县域城市功能和普通的产业和人口集聚,而是要承担上海的部分核心功能,发展更优质的先进产业、导入更多高素质的人口,并且形成相互支撑、相互促进的良性关系。参考上述的四层次道路,上海郊区走向新城产城融合,下阶段主要有两个方面工作:一是在空间塑造和治理模式上进一步优化提升;二是在高质量的职住平衡和高能级的功能互促上奋力迈进。

西雅图积极利用港区及周边腹地进行更新改造,不仅造就了一个充满活力的创新区,助力经济复兴,还实现了港区与城市功能的空间融合,为新时代的港城发展赋予更多可能。西雅图是港城融合的"优等生",不仅是美国太平洋地区的贸易中心,也是美国西北部的商业、文化及高科技产业中心。"科技回归都市"的新浪潮为南联合湖区带来了新机遇。面对科创风口,南联合湖区借势而上,大力推进港区空间及产业更新。南联合湖区之所以能够成为世界瞩目的创新区,首要关键在于西雅图充分把握住华盛顿大学和亚马逊两大创新源,采取"锚机构"模式进行更新。在南联合湖区,生命科学产业和信息技术产业共生共促、联合创新。

南联合湖区的更新,让西雅图看到经济繁荣的曙光。《西雅图市综合规划》将南联合湖区列为六个未来城市发展中心之一。旨在让南联合湖区成为一个真正的集生活、工作、购物和娱乐于一体的混合功能社区,全方位满足年轻人才的需求,形成持续吸引力。南联合湖区更新规划中以行人优先为导向设计,通过拓宽人行道、规划自行车道以及停车场入地等举措,为人们营造一个适宜步行的出行环境。同时,通过规划有轨电车线路,打通该区域与市中心的联系。南联合湖区通过在滨湖沿岸设置大量的亲水休息区、从城内延伸到湖畔的环湖自行车道、开放的公共码头、野生动物观赏区等,将人们的活动引向水岸,营造出南联合湖区特有的滨湖生活方式。

港区借力更新重塑城市吸引力,近年来,西雅图的魅力宜居环境吸引着越来越多的人才来此发展。让港区更新始终服务于城市发展战略,从而真正实现港城融合,全面提升西雅图的产业竞争力和城市吸引力(图 3-21)。

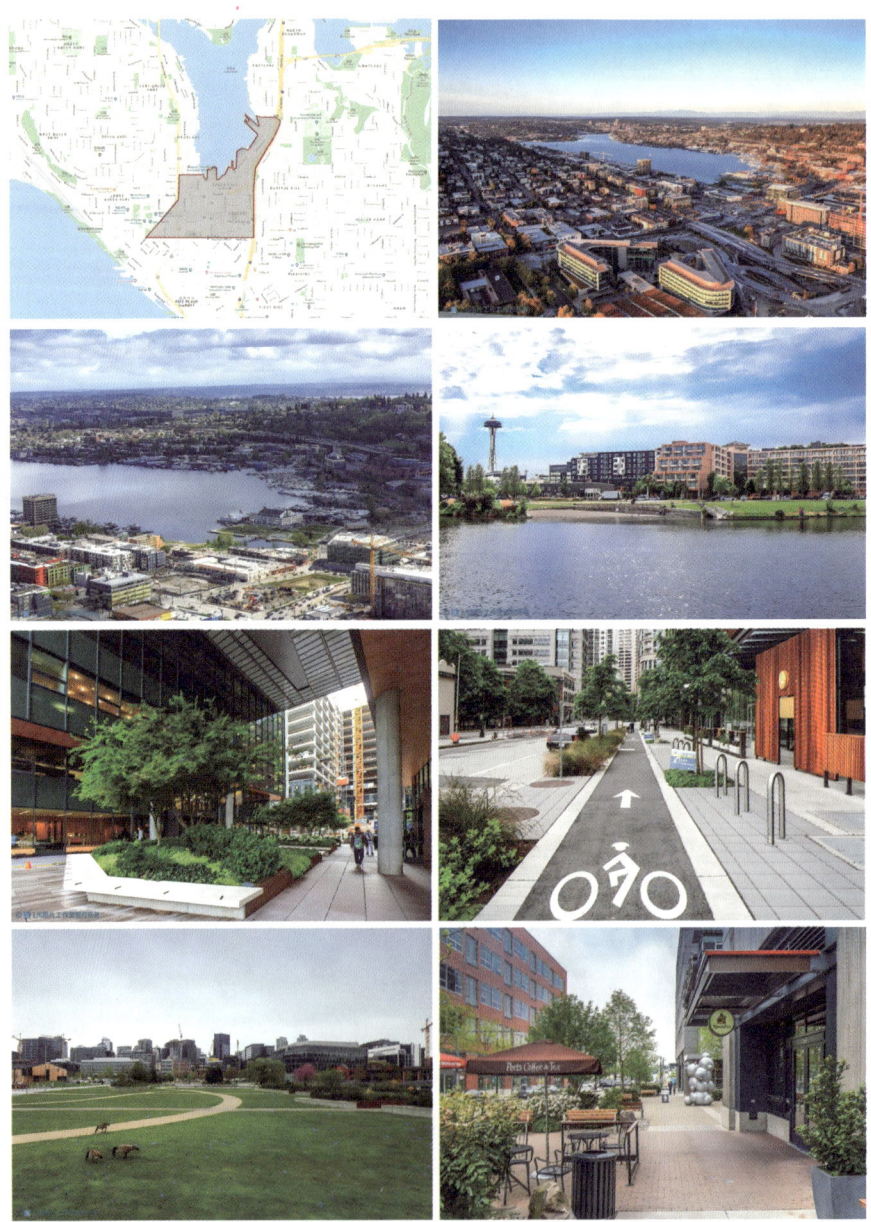

图 3-21 西雅图南联合湖区科技园区
资料来源:华高莱斯

3.2.3.2 改革开放最前沿——浦东新区空间形态发展

浦东新区是上海中心城区跨越黄浦江向东拓展的重要区域,是构筑上海市域空间格局的重要极核。在30多年的开发建设中,始终坚持轴带引领、多心组团的空间布局思想,本轮总规延续历次规划思路,积极融入全市发展格局,规划形成"一主、一新、一轴、三廊、四圈"的总体空间结构。一主:即主城区,是上海建设全球城市的核心功能区,以中心城为主体,强化川沙主城片区的支撑。一新:即南汇新城,是上海建设全球城市的战略新空间,中国(上海)自由贸易试验区临港新片区的主城区,沿海战略协同走廊上的综合性节点城市。一轴:即东西城镇发展轴,是全市延安路-世纪大道发展轴的组成部分,联动陆家嘴金融城、张江科学城、国际旅游度假区、浦东枢纽、南汇新城,集中展现上海城市风貌和全球城市核心功能。三廊:即滨江文化商务走廊、南北科技创新走廊和沿海战略协同走廊。四圈:即南汇新城、祝桥—惠南两个综合发展型城镇圈,浦江—周浦—康桥—航头、唐镇—曹路—合庆两个整合提升型城镇圈(图3-22)。

2020年公布的《上海市浦东新区国土空间总体规划(2017—2035)》,从近期(2020年)、远期(2035年)和远景(2050年)三个时间节点设置分阶段目标。2050年,全面建成开放、创新、高品质的卓越浦东。建成具有

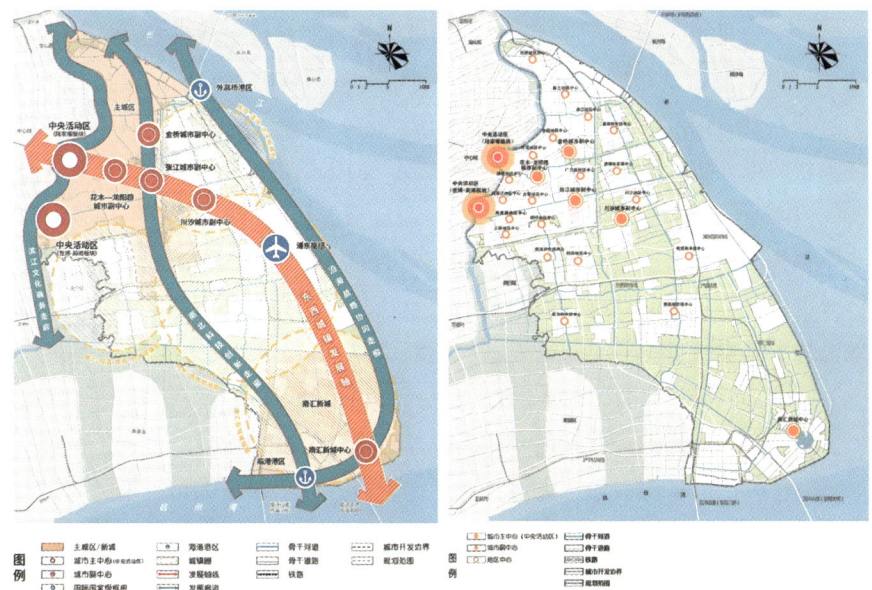

图3-22 《上海市浦东新区国土空间总体规划(2017—2035)》空间结构图、公共空间体系图
资料来源:上海市规划和自然资源局

世界影响力的社会主义现代化国际大都市城区。

产城发展的问题是浦东经济和社会发展的重要主线，贯穿在30余年的辉煌发展历程中。城市是一个有机生命体，是动态复杂的巨型系统，经历了产业发展单兵突进、城市功能严重割裂的粗放式发展，以及政策追补与市场动能催生的无序式探索等阶段性困局之后，城市核心功能与社会治理能力的共向提升，日益成为浦东实现经济社会高质量发展、打造现代城市治理示范样板的核心变量。

1）从郊区到自贸区的飞跃

现代城市的发展是一个渐进持续的过程，在不同阶段会遵循不同的发展逻辑，显现出不同的治理形态。根据发展动力、空间关系与功能交互等维度，可以将浦东产城关系的演进历史大致划分为三个发展阶段，即成本主导——"产城割裂"阶段、产业升级——"产城混合"阶段和创新驱动——"产城融合"阶段。

作为首个国家级新区，浦东新区在建设初期也体现出了较为明显的"成本主导"特征，着力发挥成本优势和政策补贴优势，实现产业的快速集聚和规模扩大，"产业引进""招商融资""土地开发""人才引进"等成为这一时期制定政策规划与发展方案的关键词。

获批当年，浦东就隆重发布了开发开放"十条优惠政策"，在全国率先兴试"土地批租、滚动开发"的创新模式，实现了新区"以地集股、以地融资、以地招商、以地抵押的全方位土地批租"。聚焦跨江交通的"东西联动工程"启动，南浦大桥、杨浦大桥、奉浦大桥、徐浦大桥相继开通，连接跨江大桥的内环线浦东段以及相连的罗山路、龙阳路两座大型立交桥投入使用；2000年，第一条跨江地铁（2号线）开通运营。借助"东西联动工程"，浦东不仅为浦西人口疏散和传统工业东迁提供了战略空间，也实现了浦江两岸以及区内各片区之间在物理空间上的有效联通，优化了上海的产业布局，有效推进了浦东城乡一体化的进程。

2）"产城割裂"到"产城融合"

开发初期快速的产业聚集导致尚未开启城镇化进程的浦东陷入了有产无城、有产无人的窘境。为了迅速转变这一局面，浦东通过优惠政策引导、行政审批权下放等多元化手段，做到开放门户、广纳贤能、唯才是用。在政府的积极主导下，以政策因素作为产业集聚和区域发展的初始动力，借助空间优势和政策红利，大量引入技术、资金和人才，形成产业集群和规模效应，构建起外部成本优势，逐步形成高"外向度"的区域功能体系。空间的联通与人口的涌入使浦东初步具备了"城"的形式，但包括基础设施、公共交通、基本生活需求和医疗卫生、教育文化、住房养老等基本公共服务在内的"内向度"城区功能，由于缺乏足够的政策关注和市场动力，出现严重的发展滞后和功能缺位，呈现非常典型的"产城割裂"特征。

进入 21 世纪，随着中国加入 WTO，浦东产业结构实现持续快速升级，大批高新技术类、高端制造类以及新能源类研究机构和产业项目落户新区，郊区经济和城镇化实现快速发展，近郊的人口导入与承接功能、远郊的生产制造中心及生态保护功能逐生形成，初步奠定了浦东多中心的现代化城市发展模式，以布局合理、分工协作，结构完善的产业空间，弥补产城发展的功能错位。

高速的产业聚集与发展催生了大量的就业机会，也带来了巨大的宜居需求和供给缺口，激发了持续的市场动能。这一时期，房屋地产、餐饮购物、休闲娱乐、民营教育与医疗照护等行业的大量民间资本涌入浦东。发展初期形成的"产城割裂"矛盾进一步放大，倒逼政府在社会治理与公共服务等领域推进规划调整与适应性改革，补齐城市功能的短板，推进产城功能的匹配发展。

2005 年，国务院批准浦东在全国率先进行综合配套改革试点，推进城乡一体化发展等方面先行先试。2009 年，为助力上海建设国际金融中心和国际航运中心的战略目标，南汇区并入浦东新区，新区发展因此获得了更加广阔的资源整合空间和产业聚合空间。同时以世博会筹备为契机，浦东积极抓好生产力布局和城市功能布局，着眼于打造功能复合的城市综合体，进一步加快城乡基础设施建设和环境综合整治，不断提升城市的核心功能，补齐城市宜居短板，公共服务能力显著提高。经过十余年高强度的基础设施建设、基本公共服务完善以及持续积极的政策引导下，浦东迅速转变了发展初期的产城割裂状态，构建起辐射周边、联通全球的物流和网络通道，实现从产业新区到综合配套改革试验区的华丽转身。

上海在"十二五"规划中明确提出，上海已进入转型发展的新阶段，中心城区及拓展区要增强城市综合服务功能，郊区推进城镇化和工业化，重点推进建设特色鲜明、功能完善、产城融合的新城。新区政府也明确将"坚持统筹协调，积极推进城乡一体、产城融合"作为加快转变经济发展方式的指导思想之一，并围绕产业转型发展和综合城市功能提升提出了产业转型提升战略、和谐发展战略、生态优先战略、区域协调战略、空间优化战略和文化发展策略六大发展战略。首个自贸试验区以及后续临港新片区的获批，标志着浦东率先从"要素型开放"，向"制度型开放"跃升；而"全球科技创新中心核心承载区"的定位，更意味着浦东发展动能的深刻转变。

从产城关系演进的历史视角来分析，这一阶段浦东更多的是依赖政策的战略性规划和有序引导，将经济、社会、文化、生态等城市各个子系统进行统筹平衡，实现城市治理与产业发展在空间和功能上的深度融合，进而探索实现高质量发展、打造现代化治理样板城市的有效路径。

围绕交通网络、社会治安、生态环境和城市更新等区域发展环境的"硬指标"，浦东推进了一系列改革探索，为"人"打造更具吸引力的宜居宜业型城区，为"产"开辟更具优势性的发展空间。生态与城市环境进一步优化，不断提高林地覆盖率，持续推动新建公园及公园围墙拆除工作，加快建设和启用更多绿地林地、休闲步道、景观小品等与人民生活密切相关的实事工程，全面提升环境品质，打造缤纷社区，让浦东人民能够"开窗见绿色、漫步进公园、四季闻花香"，切实享受浦东的生态宜居之美。随着区域宜居环境的全面优化，浦东在生产、生活、生态等层面的发展魅力与空间吸引力进一步提升，为产城共荣与融合发展提供了更为系统集成的外围保障。

3.2.4　多元整合的产城融合

3.2.4.1　产城融合的切入点

产城融合是一项需要长时间努力的系统工程，涉及空间规划、基础设施、公共服务、管理体制等方面。但最根本的是，要有足够的办法形成对中心城区的"反磁力"，新城要提升产城融合水平并实现层级跃升，需要突破人—产—城错位错配的核心问题，从就业、住房、服务、管理等关键点切入，打破当前的格局。

第一，围绕人和产业的需要布局现代服务业。一方面，产业新城一般明确了在产业发展中的定位，从产业发展本身需求角度出发，需要与之相匹配的研发、金融、商务、设计等生产性服务业，也能够为居民创造更多优质的就业机会。另一方面，发展高品质的休闲、文化、健康、社区等生活性服务业，也是满足园区居民高品质生活需求的内在需要。

第二，强力导入优质公共服务资源。优质的教育、医疗和文化等公共服务资源是对冲中心城"磁力"的重要手段。上海已经提出"确保每个新城至少拥有1所高职以上高等教育机构（校区）、1家三级综合性医院、1个市级体育设施、1处大型文化场馆"。在所有公共服务中最关键的还是中小学教育，应当着重加强市级重点学校的导入。

第三，优先发展高品质租赁住房并辅以政策突破。"房住不炒"原则下，确保产业新城房价保持总体稳定，既是国家战略导向，也是新城发展的现实需要。高品质、低价格的租赁住房既有利于吸引人口集聚，也有利于降低企业综合成本。上海已经明确新城要"完善多主体供给、多渠道保障、租购并举的住房制度"，探索支持利用集体建设用地规划建设租赁住房、在轨道交通站点周边优先规划建设公共租赁住房等举措。除了价格和区位吸引外，还需要在教育等公共服务租购同权上进行实质性的突破，才能有效提升租赁住房的吸引力。

第四，塑造满足产城融合需要的复合功能空间。在《上海市新城规划建设导则》中，提出的一系列政策是非常有利于产城融合的空间营造要求。包括产业社区内住宅、服务设施15分钟慢行可达；居住片区向复合街区转变，打造介于家和办公室之外的"第三空间"；新城小尺度密路网，适合慢行的"无车街区"等。

第五，探索适应新城发展特点的行政管理体制。在我国现行的行政区划体系下，新城并没有可对应的专门建制，上海五个新城原有的管理体制也各不相同，大部分并没有独立的管理机构，并且还涉及基层街镇、园区管委会和开发建设公司等多元主体。未来新城的行政管理需要考虑的是，既需要充分依托和放大体制优势，提高资源配置和管理服务效率；又要尽可能避免叠床架屋，不要使新城成为悬浮于区和街镇之间、超然于郊区其他区域之外的特殊存在。

第六，着力消除与中心城区间的文化落差感。除了前述的举措外，促进新城产城融合还要努力消除新城居民的"文化落差感"，以及就业的"不安全感"。除了新城要建设成为"最现代""最生态""最便利""最具活力""最具特色"的独立综合性节点城市外，新城还应是最具人文气息的地方，让新城更令人向往。

3.2.4.2 创业之都——"硅溪"特拉维夫

1977年，以色列实施了市场化改革，鼓励自由贸易及企业私有化，基于军事创新的开创性商业成果得以更直接面向市场。特拉维夫全称特拉维夫—雅法，是以色列第二大城市。特拉维夫整体的氛围非常开放、自由，城中拥有大量的包豪斯风格建筑，罗斯柴尔德大道上尤为常见。美国有硅谷，以色列有"硅溪（Silicon Wadi）"，特拉维夫正是硅溪的中心地带。与军用技术密切相关的电子信息领域也成为硅溪的萌芽产业方向之一。吸引了英特尔、微软、谷歌、华为等世界高科技巨头入驻。

对于人才不遗余力地吸引，也是以色列的国家战略。要确保"创业之都"的永续发展，仅靠创业扶持远远不够，特拉维夫需要为"创业冒险家们"建设一个可以真正安居并享受生活的家园。特拉维夫是对标国际、面向未来，成为具有吸引全球移民和投资魅力的全球城市。特拉维夫鲜以现代、时尚打造城市风貌、营造出包容、自由、开放的氛围、打造了充满烟火气的中东不夜城。在被宗教和保守笼罩的中东地区，特拉维夫的多元与包容突显它的活力，特立独行，这是中东最多彩的地方。

特拉维夫城市总体规划推崇不对称的布局、有规律的反复、多功能、简洁而不经装饰的现代建筑，这些建筑多涂有浅色的灰泥，也被称为"白城"。随着特拉维夫城市的扩张，特拉维夫依然延续了原有规划肌理。特拉维夫新城区的建设尤其注重强调"创新之都"的国际化大都市形象，以现代高层建筑为主，并且在建筑形态、立面上强调设计感，变化的建筑形态凸显出城市的现代与律动。科技创新之城，往往也是文化艺术之城——展览馆、博物馆、音乐厅等文化设施也是科技创新人才的心头所爱。为增强城市的文化吸引力、加速国际化艺术文化交流，特拉维夫建设了多个大型文化设施，其中以"特拉维夫艺术博物馆（Tel aviv museum of art）"最具代表性。古城的"年轻化"包装通过设置艺术雕塑、引入艺术画廊、艺术跳蚤市场、街头艺术表演等，其中最具特色的是"星座许愿桥"和"星座街"（图3-23）。

3.2.4.3　打造区域节点——苏州高铁新城

苏州高铁新城就是高铁TOD模式的典型代表，它是区域协调发展、城市组团式发展的关键节点，相比较传统的城市TOD，其辐射半径大为拓展。在这个"节点"建设苏州高铁TOD，具备了"内外双循环"的潜力：外循环——城际铁路约23 min直抵虹桥，约4 h联动北京，吸引产业进驻；内循环——无缝对接城市内地铁、高架、快速路等微循环系统，加强了苏州城市内的自由连通。内外双循环，带动苏州高铁新城成为"人流、物流、资金流"的汇聚地。苏州高铁新城的建设紧紧围绕"如何促进产业落地"展开，可谓是一个打破"圈地造城"发展逻辑的新榜样。

截至2024年，规划面积约28.9 km^{2}的苏州高铁新城，其南部建成区已耸立起近20栋高层产业楼宇，吸引注册企业接近1000家，其中研发型企业300多家，多集中在人工智能、大数据、区块链等领域，与中国科学院、985高校等联建的大院大所超20家，各类孵化、加速器近20家（图3-24）。

第 3 章 产业新区空间形态 | 119

图 3-23 特拉维夫白城、高科技园区、特拉维夫艺术博物馆
资料来源：华高莱斯

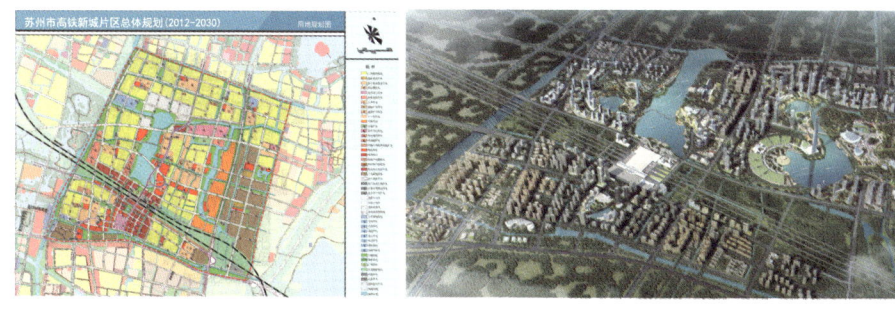

图 3-24 苏州高铁新城片区规划
资料来源：苏州高铁新城管委会

作为G60科创走廊智能驾驶产业联盟的主阵地,苏州高铁新城抢抓发展机遇,超前谋篇布局,主动融入长三角一体化发展,积极为G60科创走廊建设贡献力量。

1)明确新城产业方向

在苏州"研发就是产业,技术就是商品"的新理念的引领之下,高铁新城聚焦"研发",导入高精尖产业中的成长型企业以及行业知名龙头企业。围绕打造千亿级产业高地的目标,苏州高铁新城聚力发展"科技研发、数字金融、文化创意"三大产业,全力打造全国领先的智能网联汽车、数字金融、大数据(区块链)、工业互联网、先进材料、大数据、文化创意等的"未来产业创新高地"(图3-25)。

图3-25 苏州高铁新城——枢纽中心成为科创中心
资料来源:今日相城、澎湃新闻、应志刚

2)追求职住平衡的空间布局

(1)提升城市空间形象吸引人才。苏州高铁新城始终秉持产城融合的理念,产业发展一定程度上定义了城市空间。以研发为主导的产业,塑造出了苏州高铁新城写字楼为主的空间形态。城市空间又是服务于产业的。为产定制、为产业人定制的城市空间，不仅能锚固住本地的尖端产业，甚至能够驱动招商、招引企业。

高铁新城从高端人才的需求出发，以优质的城市环境建设锚固人才，让创新人才既能在这里获得前沿的工作机会，又能享受品质的生活环境，真正让人才在这里"事业有梦想，生活有保障"。整个高铁新城湖水相连、多层次的公共空间遍布各处。

作为苏州高铁新城主导产业拓展空间的长三角国际研发社区，已经完成了启动区的建设。启动区包括会议中心、人才公寓、会展中心及三个研发组团。为满足研发需求，研发组团中大型实验室、公用实验室、科研用房一应俱全。在公共空间的部分，堆山叠石，理水造园，以微缩园林景观为主题而打造中央景观，让启动区给人以可观、可游之感（图3-26）。

图 3-26 长三角先进材料研究院、大数据开发者创新中心
资料来源：今日相城、澎湃新闻、应志刚

苏州高铁新城出台了一系列的安居政策，让不同层次的产业人才在此安居。针对外籍、博士等高端人才，配套高品质的菁英汇人才公寓。目前菁英汇400套高端人才公寓已经全部住满。对于在高铁新城租房的人才，根据学历给予不同层次的租房补贴。未来还将进一步建设公租房，满足企业员工在

高铁新城的购房需求。

高铁新城汇聚了苏州几大名校,已投用的有苏州大学实验学校,南京师范大学相城实验小学,南京师范大学苏州实验学校及多所幼儿园。

伴随着产城融合、人才聚集,如今苏州高铁新城也迎来了各项基础设施、大型配套集中落地期:建筑高度约 234 m 的超高层酒店、约 24 万 m² 的超大型商业综合体、约 2.7 万 m² 的高铁新城第二幼儿园、约 3.3 万 m² 的中国计算机学会业务总部及学术交流中心、约 30 万 m² 的苏州阳澄湖景区配套酒店等(图 3-27)。

图 3-27　高铁新城圆融广场、吾悦广场
资料来源:今日相城、澎湃新闻、应志刚

(2)优化市政配套服务产业。对于智能网联汽车产业的企业而言,最为核心的诉求就是测试道路。开放测试道路已经成为智能网联汽车产业的关键基础设施。全国建设了开放测试道路的城市并不多,目前走在前列的是北京、广州等,苏州相城也是其中之一。为满足智能网联汽车的产业发展诉求,苏州高铁新城主动投资大量资金,进行道路改造。高铁新城的测试道路,是国内少有的长达 64.3 km 的"全城市"开放测试道路,场景覆盖车站、商场、小区、楼宇周边等较复杂路况。全程包含长直道、弯曲路、隧道、交通枢纽道路等,涉及十字路口和丁字路口 50 余个。

高铁苏州北站前,智能安检机器人全天候"巡逻";星级酒店里,送餐机器人的"微笑"服务备受好评;居民小区内,无人快递车送货上门方便又快捷……在苏州市相城区,智慧化的应用场景随处可见,将科技经济深度融合的氛围感"拉满"。如今在相城,越来越多的研发成果从"实验室"走向"生产线",一张极具吸引力、竞争力、辐射力的科创生态网沿着高铁"骨架"加速形成(图3-28)。

图3-28　高铁新城无人驾驶
资料来源:今日相城

参考文献

[1] 徐晓军,孙权.从"边缘城市"到"城市边缘":中国特色郊区化发展战略转型[J/OL].求索,2023(1):158-166.DOI:10.16059/j.cnki.cn43-1008/c.2023.01.021.
[2] 钟坚.改革开放梦工厂——招商局蛇口工业区开发建设40年纪实(1978-2018)[M].北京:科学出版社,2018.
[3] 王绍博,罗小龙,陆建城,等.上海市后郊区化空间发育过程及其驱动机制研究[J/OL].地理科学:1-11[2023-02-27].
[4] 汤庆园,王宝平.1980—2010上海土地开发利用时空演变研究[J].城乡规划,2020(2):95-101.
[5] 胡小武,方佳瑞.中国的郊区性:大城市郊区化发展动力、模式及问题[J].城市观察,2023(5):89-99.
[6] 李迎成,陈兰馨,杨钰华,等.城市创新区第三空间的发展特征与营造策略——以波士顿肯德尔广场为例[J].国际城市规划,2023(5):89-100.

第4章 产业更新园区空间形态

4.1 产业化过程中的产业更新换代
4.2 城市中心区的产业园区更新模式
4.3 制造业回归推动城市更新
4.4 文化创意产业引领城市更新升级换代
4.5 高科技产业引领城市更新面向未来
4.6 现代服务业提升城市更新品质

4.1 产业化过程中的产业更新换代

4.1.1 产业化带动城市发展

从历史上城市的形成来看,"市"对"城"的形成与发展都是至关重要,绝大多数城市都是基于产品交换的集市而产生和发展的。任何城市的发展都遵循着自身发展规律形成了城市生命周期,包括城市形成、成长、成熟、更新或衰退几个阶段。时代在变,城市也需要改变,只有通过城市更新注入新的要素,对原有产业进行变革,衍生新的功能和业态,才能推动城市转型,迈向新的更高阶发展平台。

物理空间改造只是城市更新的外在表象,本质是通过产业重塑和功能再造,创造更多、更高的价值。在经济社会中,产业升级就是城市更新的源头,产业实现的迭代升级,是实现提升人居环境、生活质量和城市竞争力的城市更新目标。

区域产业选择需要结合当地资源禀赋,依托现有产业基础,通过对产业政策分析和行业发展趋势把脉,构建能够引领未来发展方向的产业体系。城市更新项目的产业选择更加严谨,所处的核心区位和更新一次的代价巨大,要求城市更新项目产业选择要有产城融合度高、轻量化和产值高特点(表4-1)。

城市产业区域的城市更新,不仅要寻求更加高效的空间利用模式,还需考量产业空间与人的互动关系,促成产业、社区、环境的和谐共生、互利共建。真正实现产城融合,既是空间层面的无界互通,更是思想认知层面的接纳与包容。

4.1.2 科技革命带来的产业升级

科技创新产业是指依托科学、技术和新工艺,采用新的生产方式和管理方式,开发出新的产品或提供新的服务模式的创新型行业,包括新一代信息技术、高端装备、新材料、新能源、节能环保和生物医药等高新技术产业和互联网、大数据、云计算、人工智能和制造业深度融合的科技创新行业。

科创产业高科技含量能够带动城市更新项目对原有产业体系进行升级,推动制造业的高端化发展,带来更多的经济效益。科创产业高端人才需求也推动城市更新提供更好的生产和生活空间,二者实现良性互动。

表 4-1　中国城市更新历程

	第一阶段 （1949—1977年）	第二阶段 （1978—2000年）	第三阶段 （2001—2011年）	第四阶段 （2012年至今）
城镇化 背景	城镇化水平较低，并呈现出波动和反复的特征，城市规模有限增长	城镇化水平稳步提升，政策严控大城市规模，乡镇发展迅速	城镇化水平快速提高，人口过度向大中城市集中，城市空间无序扩张	城镇化水平稳步提高，高质量发展成为关键，城市空间以存量甚至减量发展为主
工业化 背景	工业化初期，过分强调重工业的发展，忽视了轻工业和第三产业的发展	工业化中期，轻工业和服务业被激活，乡镇企业兴起	工业化后期，重化工业、电子信息等新型工业和生产型服务业快速增长，经济增长的投资驱动特征较为明显	工业化中后期向后工业化时期转变，以创新推进新型工业化
城市更新 工作重点	棚户区改造和危房维修	偿还城市住房和基础设施欠账	更新对象和目标多元化，房地产开发主导特征明显	全面提升城市功能，推动城市内涵式发展
产业发展 地位	未重点考虑产业发展与产业规划	初步将产业发展纳入考虑范围	产业升级成为城市更新重要内容	产业升级成为城市更新的核心议题之一
动力机制	计划经济体制，城市更新完全由政府推动	开始探索市场机制，城市更新仍以政府投入为主	逐步完善的社会主义市场经济体制，私人资本大量进入城市更新领域	更为完善的社会主义市场经济体制，政府和多元社会力量共同参与

4.1.2.1　新的科技革命加速产业升级

以数字化、网络化、智能化为主线的科技革命和产业变革对产业转型升级产生了重大的影响。它正在重塑各个区域的经济竞争力的消长和区域的竞争格局，它具体影响的是传统生产要素和新型生产要素的相对地位。传统生产要素如劳动力，土地的相对地位是下降的，人力资本科技创新的能力正成为影响区域产业竞争力的最重要的因素。

创新资源和人力资本对产业布局影响增大。最近几年，高端产业或是技术密集度比较高的产业，更加偏向研发资源和人力资本丰富的地区，成为带动一些城市产业转型升级的重要力量。从全国来看，高端制造业空间集中度持续提高。

随着各地竞相引入亩产更高的产业，科技产业的三大要素（工作方式、工作对象、科技人群）发生了变化。

科技本身的工作方式变了。现在科技创新的知识复杂度和综合性，呈指数级地增长，现在讲求跨学科交流、跨界合作，跟多元的科技人才进行思维碰撞；这种多元的人才储备环境，再加上科技创新需要的庞大的信息流、资金流，就不再是单一的园区能够提供的，在大都市尤其是市中心会更加具备这样的环境。

科技的工作对象变了。现在的科技创新逐渐从工厂转向城市，从生产转向了生活，以前大家都在工厂里面研究机器怎么运转，螺丝钉螺母怎么制造，现在以解决城市问题，城市生活为目的的科技创新越来越多，像咱们平时用的社交软件、购物软件、出行软件，还有很多企业用的数据服务等，这些都是城市里各种生活问题的巨型发生器、制造器，特别大城市更是科技企业发现、测试与解决各种问题最合适的场地。

科技人群变了。主要是变年轻了，中国科技人力资源发展研究报告显示，近十年来，我国科技人力资源年龄结构持续保持年轻化。他们一边做着科技创新，一边也渴望着丰富多彩的都市生活，所以目前世界各大城市，也都在通过将老城区激活为适合科技人群工作、交流的地方，来吸引科技人才，从而激发创新产业的增长。

在这三种变化下，能够看到越来越多的世界级大都市的市中心，通过更新改造吸引科技人才与企业，然后形成一个个典型的科创聚集区。

4.1.2.2　数字化转型正在向纵深领域推进

人工智能正在构建一个人、网、物的互联体系和泛在的智能信息网络，并且在推动人工智能向自主学习、人机协同增强智能和基于网络的群体智能方向发展，对未来产业转型升级带来巨大影响。

制造业离不开低成本劳动力的格局发生变化，特别是工业互联网正在兴起一个新的浪潮。这个浪潮对地方竞争格局和产业升级也会带来系统性影响。工信部正在推进 5G+ 工业互联网模式，并且正在建设全国性的工业互联网数据中心，在未来这一轮工业互联网浪潮中，如何推进制造业平台化设计、智能化制造、网络化系统、个性化定制等，会孕育很多新模式。可以看到，数字化转型实际上是影响到产业空间布局的。

4.1.2.3　"双碳"目标的带动产业结构调整

要实现"双碳"目标，会对产业结构带来深刻影响。根据英国石油公司 BP 2022 年的数据显示，二氧化碳排放量是 105 亿吨，占全球排放总量的 30% 左右，过去 10 年碳排放进入平台期，但总量仍有上升。从总体态势来看，非化石能源成为增量能源的主力军，可再生能源装机接近一半，已可以平价上网，具备比火电更加便宜的价格竞争力。从技术条件来看，传统化石能源技术已进入成熟阶段，而可再生能源还处在技术发展前期，所以技术发展空间以及提高能源效率和降低成本的空间还非常大。

未来发展可再生能源是大势所趋，必须摆脱对传统能源的依赖，"双碳"目标的实现会增大传统产业沉没成本。随着碳市场发展，现在电力纳入碳市场，未来钢铁有色如果纳入碳市场，企业成本就会提高，金融机构对高碳行业投放资金的意愿也会下降，会带来一些企业沉没，这也是面临的一个挑战。

4.1.3 产业更新推动城市更新

4.1.3.1 产业更新是城市更新的核心动力

"城市更新"是对建成区物质空间和承载功能进行持续性改善的建设活动，是城市发展的规律过程和历史常态。我国城市更新的主要目标与我国城镇化发展阶段、城镇产业空间供给模式、土地市场制度改革、国家大政方针的变化密切相关。

城市更新是以产业升级为核心驱动的，不是一蹴而就的，也无法一劳永逸，而是一个不断迭代升级的、不断探索纠错的持续性过程。

城市为人而建，所以城市更新关键是要满足人的需求，产业升级则是城市更新的核心驱动力，彼此是相互促进的关系。早期的城市建设是以生产为导向的，比如围绕着油田、化工等基础产业进行布局，随着我们的国家经济增长由主要依靠第二产业带动，到以第三产业为发展新引擎，人的需求和配套服务日益增多，就面临产业的更替和升级，那么城市更新就应运而生。城市更新是一个需要不断迭代升级的、不断探索调整的持续性的过程。城市更新会一直伴随着城市发展和产业升级而存在，应该做更为长远的规划和思考。

城市更新的过程中，也可以为一些新兴产业的发展提供空间，从而优化城市产业空间布局，也能够进一步实现人才聚集。

城市更新是通过改变用地类型、更新建筑利用方式、改善基础设施、重新导入产业要素等手段，实现城市更新区内空间功能完善、产业转型升级、人居环境优化、城市文脉传承及居民自治能力增强等多元化目标的过程。当下各大城市应着力支持和培育有产业投资价值的创新机制，塑造有活力有魅力的产业闭环，通过传播、赋能再造和资本加油，构建由内而外的产业发展动力，真正带来经济和文化的共同促进，落实区域经济的高质量发展战略。

城市更新产业主要有三类，首先是一些依托人才、信息、资金的都市型高端工业上游产业，比如产品设计、产品研发、技术开发等；其次与现代工业相配套的、适合在城市里发展的生产者服务业，比如金融、租赁、营销、维修、广告等；还有一类就是衍生出的与城市居民密切相关的消费者服务业，主要包括教育、商业、展览、餐饮、旅游等。

城市更新中需尊重现有巷道肌理与风貌，实现传统与新兴业态融合共生。通过"点式"街巷的改造，促进城市的有机微更新，产生网络化触发效应，促使社会资源共同参与的主动改造。

上海城市最佳实践区曾经集聚了江南制造局、南市发电厂等数家中华民族产业的样板工厂，2010年作为上海世博会的"亮点"创新项目之一，为世界城市提供一个交流城市建设管理和发展经验的平台。世博会后得到了完整保留，作为世博前工业遗产及世博会遗产的"双遗产"地区，如今已成为集企业总部办公、市民休憩漫步的特色文化创意园区，北区打造城市花园总部及创新文创交流区，而南区则成为城市创意休闲体验区。

低碳生态的园区环境，吸引了一批著名城市规划、金融服务、数字科创、健康医疗等高新产业的知名企业落户，包括上海票据交易所、华建集团华东建筑设计研究院、上海市城市规划设计研究院、瑞华保险等。作为特色产业园区的优秀范式，城市最佳实践区在注重生态智慧园区建设的同时，还打造了融合文化艺术、商业零售、休闲体验等多功能复合业态，通过特色文化场馆的引入、大型展览展会高端论坛等独具特色的文化创意活动，不断为园区注入时尚创意元素，开放式文化街区赢得了社会广泛关注和广大市民的喜爱。在实践区内，有南市发电厂改建的上海当代艺术博物馆、teamLab无界美术馆、案例联合馆改建而来的世博创意秀场等文化场馆，定期举办文化展览、各类颁奖典礼、品牌发布会、文化名人交流论坛、赛事庆典等。多元产业和复合功能融合的特色园区，也成为了市民漫步、休憩的"第三场所"，实践区自2021年起连续获评上海市文化创意产业示范园区（图4-1）。

4.1.3.2　从关外工业区到深圳高新区坪山园区——深圳坪山高科技园区

坪山区由坪山、坑梓两个街道发展而来，历经大工业区、新区、行政区，是深圳实施城市功能区体制改革的产物，也是产业更新的时代案例。

位于深圳东部的坪山镇在20世纪80年代初，充分利用毗邻香港、紧靠

第 4 章　产业更新园区空间形态 | 131

图 4-1　上海世博城市最佳实践区
资料来源：城市最佳实践区官网、豫陇秦沪·大庸

深圳特区的地理位置优势，把"三来一补"作为促进当时工业发展的突破口，为了给引进的企业创造良好的投资环境，筑巢引凤，接连兴建一批现代工业区，极大地促进了地方经济的发展。1994 年，坪山镇政府确立了"以国际市场为向导，以外向型经济为目标，将劳动密集型加工业转变为知识、技术、资金密集型高科技工业"的战略方针，积极引进外资、技术、设备，开展国内横向经济联合，整片开发新现代化工业区，建造厂房及配套住房 160 万 m^2，新建"三来一补""三资"企业和镇办企业 388 家，使坪山形成电子、纺织、机械、化工、服装、塑胶、食品、建材、玩具等不同门类的外向型工业体系。但随着深圳行政区划的变化，工业化水平的提高，以及低水平工业所带来的环境等问题，曾经改变平山农村风貌的"三来一补"工业也逐渐地退出了历史舞台。

深圳坪山区从 2017 年 1 月 7 日正式挂牌成立行政区以来，坪山的转型升级之路可谓是深圳过去几年创新发展的缩影。2019 年，坪山高新区正式成为深圳国家高新区两大核心园区之一，这是深圳高新区五大园区中规划面积最大、创新潜力最大、产业特色最鲜明的园区。深圳坪山高新区地处深圳东部发展的重点区域，总面积约 51.6 km^2，具有良好的交通区位优势与工业基础，该区域俨然成为从深圳边缘地区转变为外溢发展的前沿阵地，发挥着深圳连接惠州及粤东地区的重要支点作用。

深圳市委、市政府在《深圳市建设中国特色社会主义先行示范区的行动方案（2019—2025 年）》中明确提出，坪山要建设产城融合的深圳东部中心。

伴随着深圳东进战略、粤港澳大湾区建设、深圳先行示范区建设等重要战略步伐，坪山高新区在商业办公建设、交通升级、文化休闲设施配套等方面都有了突飞猛进的变化。新的城市空间形态、产业形态、生活方式都在向高质量方面发展。坪山高科技园的更新历程有自己的特点，一是从传统工业区向高科技园区发展，二是从后发城区向高品质城区蝶变，三是从文化洼地向坪山品牌文化转变，四是从民生荒地向宜居高地跃升，五是从粗放管理向精细治理探索。

土地空间是打造创新坪山的先决条件。成立国家级高新区之后各类资源要素加速集聚，大量的产业、民生项目亟待落地，对空间保障提出了新的要求。坪山区聚焦"20+8"产业集群全力挖掘空间潜力，精心选定"8+6"片区，努力为高质量发展提供坚实的空间保障。首先要将规划图纸上的纸面空间落到实处，坪山区把重点项目征拆和较大面积产业空间土地整备作为工作重点，2019 年以后累计整备土地 4.94 km²，释放产业用地 1.54 km²。同时，积极探索"工业上楼"产业空间开发利用模式，围绕五年提供"工业上楼"厂房空间 1 200 万 m² 以上总目标，加快打造符合先进制造需求的品质化现代园区，并在"工业上楼"试点的单个综合开发项目中，通过分割销售和出租相结合的方式，提供定制化、低成本、高品质产业空间，满足制造业企业多元化需求（图 4-2）。

图 4-2 深圳高新区坪山园区
资料来源：《中国经济时报》、深圳新闻网

坪山高新区规划总面积 51.6 km², 拥有"国家新能源（汽车）产业基地""国家生物产业基地""国家综合保税区""国家新型工业化示范基地"等国家级基地，培育出了以"新能源与智能网联汽车、生物医药、新一代信息技术"为代表的三大主导产业。为了提高产业发展水平，坪山高新区努力为高质量发展提供坚实的空间保障，大力推介平方千米级集中连片产业空间的产业空间土地整备。截至 2024 年 4 月，坪山区高新北片区已完成 20 余个地块供地，释放约 2 km² 连片优质产业空间。沙田片区作为坪山区重点布局的平方千米级优质连片产业空间，也是培育壮大 "20+8" 产业集群的重要承载区，重点发力智能网联汽车、新材料、激光与增材制作三大高新产业，为全市全区高端制造业集群发展提供充足的高品质产业空间。

在未来，深圳坪山区坑梓街道将深入推进沙田片区土地整备和连片开发，持续打造高品质、低成本、可连片的产业空间，形成多元空间供给方案和创新空间供给模式，为"创新坪山未来之城"高质量发展提供优质、充足的空间保障（图 4-3）。

图 4-3 深圳高新区坪山园区沙田片区规划效果图
资料来源：《深圳商报》

4.2 城市中心区的产业园区更新模式

城市工业成为城市核心区去空心化、重振城市核心竞争力、谋求可持续发展的核心抓手。那么，发展怎么样的"城市工业"呢，核心要义在于依托中心城区特有的人才流、信息流、资金流及物流等最具竞争力的高端要素，以技术密集与轻加工、研究开发和创新、总部经济及生产性服务业为主体，融合数字、碳中和、文创等能适应都市可持续发展的产业新样态。

4.2.1 空间布局从分散向集聚发展

城市工业随着城市发展在一个不断演变、融合，故而普遍呈现出"满天星"的发展格局。各阶段、各层次的产业共存，2.0-2.5-3.0 的产业繁杂，空间分布的不规则，这些都制约了都市工业的快速有序与无缝升级；其次，都市工业的产业主体、资产权属、管理权限、社会民生等各种现实问题交织，一个满足新型都市工业发展诉求的新空间、新场景的营建，需要持续性、系统性的改造与升级。

城市中心城区的城市化与产业化夹杂是常态，都市工业是散布其中，并发挥着一定的作用。首先要精准识别可能的空间、产业及企业状况。其次，围绕产业及载体两个维度对资源进行分级分类，结合城市发展战略制定明确的更新战略。三是围绕"点"强调特色楼宇、亿元楼宇；围绕"线"突出产业社区、情景体验空间的整体营造；"面"更多重心是放在顶层制度设计、模式创新、公共设施供给、区域可持续发展等方面。

产业的升级更新才能真正推动城市更新，都市工业是涵盖了传统的轻工业、制造业、科技文创、现代服务等产业。都市工业是"焕新"而不是"革新"，对区域特色"有根"的传统产业。

科技型新兴产业必然是都市工业的重点，如智能制造、大健康、数字经济、新能源等，以链主引入为核心，打造的是园区或社区级的集群，提供更多的弹性匹配、节约高效灵活的主题创新型产业生态。

服务业特别是生产性服务业，如检验检测、教育培训、会议会展等，是以产业+的形态背靠区域级城市主导产业，企业将更具发展的持续性与稳定性。通过采取差异化的策略真正点燃都市工业的火把。

城市工业核心是去空心化，强调导入实体经济，具有较强的产业属性，甚至需要定制，包括土地资源的弹性供给。一是借鉴深圳"工业保障房"策略，建设或统租改造一批产业用房作为都市科技制造型企业、中小微创新企业的低成本载体；二是引导"工业上楼"，研判适合工业上楼的产业，如医疗器械、电子终端等，特别对新建载体可根据工业上楼要求进行各项指标的优化，提升适用性；三是产业配套设施的满足，除电力容量、通信带宽、货梯及卸货平台外，还有展示展览、公共会议室、路演场所等。

4.2.2 一区多园的特殊空间格局

4.2.2.1 中国硅谷——中关村科技园区的空间规划

1)从"中关村电子一条街"到中关村科技园区

中关村起源于 20 世纪 80 年代初的"中关村电子一条街",前身为北京市高新技术产业开发试验区。经过 20 多年的发展建设,中关村构建了"一区多园"各具特色的发展格局,成为首都跨行政的高端产业功能区。

1988 年,以中关村电子一条街为基础,在海淀建立了我国首家科技园区——北京市新技术产业开发实验园区。它是中国第一个国家级高新技术产业开发区、第一个国家自主创新示范区、第一个国家人才特区,也是京津石高新技术产业带的核心园区。1999 年,"北京新技术产业开发试验区"正式更名为"中关村科技园区"。中关村科技园是我国体制机制创新的试验田,被誉为"中国硅谷"。

2011 年 1 月,国家发展改革委印发《中关村国家自主创新示范区发展规划纲要(2011—2020 年)》,国务院同意将中关村国家自主创新示范区空间由原来的"一区十园"增加为"一区十六园",至此,包括东城园、西城园、朝阳园、海淀园、丰台园、石景山园、门头沟园、房山园、通州园、顺义园、大兴亦庄园、昌平园、平谷园、怀柔园、密云园、延庆园 16 个园区。

中关村产业园区重点发展以软件产业、信息服务和信息制造业为代表的特色产业;大力促进电子信息、光机电一体化、生物工程与新医药、新材料、环保等支柱产业发展;带动中介服务业、文化体育产业、教育培训产业,以及商业等相关产业的发展。当前重点培育和扶持大规模集成电路、生物芯片、第三代移动通信、转基因、纳米材料等方面的具有自主知识产权的重大研发和产业化项目。

2)空间规划建设历程

中关村科技园的空间发展可以分为四个阶段:

第一阶段 1983 年 1 月至 1988 年 4 月,是"中关村电子一条街"的时代。第二阶段 1988 年 5 月至 1999 年 5 月,是北京市新技术产业开发试验区时期。"一区五园"的空间格局,规划区域约 100 km^2。

第三阶段 1999 年 6 月至 2009 年 2 月,是中关村科技园区时期。"一区十园"的空间格局,规划区域约 233 km^2。

第四阶段 2009 年 3 月至今,是中关村国家自主创新示范区时期。"一区十六园"的空间格局,规划区域约 488 km^2。

中关村科技园区的用地功能分为三个部分：中心区、发展区、辐射区。中心区大体范围是南起西外大街，北至规划公路一环，西起京密引水渠，东至八达岭高速公路，总占地面积约 75 km^2。中心区包括一个核心区和两条主要轴线。核心区包括中国科学院、北京大学、清华大学和中关村西区。白颐路是中心区的主要轴线，连接北京大学、清华大学、中国科学院、中关村西区和农科院、人民大学等高校与科研机构以及国家图书馆、首都体育馆、紫竹院公园等文体设施。学院路为中心的另一条轴线。

发展区大体范围是规划公路一环以北，海淀区山后地区、清河地区及昌平区的西三旗地区、回龙观地区，地域范围约 280 km^2。

辐射区主要是"一环两线。一环"是指环市区的高科技工业园区，包括电子城、北京经济技术开发区、丰台科技园区、昌平科技园区等；"两线"即沿八达岭高速公路向沙河、昌平、南口方向辐射和沿京密路向顺义、怀柔、密云方向辐射。

在发展区重点规划建设了中关村软件园、中关村生命科学园、北大生物城、上地信息产业基地、永丰高新技术产业基地等多个专业化产业基地。为高新技术企业快速发展提供产业化空间（图4-4）。

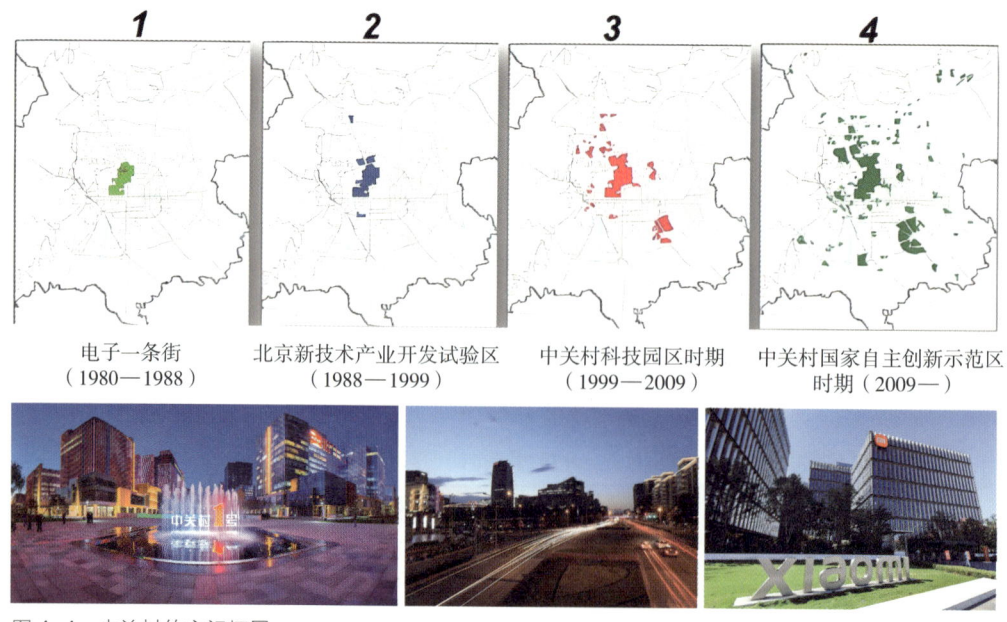

图4-4 中关村的空间拓展
资料来源：北京市人民政府官网

4.2.2.2 深圳高新区

深圳高新区始建于 1996 年 9 月，前身是深圳科技工业园（该园成立于 1986 年），规划面积 11.5 km²，是国家"建设世界一流高科技园区"的六家试点园区之一，是"国家知识产权试点园区"和"国家高新技术产业标准化示范区"。深圳高新区分为北、中、南三片六块，高新区北区主要是以光电一体化为主的大型生产型工业区，中区的产业以新材料、生物工程、计算机为主，而南区的产业则是以电子信息为主要产业，同时南区也是整个高新区的管理、教育、研发、信息、展览及商业中心（图 4-5）。

为了更好发挥高新区示范带动作用，2019 年 4 月，市政府决定实施高新区扩区，形成"一区两核五园"的发展布局，总规划面积由 11.52 km² 扩大到 159.48 km²。形成"一区两核五园"的发展布局，其中一区指深圳国家

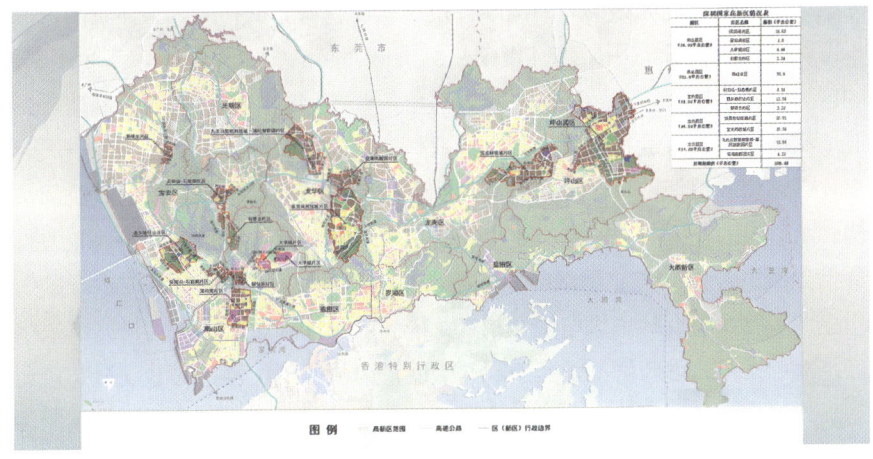

深圳国家高新区

图 4-5　深圳高新区一区多园的空间结构、深圳高新科技园南区及生态科技园
资料来源：深圳发布

高新区,"两核"指南山园区和坪山园区,多园指深圳国家高新区由多个地理区位不同的园区组成(图4-5)。

高活力创新创业生态,是深圳高新区竞争力的核心要素之一。

2022年2月21日,深圳市科创委对外发布的《深圳国家高新区"十四五"发展规划》中提出,到2025年,初步建成具有卓越竞争力的世界领先科技园区,加快形成自主创新动力更加强劲、产业集群培育成效更加凸显、创新创业活力持续迸发、绿色发展典范效应更加彰显、开放协同引领力持续提升的发展格局。并为各园区制定了发展指引。

南山园区以科产教深度融合为支撑,打造具有全球领导力的高新技术产业创新智核。园区依托深圳湾片区、留仙洞片区、大学城片区、石壁龙片区,构建"一环一带多组团"的区域空间结构;坪山园区以产业创新为发展主线,建设具有全球影响力的国际科技产业创新城。依托园区整体空间资源丰富的优势,充分利用山水林田湖自然资源,打造"双核四片,蓝绿镶嵌"的区域空间结构;宝安园区发挥先进制造产业基础雄厚、规模以上制造业企业集聚的优势,打造世界级先进制造业科技创新引领区。依托尖岗山—石岩南片区、西乡铁仔山片区、新桥东片区,构建"两轴三组团"的区域空间结构;龙岗园区发挥电子信息产业生态圈、大型龙头企业集聚的优势,着力打造世界级电子信息产业承载区。依托宝龙科技城片区、坂雪岗科技城片区,构建"一轴两翼"的区域空间结构;龙华园区发挥综合交通条件良好、数字经济基础雄厚、创新资源加速集聚、空间潜力较大的优势,打造硬科技产业创新发展先行区。依托九龙山智能科技城—福民创新园片区、观澜高新园片区,构建"一轴双中心"的区域空间结构(图4-6)。

4.2.3 营建"人产城"体验空间

"人产城"是城市更新的发展理念,都市产业带来的是大量高知、高智的创造型人群,中心节点有丰富的、可选择的、多元的商业商务中心,以及15分钟高品质都市生活圈。从产业角度而言更重要的是打造两个平台,一是"知识共享平台",围绕主题产业搭建和引入交流培训、峰会及圈层活动等,为从业人员提供职业归属感;二是"生活体验平台",包括各类体育运动、文化艺术、亲子家庭、休闲娱乐等软硬件配套与服务,形成可持续发展的人才创新环境。"以人为本"形成温情、温暖、有温度的人本关怀,这将真正成为城市软实力。

图 4-6　深圳国家高新区宝安园区、龙岗园区、龙华园区
资料来源：深圳龙岗发布、滨海宝安、一眼龙华

产业区城市更新是一个渐进的、长期的过程。产业区的转型需要经历从老产业区到展示产业如何与多功能城市空间相互融合。除了空间策略、环境策略等的植入，更重要的是需要以创意和智造的需求结合，引入相应的人才，通过人才的技能培训重新塑造工业品牌升级成为定制化的城市工业，形成品牌辨识度，再引入相关产业链与周边区域产业链进行横向融合，最终形成规模化的定制产品，达成工业社区的 4.0 升级。

知识密集型产业区更新在重新利用原有工厂结构的基础上，势必要突破传统园区的设施框架，最大限度保障产业空间的弹性。为未来迎接新技术、新设备所需空间调整保留可能；纵向围绕生产服务布局其他功能空间，如科研办公、产品展示、生产者生活区等，进一步为产业创新生态的营造提供多方位支持。

新加坡 Kallang–Kolam Ayer 产业区规划项目面向市场，重新定制价值，提供产业升级的机会。该项目旨在打造新加坡 Makers Land "智造工坊"，升级手工产业，融合创意产业，导入创新人才，品牌赋能，实现手工业 1.0 到创智工坊4.0的升级。模糊产城边界感，既要实现"工业上楼"，还要"带产业进社区"。通过打通设计—研究—工程—艺术—制造的生态链条，实现创意加持，个性化加上定制化，建立区域跟周边的协同平台，再进行大规模生产，在社群层面达成公共认知。同时将园区首层地面空间还予城市居民和城市生活，提供产业与社区的互动空间。打造多样化的社区开放空间网络，包括社区健康公园、创新广场和一系列口袋公园、小巷和传统街区。通过这些自然元素和生态环境，给人们提供愉悦的步行环境和城市体验。此外，步行友好的交通网络连接周围四个地铁站，与周边基础设施有机整合，促进交流与分享（图4-7）。

图4-7 新加坡 Makers Land "智造工坊"
资料来源：Broadway Malyan

4.2.3.1 城市中的高新园区——漕河泾经济开发区的空间规划设计

20世纪六七十年代，上海是全国的"工厂"，著名的电视机厂、无线电厂、收音机厂基本都在漕河泾，奠定了漕河泾的电子工业基础，也铸就了漕河泾独特的产业基因。如今，漕河泾开发区是上海市唯一同时具备国家级经济技术开发区、国家级高新技术产业开发区、国家级综合保税区三重功能的开发区。

漕河泾开发区规划面积 14.28 km²，核心面积约 5.984 km²；开发区位于上海中心的西南部，地跨徐汇闵行，中环贯穿其中。漕河泾开发区毗邻徐家汇商圈。公共交通发达，坐拥3条地铁（9号线、12号线、15号线）8个站点，通达上海市的各个区域（图 4-8）。

图 4-8　漕河泾经济开发区区位、漕河泾街道区域图
资料来源：澎湃新闻、漕河泾开发区企业协会

漕河泾经开区是以公司制运作的国家级经开区。1990年，上海市人大常委会颁布了《漕河泾开发区暂行条例》，漕开发总公司具体负责经开区范围内的开发、建设、经营、管理和服务。开发区初期的土地，是市政府划拨的。设立国家级开发区后，确定了近 6 km² 的总体规划，土地开发，首先靠借贷开发，取得收入后滚动发展。漕河泾区位较好的优势，使总公司向土地集约利用方向发展。首先，在设立国家级开发区之前，开发区的产业方向就是增值较高的电子类项目，土地就比较节约。二是提高项目建设的容积率，如对用地标准的控制指标为"容积率1.5~2"，大大高于其他开发区。三是公司集中建设多层标准工业厂房，为入区企业解决载体空间。四是公司开发其他高增值的房地产，如住宅、宾馆、商业楼面等。五是利用机会，调整开发区规划，减少工业用地，增加公建用地和居住用地。

漕河泾开发区从最早的"飞地经济、一体两翼"拓展到浦江园区、松江园区，到后来走进长三角浙江海宁、江苏盐城、贵州遵义，再到如今的上海徐汇北杨、闵行颛桥、虹口北外滩，通过管理输出、品牌输出，漕河泾的影响力不断延伸至上海的其他区域、长三角乃至全国，品牌知名度不断提升。如今，漕河泾经开区的团队不仅积极投身临港新片区开发建设，将漕河泾的光荣传统继续服务于重大战略，而且作为核心力量，在全市范围"承东启西、连南接北"，挑起了上海市重点区域转型升级的重任。漕河泾形成了"1+5+1"的产业体系——以电子信息为支柱产业，新材料、生物医药、高端装备、环保新能源、汽车研发配套为重点产业，高附加值现代服务业为支撑产业。

漕河泾累计开发建成空间超过90%，已无大规模增量空间，漕开发土地资源约束明显。扩大空间所依赖的土地，极为有限。2023年初动工的元创未来中心，可以视为漕河泾产业蓄能的下一次转身。开发区通过征收集体用地再出让，在存量用地上"变"出15万 m² 建筑面积。产业园区企业类型多、土地权属复杂，存量更新很难依靠单一路径，漕河泾想到了量身打造更新方案。除了自有用地转型，还通过各种合作模式，在区政府的支持下对闲置用地和低效用地进行更新开发，引入优质企业，提升土地经济价值（图4-9）。

截至目前，漕河泾已经实施完成了多个项目更新，比如，新研大厦通过城市更新二次开发，不仅实现了区域产业能级和城市形象提升，而且实现租金及营收提升18倍，纳税金额增幅达到20倍以上。

图 4-9　漕河泾经济开发区元创未来中心项目更新前后对比
资料来源：上海国资

4.2.3.2　百年传承城市花园——上生新所

上海上生新所的前身是上海生物制品研究所的基地，从 20 世纪中叶开始陆续建设了四十余栋科研办公、实验室、厂房仓库及配套用房等。2016 年，上生所迁往位于奉贤的新厂区，园区的城市更新掀开崭新的篇章。

上生·新所分一二期两部分结合市场动态滚动更新开发。2018 年一期正式对外开业，总建筑面积约 2.4 万 m²，主要以老建筑更新为特色，这些百年历史建筑内外都得到了修缮，使之恢复历史风貌。哥伦比亚乡村俱乐部与海军俱乐部延续了西班牙传教士风格，孙科别墅则延续了其中式庭院风格。建筑内部则引入了新的业态，茑屋书店的入驻增加了几分文艺气息，泳池四周则环绕着兰巴赫、CASA BAJA、LumLum Thai Bistro、LOS PACOS 帕库、Naif Coffee·Bistro 等餐饮。对于园区制高点 9 号大楼、物资采购楼、空压机房和原安管部小楼等非保护类建筑，采取了新旧结合的保留更新思路，保留建筑自身包豪斯工业风特色、对局部空间进行更新。更新后，一楼区域引入了大量餐饮和有展示需求的零售品牌；办公区域引入了"前店后厂"模式的素然集团、AAI、IDEO 等国际一线设计事务所。爱奇艺创意中心，以及奇境穿越·X-META 等创新产业也加入了其中。

上生·新所二期于 2024 年对外开放，二期占地面积约 1.8 万 m²，总建筑面积约 3.6 万 m²，由四到五层的多层建筑组成，地下一层为车库和设备用房，地上部分为商业、办公、社区教育、社区体育功能，作为一期的补充和拓展，通过底层架空、24 h 开放的楼层连廊、平台空间，构建立体开放公共空间体系。

上生·新所由封闭的厂房，实验室转换为办公、商业、文体、休闲综合的社区，提供全天候开放的公共空间，激发了场地及周边区域的活力，为整个番禺路新华路片区注入了新的生机。二期新建建筑尊重场地的空间肌理骨架，以化整为零的手法处理建筑体量，建筑形式延续历史建筑的立面特点、体块方正。同时通过架空、连廊、悬挑等方式构成丰富的空间组合，塑造宜人而多样的城市花园式建筑空间，以适应不同人群的活动和场景需求，完善拓展既有建筑所缺乏的戏剧性多元空间。"联通"是二期空间的主旋律，突出综合性的社区化空间，争取了更多的公共空间和绿地面积，建筑体量上下交错叠合，围合成主题丰富、有趣的大小庭院。至此上生·新所积极实现"7×24小时国际化活力文化艺术生活圈"为定位，通过常态化的各种展览、话剧、音乐会、讲座、咖啡戏剧节及IP活动，吸引年轻化、国际化、潮流化目标客群。通过城市更新上生·新所实现了新与旧的完美融合，项目又与毗邻的金地新华道完全融为一体——空间共享、业态错位，提升了区域的综合品质（图4-10）。

图4-10 上生新所
资料来源：华建集团历史建筑保护设计院、豫陇秦沪·大庸

4.3 制造业回归推动城市更新

2022年全国两会上,"增强制造业核心竞争力"首次被写入《政府工作报告》,国家明确了对制造业发展的要求。另一方面,城市在不断吸引制造业的回归,甚至再次将制造业放在经济发展的重要位置。制造业回归都市,欧美国家则是将老城区作为回归的重心。如《伦敦规划2021》提出了"工业建筑面积零减量"的策略,并规定市区大型商业开发要混合工业空间。城市制造业吸引了年轻人,还促进了老城服务业的发展。在国际上纽约、东京、巴黎也都是保留着庞大城市型工业的典型,尤其是东京市区南部的大田区,会发现这里存在着大量的城区中的小型制造企业,而且其中很多都是拥有高技术的隐形冠军企业。

4.3.1 城市激发制造业的创新

如同互联网时代的创新,经历了从郊区园区回归城市中心,进而激发更多创新的过程。制造业也在经历创新范式的变化——从郊区厂区的工艺创新,转向围绕市区锚机构(科研型院所、高校、企业)的技术源头创新。和传统意义上的工业不同,城市型工业有轻量化、小型化、高自动化等优点,它们更适合进入市中心,也对高端科技人才、资金、市场信息等资源有很大的依赖,而这些往往在城市中心区才能得到最好的满足,对高端科技人才的吸引力来说,大城市就更有魅力了,老城区的城市中心,尤其是那些市区里的老厂房们,就有了新的用武之地,它们在区位上更接近市中心的密集的资源,还可以通过更新改造,变成新的高技术制造业的容器,是制造业回归都市的主要承载地。

还有,城市里的那些高技术公司,他们对这些高精尖的工业品有庞大的需求,离不开城市高技术制造业的支持,制造业回归城市可以说是双倍的价值,不仅他们本身有产业价值,而且也能支持科技公司的发展,符合城市更新对利益的高要求。

制造业回归城市中心区,正在成为当今世界大都市的一种潮流趋势,轻量化与小型化,再加上需要贴近城市资源的特性,决定了城市型工业更偏爱大城市的市中心,老城区的城市更新,尤其是城区旧工业设施的改造,可以通过吸引城市型工业的回归,带来更好的产业,并且同时促进城市高技术产业的发展。

在紧邻曼哈顿的旧布鲁克林造船厂，通过城市更新变成了制造业回归都市的一个很好的例子，现在这里改造成了集研发、设计、制造、展示于一体的都市型高端制造业的空间，主要面向新型的军民融合的精密制造领域，靠着在太空技术、纳米、机器人、人工智能等领域的发展，现在已经成为纽约市初创企业仅次于曼哈顿排名第二的区域（图4-11）。

图 4-11　布鲁克林海军大院改造后的制造空间
资料来源：华高莱斯

4.3.2　发展服务型制造业

随着服务业开始主导城市的产业结构，特别是生活性服务业占比的快速攀升，服务业开始与制造业跨界融合，促进经济发展。例如伦敦文化服务业发达，像伦敦西区的戏剧产业、克勒肯维尔的设计产业都有庞大的服务市场，而影响这些产业自身发展的"非标准品"制造需求，像舞美、服装、设计产品等，则是由市区内的众多制造企业完成。

在日本城市内有一种独特的制造业形态：町工厂。町工厂在东京大田区尤为密集。正是高密度、规模小、专业化，町工厂形成了本地化的产业链，是日本首屈一指的"制造业街区"。但随着日本经济泡沫破灭、制造业外迁、人口老龄化等问题的出现，町工厂开始大量倒闭。

大田区不能承受町工厂们继续衰落，开始探索用更新形成聚集的方式，重塑区域的制造业网络。一方面，大田区的"京滨岛"，曾是羽田机场的配套区，现改造为对占地、物流要求较高，噪声大的金属加工、锻造聚集区，目前有 185 家制造企业。这不仅可以形成小区域内的协同制造，还能就近为羽田机场的飞机维修提供服务。

另一方面，大田区充分挖掘区域内"灰色空间"的价值。如大森町站和梅屋敷站之间的高架铁路下空间，被改造为制造业综合区。迁入的町工厂，以围绕精密加工的低噪声、低污染制造为主。这里不仅是相对独立的制造业协作区，还具有交流、体验、休闲功能，目的是让新居民走进制造厂房，重新认识制造业。东京通过城市更新增值制造业，增加城市创新力，保持城市的制造能力，也会促进服务业的发展（图 4-12）。

图 4-12　东京大田区滨岛的金属加工、锻造聚集区、轨道下改造的制造业综合区
资料来源：华高莱斯

深圳是国内探索都市经济的排头兵，华强北、车公庙等核心地段仍保留了相当的都市发展空间，特别是消费电子产业，数字终端产品种类多、迭代快，且能提供定制化解决方案，这得益于区域内电子产业从研发、采购、组装、集成到销售的完整的产业链条，以及大中小企业共生并高效协同的具有根植性的产业生态。更值得关注的是，深圳市在政策层面的探索，不仅提出了 M0 + M1，工改工等方式，划定工业红线，为都市工业预留发展空间。2022 又刚刚发布了《关于推动制造业高质量发展坚定打造制造强市的若干措施》，提出支持各区新建、购买和统租等方式筹建"工业保障房"，甚至年产值 1 亿元以上且无自由工业用地的制造企业可按"成本 + 微利"价受让一定面积的工业保障房。务实高效的"一切从产业出发，一切为企业服务"的

理念是推动都市工业落地的必要之举。

广州天河区着力"向上发展",更精细地对村级工业园和工业上楼两个方面进行突破。工业上楼是天河大力发展现代都市工业的新尝试,从设计到研发、预生产、大规模制造等环节,在产业链上向高端发展。另外,天河在探索都市工业与都市消费等融合,如科技实体风行打造的中高端产业专卖体验店,工业+旅游+科普融合发展的一体化特色品牌打造等,真正的实现不仅有"工业",更有"都市",形成了未来城市产业经济发展的要素集聚。

4.4 文化创意产业引领城市更新升级换代

4.4.1 文化创意产业和城市更新的融合

文化创意产业是以创造力为核心,以文化为灵魂,以知识产权的开发和运用为主体的新兴产业,包括影视、动漫、演艺、传媒、设计、电竞等新经济业态。

文创产业与城市更新具有高融合度,文创产业独有文化属性和艺术属性可以活化项目中破旧的设施,并为项目注入诗意和美学,两者结合创造出更高的附加值。正如竞争策略大师迈克尔·波特所说,基于文化的优势是最根本的、最难以替代和模仿的、最持久的和最核心的竞争优势。

创意产业链是以内容为核心、创意为主导,驱动创意产品的生产和制造并形成商品供以销售、消费的过程,创意产业园的主要功能构成也是紧紧围绕产业链展开,为企业或个人提供进行创作研发的功能(如工作室、办公室)、产品生产制造的功能(生产空间)、商品销售的功能(如画廊、展厅)、创意消费的功能(餐饮、展演空间)等(图4-13)。

旧城区、旧工业厂区的更新,历史文化保护无疑就是最重要的内容,文化创意产业成为一个大产业,文化产业在城市

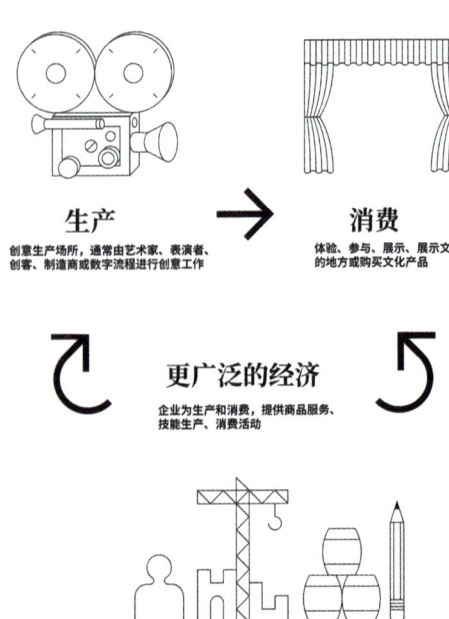

图4-13 伦敦创意供应链示意
资料来源:大伦敦官网

经济化建设阶段从来都有逆势增长的基因，相比新建筑数量的锐减，文化产业有了更多的增长空间。城市更新中文创、文艺这些内容是不可或缺的，它们可以给老城区带来人气和活力。同时文创、文艺也是高端人才所不可或缺的精神文化需求，这对于人才、产业的吸引来讲是最低的启动成本，像百老汇、伦敦西区、东京乐町这种文化演艺资源非常集中的地区，是旧城文化复兴的代表，是城市文博区的重要组成部分。

文博区的建设运营需要高等级的文化资源、市场需求，通过文化聚集才能实现 1+1＞2。纽约曼哈顿的百老汇就是典型案例，靠着40多个剧场演艺资源的聚集，成为了老城区文化活动和文化产业高度繁荣的区域，是纽约世界级城市对人才的重要吸引力之一，也成就了纽约硅巷的发展。

2000年以来，城市更新背景下，诸多位于上海老城区核心位置的旧工业建筑凭借其良好的区位优势和配套服务设施，开始了转型升级之路。工业遗产中厂房、仓库的空间结构及工业气质，为创意产业提供其适宜成长的城市精神空间。上海大量衰落的老工厂向都市型工业园转变，创意产业的兴起和都市型工业园向文创产业园升级的过程。

深圳创意产业园二期基地（南海意库）是顺应深圳市政府"文化立市"的发展战略，由招商局科技集团投资建设的集动漫游戏、创意设计等多个行业为一体的专业化文化产业基地，是深圳市重点扶持的"厂房改造、产业置换"的项目之一。总建筑面积约10万 m^2，由6栋4层高的独立工业厂房组成，每栋建筑面积约1.6万 m^2，布局上，整体按"沿街式"排列分布（图4-14）。

图4-14 深圳南海意库
资料来源：澎湃网、深圳新闻网

项目在整体改造过程中保持原建筑风貌并强调人工环境与自然环境和谐统一，因地制宜进行节能和生态技术改造，形成环境优美的建筑空间。园区建筑外立面以旧厂房为基础，在室内的改造中设计了中庭空间，增加自然采光通风的功能，并将一层架空设置为停车场，充分满足园区企业的停车需求，六幢旧厂房改造成的五A甲级花园式写字楼，聚集以建筑相关设计类、工业设计为主导，覆盖广告设计、影视服装、家居、摄影、动漫游戏等创意类产业企业，迎合了片区整体的产业定位。如果说三洋厂区见证了一个时代的辉煌和落幕，那么南海意库则见证了深圳产业转型升级和蛇口工业区产业变迁的重要发展历程。

"价值工厂"位于蛇口海湾路8号，是"蛇口滨海深港创业创新产业带"重点项目之一，也是前海蛇口自贸片区自贸新城建设十大战役的重点项目，总面积121 117.6 m^2。

价值工厂的前身是广东浮法玻璃厂，于1985年建厂并引进了中国第一条世界先进水平的浮法玻璃生产线，在2009年搬离。价值工厂在工业遗址上进行保护性改造及新建，定位为粤港澳湾区罕有旧工业遗址文旅主题园区，是深圳蛇口首家集空间场地、文创IP吸收、新零售业态展示、园区运营为一体的综合性文化平台。规划为产业、学院（创新学院、设计学院）、旅游三大业态。景观设计尊重现状，创造价值，营造历史感与现代感共存的公共文化空间。随着后期建筑的丰富和完善，设计对社区生活的重新激发和艺术再创造，充满创意和文化的老玻璃厂将为周边带来更多人气，实现它的重生（图4-15）。

4.4.2　构建创意产业链

在创意不同阶段，支持创意消费或生产的一系列商品和服务构成了创意链。文化创意发展需要搭建创意供应链，非创意环节的贡献才是创意产业最大的投入，例如在一场时装秀的总支出中，有92%落在创意部门之外的供应链上，尤其是传统制造业。这是因为从创意到产品，不仅需要高度专业分工的创意供应链协作完成非标准品的定制，且大量制造是在现场的碰撞中完成，这也意味着创意供应链将是高度本地化的。以伦敦西区为例，这里是伦敦戏剧文化的中心，自1998年以来，每年保持着200部以上的新剧推出速度；平均每年吸引观众数超过1 000万人次，2018年首次突破1 550万人次，票房收入达到7.65亿英镑。如此高频次的戏剧演出，需要有与之匹配的高效、高质的舞美制造能力，以及大量具有定制化能力的制造企业（图4-16）。

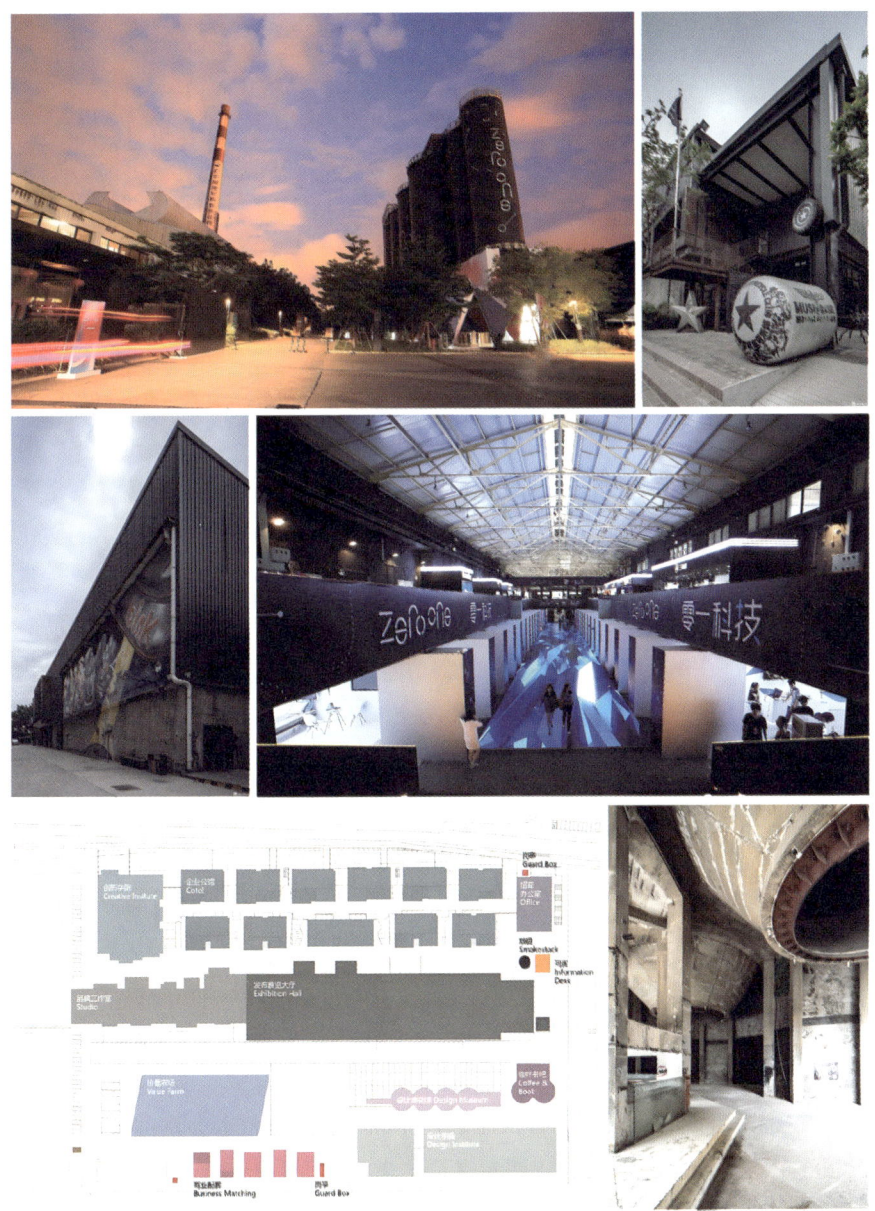

图 4-15 深圳价值工厂
资料来源：南方 PLUS

伦敦老城区的创意供应链，促进了城市服务业发展，为低端制造业，找到了新赛道、新价值。服务业、文创的繁荣，还为伦敦带来了"长尾效应"——丰富的文化生活，包容性的环境，为伦敦正在进行的科技创新转型吸引到大量科技人才和企业。

图 4-16　伦敦市区的纪念品风景工作室、谢菲尔德大学区域
资料来源：华高莱斯

4.4.3　文创产业社区化

谢菲尔德目前是英国文化创意产业发展最活跃的城市之一，平均年产值超过12亿英镑。市政府成立文化产业区服务机构（CIQA）专门负责文化产业区的产业发展和人才吸引。在空间更新上，摸底建筑现状，调查不同文化行业的对空间的需求，如电影、出版等，执行"一行业，一策略"的建筑更新。在功能上，推动区域的功能的混合化，除了博物馆、艺术馆等文化设施，还增加咖啡厅、书店和餐馆等生活配套功能，特别是加强了居住功能。文化产业区是在去"产业园化"，增加"社区功能"，增强职住一体属性，把产业区变为生活区，这样才能吸引人才留住企业（图5-14）。

杭州梦想小镇于2014年落户仓前街道，核心区块规划范围约3 km²，由互联网村、天使村和创业集市三个区块组成，以互联网和金融为两大主要产业门类，建成便利创业社区并打造创业生态系统。梦想小镇，以其"互联网+"创业的独特定位，吸引了众多追求创新的年轻人。这里不仅有现代化的办公空间，更有一系列创业孵化项目，为初创企业提供了宝贵的支持和资源。互联网创业小镇重点鼓励和支持"泛大学生"群体创办电子商务、软件设计、信息服务、集成电路、大数据、云计算、网络安全、动漫设计等互联网相关领域产品研发、生产、经营和技术（工程）服务的企业；天使小镇重点培育和发展科技金融、互联网金融，集聚天使投资基金、股权投资机构、财富管理机构。梦想小镇不仅有创业氛围，还有浓厚的历史底蕴。这里有伟大的民主主义思想家章太炎的故居、"四无粮仓"、仓前老街、余杭塘河等文化元素。

项目总体空间布局结构为"一轴一环三心"，"一环"即以农田村庄区为基础形成的中心绿环，"一轴"为中央文化轴，"三心"是指寻梦古镇、思梦花园和筑梦工厂。小镇推动文化、旅游、产业功能有机叠加，生态、生活、生产有机融合，打造成宜居、宜业、宜文、宜游的田园城市新典范。在充分保护自然生态和历史遗存的基础上，不断完善公共配套设施，为居民和创业者提供了一个集约高效、便捷生活、宜居适度的空间环境（图4-17）。

图4-17　杭州梦想小镇

4.5　高科技产业引领城市更新面向未来

科技回归都市已经是大都市老城区城市更新的重要趋势之一，科技创新的工作方式，工作对象的变化，再加上科技人群的年轻化，这些因素是这种趋势出现的重要原因。楼上孵化器，楼下卡布奇诺，外加丰富的潮流文化生活，这就是城市更新中需要打造的科技人群喜欢的工作环境。

4.5.1　科技回归城市中心——纽约曼哈顿"硅巷"

纽约曼哈顿的"硅巷"，借助硅谷的技术与曼哈顿的金融、文化传媒等特有优势，融合数字经济，发力"金融+科技+创意"融合型新产业，重点导入科技金融、情景零售、创新医疗、数字传媒、公共领域服务等创新型机构，成功引导了新兴产业上楼,成为"楼上孵化器+楼下普拉达"的特殊都市工业新经济特有的新业态。

硅巷没有边界,人们只能划出它的大致范围,沿百老汇大道,从熨斗大厦(Flatiron Building)到SOHO艺术区。1995年,"硅巷"作为一个营销宣传口号被提出,目的是吸引那些向往去硅谷创业的人才和资本来到纽约。"硅巷"已经串联起了曼哈顿中下城、布鲁克林DUMBO区等科创区,成为一条城市内的科创带。在这个范围内,集聚了大量新媒体、网络科技、金融科技企业,形成了一个没有明确边界范围的科技产业集群地区。整个大硅巷区域形成了仅次于硅谷的科技产业集群,创新领域包括金融科技、互联网、医疗健康、教育、制造业、大数据等。

硅巷已经发展成为城市中心区利用存量空间培育科技产业的一种成功模式。硅巷中各类科技创新网络——孵化器、加速器、技能培训项目、共享办公空间,以及区域内众多的剧院、餐厅、博物馆、公园、时装秀等文化交流场所和活动的存在,硅巷的科技人群能够拥有更开放式的、更多元的场景体验,并且在场景之中因互动而产生更多的灵感碰撞(图4-18)。

硅巷模式更适合依托城市中的多元场景来创造应用导向的新技术或产品,其有别于我们所熟知的硅谷模式——原始创新驱动下的位于都市远郊的大型科技园区模式,而有着鲜明的城市特征:①"硅巷"以位于城市中心区的存量空间为主要载体,通过营造具有都市特征的各类场景吸引人才聚集,发展起与都市紧密结合的应用创新产业。②硅巷模式没有明确的物理边界概念,硅巷模式所创造出的产业增量价值及其连带的乘数效应是能够辐射带动整个城市的,也模糊了边界的存在感。

曼哈顿原有的硅巷地区经过对于存量办公楼的产业内容提升之后,仍以原有的金融、广告、媒体领域科技公司为主;在布鲁克林,对于原有工业码头进行更新后,新入驻的更多是城市科技和创意科技公司;皇后区的社区中兴起的是生物技术产业;而社会公益企业则在哈莱姆和布朗克斯建立。具体而言,纽约硅巷利用城市既有设施在全域范围内定向营造了科技研发场景、智造测试场景、社区微制造的场景、生活性服务场景4大类城市场景(图4-18)。

科技回归都市的浪潮到来,纽约硅巷迅速崛起,但曼哈顿岛能提供的办公空间非常有限,应用科学计划、众创空间计划、融资激励计划三大计划,开始推动科创走出硅巷。"城市更新"计划是布隆伯格在再次担任纽约市长后,开始实施,以推动纽约科技产业走出"硅巷",并盘活城市更多的存量空间为目标。在城市更新计划中，最具代表性的，是由工业码头区改造的"科技产业三角区"（由 DUMBO 区、布鲁克林造船厂、布鲁克林中心区构成），DUMBO 区是科技产业三角区的核心（图 4-19）。

图 4-18　硅巷、熨斗大楼是最早的"硅巷"中心、改造后的切尔西市场
资料来源：华高莱斯

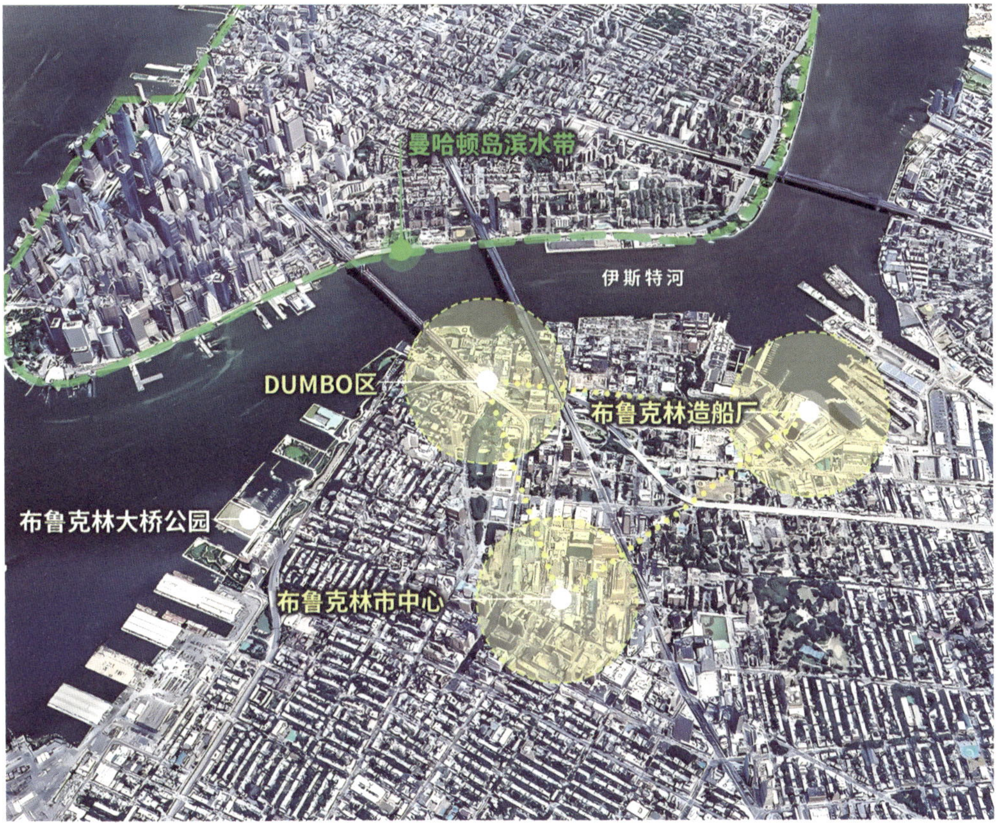

图 4-19　科技产业三角区示意
资料来源：华高莱斯

4.5.2 港城融合发展的西雅图

西雅图，可以称得上是港城融合的典范，不仅是美国太平洋地区的贸易中心，也是美国西北部的商业、文化及高科技产业中心。微软、亚马逊等科技巨头总部扎堆于此，并多次被评为"全美最佳居住地""最佳生活工作城市"。

20世纪80年代后，微软引领的高科技潮流促使西雅图步入科技发展新时代。1975年，比尔·盖茨的微软帝国在西雅图郊区的雷德蒙德起家。近20年后，贝索斯在邻近的贝尔维尤创立了网络电商巨头亚马逊。Expedia、任天堂美国和T-Mobile美国也纷纷将总部设在西雅图郊区。

为了抓住新一轮科技革命的战略机遇，西雅图积极利用港区及周边腹地进行更新改造，不仅造就了一个充满活力的创新区，助力经济复兴，还实现了港区与城市功能的空间融合，为新时代的港城发展赋予更多可能。联合湖是西雅图连接华盛顿湖与普吉特海湾的重要部分，沿线码头林立，其南岸被称为南联合湖区。"科技回归都市"的新浪潮为南联合湖区带来了新机遇。面对科创风口，南联合湖区借势而上，大力推进港区空间及产业更新。政府通过引进大型企业、建立大型研究机构，构建有利于本地初创企业和产业发展的创新生态环境，加速形成世界级的生命科学及高科技产业集群。

如今，南联合湖区已成为西雅图的新经济引擎，亚马逊、谷歌、Facebook、华盛顿大学医学院和数百家大大小小的科技及创意公司都聚集于此。凭借华盛顿大学医学院的带动力和低廉的租金优势，这里成为西海岸众多领先研究机构的聚集地。

为了更好地推进区域复兴，西雅图在2004年的《西雅图市综合规划》中，将南联合湖区列为六个未来城市发展中心之一，并于2007年修订了《南联合湖区城市中心社区规划》，为该区域的可持续增长制定指导方针。规划中引入了Seattle Mixed（SM）用地标准——不规范土地类型、放宽建筑高度限制、允许商业、办公、住宅等多功能混合使用，并提供良好的交通连接及多元化住房选择。旨在让南联合湖区成为一个真正的集生活、工作、购物和娱乐于一体的混合功能社区，全方位满足年轻人才的需求，形成持续吸引力。南联合湖区更新规划中以行人优先为导向设计，通过拓宽人行道、规划自行车道以及停车场入地等举措，为人们营造一个适宜步行的出行环境。

在滨水区更新过程中，生产功能逐渐让位于消费功能。在充分利用原有建筑的基础上，滨水区引入了休闲、餐饮、旅游、商务等多元复合业态，实现对市民和游客的强吸引。西雅图将滨水区内一个被火车道和主干道分割的工业棕色地带，改造为奥林匹克雕塑公园。利用一个连续的Z形景观平台，将城市核心区与复兴的海滨重新连接起来，人们可以自由穿梭在城市和海景中（图4-20）。

图4-20　西雅图南联合湖区、奥林匹克公园
资料来源：华高莱斯

4.6　现代服务业提升城市更新品质

服务业的兴旺发达是现代经济的显著特征，是经济社会发展的必然趋势，是衡量经济发展现代化、国际化、高端化的重要标志。现代服务业是指

用现代化的新技术、新业态和新服务方式改造传统服务业，创造需求，引导消费，向社会提供高附加值、高层次、知识型的生产服务和生活服务的服务业，包括信息服务、物流服务、金融服务、咨询服务、教育服务、医疗服务、旅游服务等。城市更新是为了打造更加宜居、宜业和宜游的新载体，需要根据未来新导入人口的诉求整合各自服务业态，提升原有生产类产业技术水平，提高社区生活服务标准，现代服务业是生产和生活的润滑剂，是城市更新项目不可或缺的产业业态。

生产性服务业和生活性服务业是服务业的重要组成部分，是当前中国经济最具活力的产业，也是未来经济发展最具潜力的产业。

4.6.1 城市更新推动生产性服务业发展

4.6.1.1 推动先进制造业和现代生产性服务业深度融合

生产性服务业是直接或间接为生产过程提供服务和保障的行业，其范围涉及交通运输、现代物流、金融服务、信息服务和商务服务等许多方面。生产性服务业依附于制造业而存在，由于它把日益专业化的人力资本和知识资本引进制造业，从而加速了服务业和制造业的融合，人们普遍认为生产性服务业是促进其他部门增长的过程产业；信息技术和网络技术引入现代生产性服务业后，制造业生产结构的空间限制和资源限制在很大程度上被打破，从而可以促进经济结构优化和转型升级。

发达国家的经济结构转型升级过程，是伴随着生产性服务业成为国民经济支柱产业的过程。但是，我国生产性服务业水平低，与制造业大国的地位是不相称的，有人指出："生产性服务业是未来中国经济增长极。"

作为实体经济重要基础的制造业是生产性服务业存在的前提条件。实体经济实现高质量发展，需要专业化、高端化的生产性服务业作为支撑。生产性服务业的发展水平决定着产业结构、生产规模和生产效率。专业化和高端化的生产性服务业是高端制造业所不可或缺的。制造与服务日益融合，服务对产业发展，尤其是对制造业数字化、网络化、智能化转型的支撑促进作用更趋凸显，服务已成为制造企业维护竞争优势的核心环节。

我国经济发展以实体经济为主体，这就要求在服务业中生产性服务业的比重能够高一些。想要有高质量发展的制造业，就必须有充分发达的生产性服务业。我国和欧美发达国家的差距不在制造业本身，而是在生产性服务业上。当前，我国生产性服务业比重偏低。在发达国家，为制造业服务的生产性服务业在 GDP 中的比重达到了 40%～50%，是 GDP 比重最大的一块。而中国目前生产性服务业只占 GDP 的 15%～20%，跟欧美国家差距巨大。生产性服务业涵盖制造业产业链的研发创新、物流配送、检验检测、金融服务、售后服务、环保服务、数字技术赋能、服务外包、电子商务、品牌服务十大方面，这些领域都与制造业发展强相关，直接服务于制造业。

如果一个城市制造业规模很大，但生产性服务业比重很低，这座城市的制造业一定是二三流的低附加值制造业。如果它的产品在全球卖得附加值很高，那么这座城市产品中所镶嵌的服务业一定不是这座城市做出来的，而是其他地区的企业将大量的生产性服务业专利技术等输入到了这个城市。

4.6.1.2 城市更新为生产性服务业发展提供支撑

产业更新必须注重生产性服务业的发展，如研发设计、信息服务、金融服务、商务服务、经纪代理。生产空间是实现"乐居"的基础，城市更新需要创造更多的就业岗位，通过数字赋能等创新，实现产业升级。城市更新不仅可为生产性服务企业提供用地空间支撑和提高用地效率，而且有助于改善城市建成环境和品质，吸引生产性服务企业和产业高端人才聚集。

生产性服务业发展存在供给和需求两大方面的影响因素，包括服务效率、专业化水平、人力资本、信息化水平和产业融合因子。政府智力水平思维提升也是促进城市有机更新和生产性服务业发展的主要因素之一。城市更新可以有效地增加用地空间、改善地区环境、弥补基础设施配套的不足、保护历史文化遗产和塑造地方特色，进而从微观和宏观两个途径促进生产性服务业的发展。在微观路径上，城市更新可以为生产性服务类企业提供优质办公空间和人才公寓，营造文化和创新氛围，进而吸引专业人才的聚集，能有效地推动生产性服务业的供给侧优化。在宏观路径上，城市更新可增加和保障产业用地的供给，推动制造业转型升级和产业融合发展（图 4-21）。

浙江省产业园区通过增加生活服务设施供给升级为特色小镇，实现产城融合，其实质是方便为原来园区中的企业提供生产性服务。杭州玉皇山南基金小镇是浙江省首批命名的特色小镇之一，截至 2022 年 5 月末，小镇累计入驻金融机构 2 242 家，自创建以来累计实现税收超 147 亿元。2022 年，上城"玉皇山南基金小镇"特色产业风貌样板区入选杭州市首批市级城乡风貌样板区。

杭州山南基金小镇原本是"三改一拆"的困难户，有着早期的铁路线和杭州最早的陶瓷品等建材市场，以城市发展方式的转变带动经济发展方式的

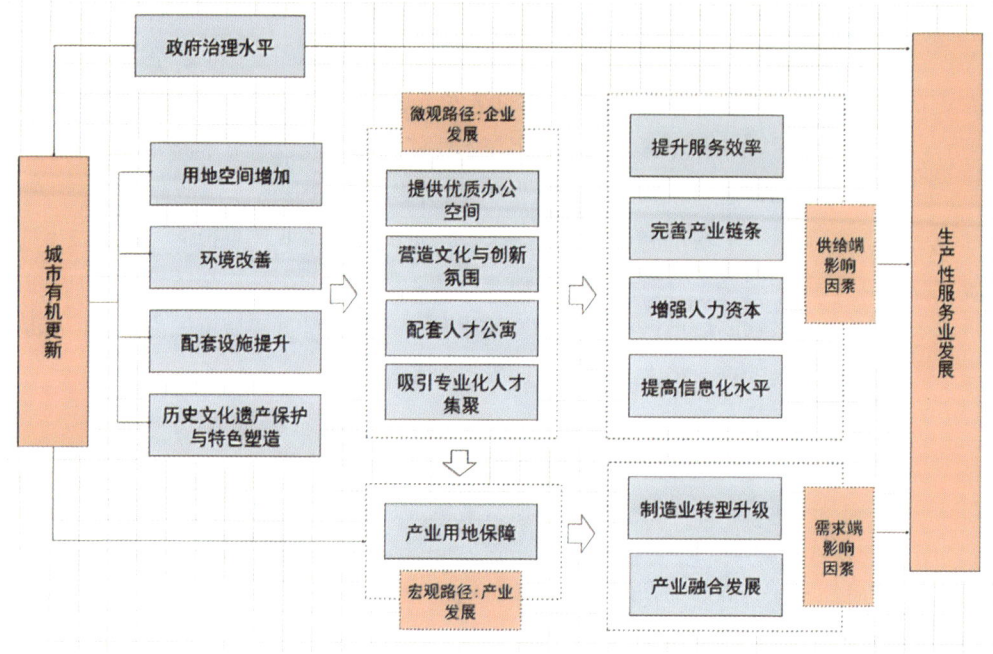

图 4-21　城市更新和生产性服务业发展之间的相关路径
资料来源：北达规划

转变，为城市有机更新带来动力。通过产业更新，打造文化、旅游和基金产业，充分利用火车机务用房，最终实现华丽转身。在政府的引导下，一些轻资产的文化创意企业进驻园区，实现了产业的第一次更新。起初以多类型文创产业入驻逐步形成山南文创产业园，又因以基金产业为代表的金融产业入驻，实现了产业的第二次更新并迅速壮大，伴随浙江省特色小镇的创建契机，逐渐升级为全国第一家以基金产业为龙头、文化创意和休闲旅游复合并进的产业小镇。

在环境面貌上，实现从破旧花园到花园小镇的蝶变，通过环境综合整治，将建筑、景观、文化、山水有机融合，为入驻企业提供了良好的工作环境。

在产业结构上，实现了从低端产业到高端金融的蝶变，低小散的代名词迭代升级为私募金融，努力服务于实体经济，为私募基金提供专业化服务，助力共同富裕示范区建设。

在人口结构上，实现了从本地居民到金融人才的蝶变，小镇有国家海外引才计划 1 人，省级海外引才计划 6 人，市级海外引才计划 4 人，汇聚各类金融人才 5 000 余名，海归人才 600 余名，是浙江省 CFA（特许金融分析师）人才最集中的区域（图 4-22）。

图 4-22 杭州玉皇山南基金小镇
资料来源：劲竹私募

4.6.2 生活性服务业提升城市更新的人文品质

4.6.2.1 生活性服务业撬动城市更新

生活性服务业也称民生性服务业或消费者服务业，它是与生产性服务业相对的一个概念，主要指为消费者提供服务产品的服务业（最终需求性服务业）。生活性服务业是连接物质、精神产品生产和消费之间的载体，物质、精神产品只有经过生活性服务业才能被人们所消费。

生活性服务业是"造业态"，而不是"造房子"，能够为城市更新"降低债务"。生活性服务业是优质的经济动力，能够使城市更新"创造未来收益"。发展生活性服务业是确保城市更新在长远角度实现自平衡的重要一环。在城市中,生活空间、生产空间、生态空间是"三位一体"的。对美好生活的追求是我们的目标,生活空间应以"宜居"为导向,重点提供住房和公共服务。

在城市更新中,我们应该面向低碳绿色,改变以往"产业—人口—居住"的城镇化要素驱动模式,通过供地园区,吸引劳动力,从而转型为"居住—人口—产业"的创新驱动模式,通过好的居住环境,吸引更多优秀人才,从而实现产业创新。

近年来,渝中区抢抓全国首批城市更新试点机遇,围绕宜居宜业宜游总目标,坚持"整体更新、综合整治、风貌保护"三条路径,以棚户区改造、老旧小区改造、城市更新提升为重要抓手,全力实施"五大片区、十大项目"改造更新,持续优化城市形态、功能业态、发展生态,城市品质全面跃升。

渝中区通过城市更新提升现代服务业的质量。金融方面,通过对解放碑—朝天门绿色金融大道的改造提升及文物建筑的活化利用,成功招引中银金租、渣打银行、大华银行等金融机构入驻,为西部金融中心主承载区建设添砖加瓦;文旅方面,精心打造鲁祖庙、三层马路等7处风貌街区,更新建设老鼓楼衙署遗址公园等27处文旅项目,统筹推进大鹅岭、下半城等重点片区品质升级,实现更丰富的文旅供给,持续擦亮国家文化和旅游消费示范城市的金字招牌。

未来,渝中区将以"一统三化九场景"为指引,高质量发展新载体、高效能治理新标杆、高品质生活新样本,进一步提升渝中区城市治理体系和治理能力现代化水平,打造全市现代社区样板区域和城市治理现代化先行示范区(图4-23)。

4.6.2.2 生活性服务业的场景塑造

以生活性服务业撬动城市更新,全球城市都在积极探索,并给出了各式各样的策略和方法。当下,消费正在从"消费产品"转向"消费场景"。人们在工作之余也在追求不同的生活体验,在历史街区、工业区、商业区、办公区的体验是完全不同的。特色场景能够增加产品的附加值。场景的特色也区分了不同的人群,也塑造了不同的居民社区形态。城市可以通过构建多元场景,吸引多元人群的聚集,而人群发生频繁的互动与交流,共享知识与创新,将最终成为城市发展源源不断的创新动力。除直接的经济效益外,生活性服务业对城市更新更大的助益在于能够快速带来"人"和"产业"的回归。

图 4-23　重庆渝中区白象街、十八梯

　　苏州工业园区的文化、商业设施逐渐完善，形成了以苏州中心为核心的环金鸡湖商业圈，充分为工业园区的科技企业提供优质的生活性服务设施。苏州中心项目总占地面积 16.7 hm^2，总建筑面积 113 万 m^2，总投资约 130 亿元。项目包括 7 栋高层塔楼、1 座大型商业建筑及周边市政配套工程，集商业、办公、公寓、酒店等多种业态，是国内首批"站城一体"的超大型城市共生体，形成辐射带动城市经济、孕育城市活力的"城市共生体"（图 4-24）。

图 4-24 苏州中心
资料来源：苏州工业区发布、辛迪

参考文献

[1] 卡斯腾·波尔松.人本城市：欧洲城市更新理论与实践[M].魏巍,王忠杰,冯晶,等译.北京：中国建筑工业出版社,2021.
[2] 华高莱斯.世界著名城市更新[M].北京：中国大地出版社,2022.
[3] 阳建强.城市更新[M].南京：东南大学出版社,2020.
[4] 安德鲁·塔隆.英国城市更新[M].杨帆,译.上海：同济大学出版社,2017.
[5] 邓刚,沈禾,董怡嘉,等.更新城市：价值驱动下的城市再生[M].上海：同济大学出版社,2020.
[6] 唐燕,杨东,祝贺.城市更新制度建议[M].北京：清华大学出版社,2019.

第 5 章 产业社区空间形态

5.1 产业社区的构成要素
5.2 产业社区功能空间融合设计
5.3 产业社区的特色场景塑造

在经济地理逻辑下，高科技人才更愿意选择宜居的环境生活；高端人才的聚集，也代表着人类的智慧聚集；智慧的聚集会带来个人财富和产业经济的汇聚，区域和城市的发展，离不开生活质量的高品质。生活质量，既包括了优越的地理环境和气候条件，更包括了人文社区环境条件。世界只有一个硅谷，绝不仅仅是因为地理环境和气候，还有更重要的开放、包容的人文环境。

5.1 产业社区的构成要素

5.1.1 产业社区的内涵

社区是由一定数量的人口在特定的地理区域内，基于共同的文化、价值观和行为规范而形成的生活上相互关联的若干社会群体或社会组织大集体。它是社会有机体最基本的内容，是宏观社会的缩影。社区既要有不同要素在地缘和空间的聚集，也要有要素之间的连接和互动。社区不仅是人们居住和生活的区域，也是社会成员参与社会活动的基本场所。它对于促进社区的政治、经济、文化、环境协调和健康发展，提高居民的生活水平和生活质量起着重要作用。

什么是产业社区？产业社区，就是符合所有产业需求的技术、空间、社会力量组合。产业社区是以产业为基础，融入城市生活功能，产业要素与城市协同发展的新型产业集聚区。产城融合旨在打破地理边界，创造一个更加开放、多元的企业生态环境，促进社群交流的活跃性，增强企业间的合作与交流。与传统的工业园区或产业园区相比，产业社区不仅仅是产业资源在空间上的汇聚，而是更注重产业链上下游资源的互补，将研发、生产、生活等各个环节有机融合，形成互补有序的产业生态圈。

产业社区，是聚焦特定产业主题、提供产业配套支持和人居发展环境的活力社区。产业社区更能适配未来趋势的特性，将成为产城融合的高阶形态。不同于厂房、办公楼与人居、配套泾渭分明的传统载体，产业社区的重点在于产业、商业、空间三个方面的有机融合。产业链更聚焦：产业社区的科创属性，使它更注重产业链中最核心部分，即产、学、研一体化的前端，形成以创新为核心的产业生态圈。商业更多元：量身定制多元的生活服务环境，吸引人群聚集发生碰撞交流，完善的配套，活力迸发。空间更开放：开放性营造出人人可参与的社区环境，进一步激发产业人群创新力。

5.1.2 产业社区的基本单元

现代主义自上而下的城市规划将工作、住宅、商业、交通等功能独立分开，区域之间以汽车交通为出行的基本方式。产业为主、拥有全要素城市功能的产业社区，是新城产城融合发展的天然基本单元。用产业社区来组织新城建设，能够通过对新城整体的去中心化，即实现组团型建设，大幅提升城市韧性。

"15分钟城市"的理念由法国巴黎索邦大学教授、城市规划大师卡洛斯·莫雷诺（Carlos Moreno）于2016年首次正式提出，认为未来城市应确保居民在15分钟的步行或骑行路程内能够满足生活、工作、商业、医疗、教育和娱乐六项城市功能。城市的节奏应该跟随人，而不是汽车；城市要有多元性，每一寸土地都应该有不同用途；优秀的社区设计有灵活性和完整性，让居民在此健康生活，而不是疲于奔命。

对于未来城市的生活样板世界很多城市都在持续探索。巴黎市政府在老城区开辟了许多适合骑行的通道，将一些废弃停车场、工业园建设为公共花园和绿地，并在大型广场上添置了方便路上休息的座椅等。西班牙巴塞罗那提出"超级街区"的概念。超级街区，就是将几个街区组合打包在一起，禁止车辆进入社区内，并添置更多的广场、绿地、休闲空间等。美国一些州的城市规划摒弃了以机动车为主的街道设计理念，提倡"慢行优先"原则。

2014年上海在全国率先提出"15分钟社区生活圈"概念；2016年，制定发布全国首个"15分钟社区生活圈规划导则"，并纳入《上海市城市总体规划（2017—2035年）》（简称"上海2035"）。2021年11月，上海、天津、长春、南京、杭州、合肥、武汉、成都等52个城市也共同发布了《"15分钟社区生活圈"行动·上海倡议》。在上海的城市实践中，"15分钟社区生活圈"是在市民慢行15分钟可达的空间范围内，完善教育、文化、医疗、养老、休闲及就业创业等基本服务功能，提升各类设施和公共空间的服务便利性，构建的是以人为本的"社区共同体"。

成都正在将产业社区作为一个细分产业领域中人城产融合的基本建设单元，并且在2020年发布《成都市公园社区规划导则》明确规定了一个产业社区的空间规模是 $1 \sim 5\ km^2$，人口规模为1万~5万人。在中国，15分钟不只是时间的标志和尺度，更是一把衡量城市生活便捷度与幸福感的标尺。

产业社区已经成为全球"15分钟城市"的浪潮下，新城建设、旧城更新的最佳落脚点和城市发展的基本单元。一方面，每个产业社区，都像一个个产城融合的"微城市"。而另一方面，产业社区成为城市建设、运维中可以复制的基本单元。我国的"15分钟生活圈"也重新定义了新一代的社区，它不是城市规划师规划出来的，而是基于普通人的需求，在日常生活中创造出来的（图5-1）。

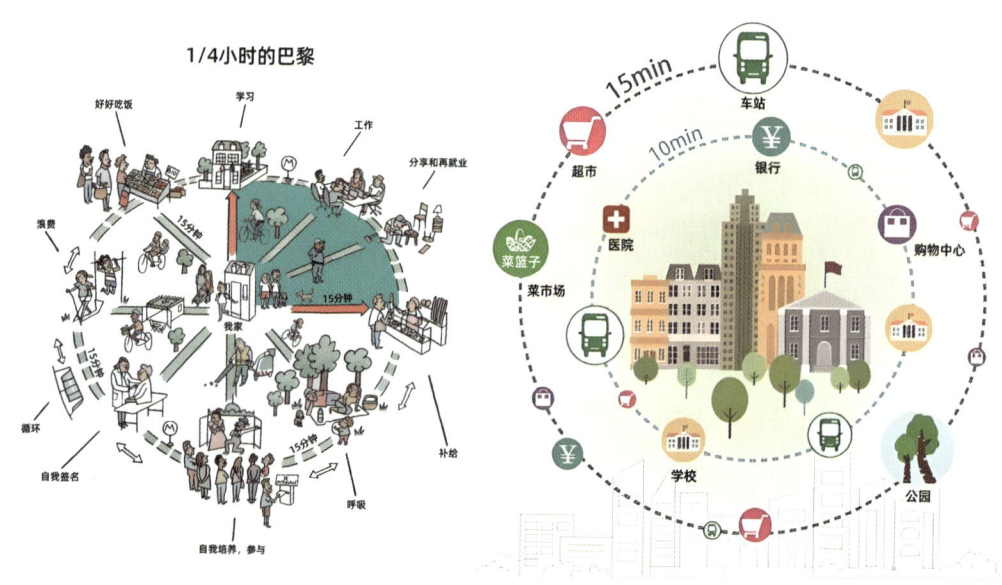

图5-1 "15分钟城市"及"15分钟生活圈"理念示意
资料来源：华高莱斯、上海规划资源

5.1.3 产业是产业社区的核心驱动力

我国高周转式地产开发已经成为过去，产业社区必须回归产业本质，以科技为本提升区域高端产业承载力，集聚创新人才资本多要素，构建新经济发展完整生态，打造区域产业发展新高地，塑造集产业创新、办公服务、居住配套于一体的新型载体。产业社区具有广适性的产业主题可供选择，也因此获取了丰富的可能与旺盛的活力，可以包括智能产业、智能材料、航空航天、数字经济、大健康、金融服务、总部经济、科技服务、商务服务等内容。

在打造产业社区的开发策略中要引入提供公共技术服务的平台型企业，提供便捷灵活的供应链体系，以中小型创新创业类企业为主体，创业孵化服务要实避免出现单一企业结构，影响产业活力强化应用型企业导入，打通商业化瓶颈。在落地方案上，要强调以产业生态引领产业社区，个性化、针对性为不同的参与方提供相适应的产品。要包括技术解决方案提供者（实验室、研发楼、多功能办公楼、小型数据中心）、应用服务提供者（独栋工作室、总部楼宇、写字楼式智能工厂）、平台企业（高层写字楼、定制商务楼宇、花园商务区）、线下入口（体验式展厅、开放式商业空间、混合功能公共空间）等。

漕河泾的集成电路产业年营收入约150亿元，占全市的7%，培育了9家集成电路上市公司；其中最为突出的是芯片设计行业，汇聚了上海1/4芯片设计类企业，包括澜起、富瀚微电子等；另外还有半导体应用、驱动相关；半导体制造与封装；半导体供应链与代理商等产业链。2018年，全球领先的半导体IP设计公司ARM的中国合资公司"安谋科技"落户漕河泾。ARM坦言，选择漕河泾，看中的就是这里的产业生态——作为上海乃至全国顶尖的高科技园区，漕河泾不仅能为企业提供一流的商业环境，更有完备的产业生态链和生态圈。也正是由于产业链的高效互联，还有源源不断的新的企业加入，形成正反馈体系。漕河泾的产业在智能网联汽车产业基础非常好，早期有采埃孚、法雷奥、延锋伟世通等多家汽车及零配件企业聚集于此，近年的新能源转型中引入了蔚来汽车研发中心、宁德时代等多个优质项目（图5-2）。

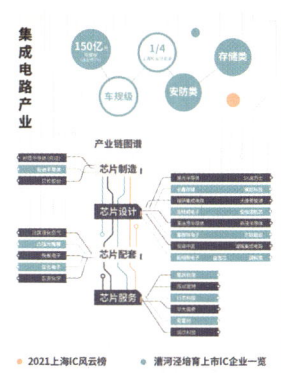

图 5-2　漕河泾集成电路产业图谱、科技绿技谷－安谋科技、蔚来总部、商汤科技总部
资料来源：TOP创新区研究院、豫陇秦沪·大庸

成都天府软件园通过"创业苗圃—孵化器—加速器—产业园"的多层级孵化模式，凭借卓越的领导力和持续创新力，产业聚集形成规模，企业培育成果斐然，天府软件园及姊妹园区已吸引包括IBM、SAP、EMC、飞利浦、阿里巴巴等众多国内外知名企业及财富世界500强落户，形成了涵盖应用软件、通信技术、IC设计、大数据、数字娱乐、网络信息安全、工业软件、人工智能等多领域的产业集群。园区通过持续招引、培育优质企业，聚焦产业生态"建圈"，围绕重点产业"强链"。天府软件园持续推动数字经济产业载体的建设和运营，致力于构建"一园多点"的空间布局，已同步运营管理AI创新中心、瞪羚谷·数字文创园、中国—欧洲中心等姊妹园区。天府软件园因在推动软件和信息服务业发展上的卓越贡献，荣获中国软件大会"2023年中国软件和信息服务业·领军产业园区"称号（图5-3）。

图5-3 成都天府软件园
资料来源：天府软件园、豫陇秦沪·大庸

5.1.4 商业是产业社区的活力源泉

商业活动是社区的重要组成部分，产业社区的活力也需要各种类型的商业设施来引领。产业社区中不仅需要服务范围整个产业区的片区级大型商业，也需要服务组团、临近企业的底商型业态。在园区建设的早期阶段，商业常为作为产业社区发展的引爆点，快速激发产业启动区的活力与价值兑现。所以从起始之初，产业启动区就承载了产业社区快速树立形象、塑造对产业和人群吸引力的重任，商业模块可以说是启动区中的活力与互动的源泉、是价值挖掘的第一推动力。无论是大范围的片区开发、中维度的城市更新、还是小颗粒度的产业综合体，都有着不同能级的引流作用。

产业社区的主体商业项目更应该符合产业园区的开放姿态，通过建筑形体、色彩、光影、夜景等的丰富形象提升园区的品质，也通过主题体验提升场所魅力。综合体需要建立入口足够的吸引力，比如把建筑形体做成一个大"精神堡垒"，同时增加喷泉、雕塑下沉广场等景观设施，设咖啡餐饮外摆区造氛围吸引人。可以用光、全息技术、绿色生态、历史叙事等来打造一个主题空间。这些措施一方面为园区的工作人员提供基本的商业服务，另一方面在工作时间之外也能留住足够多的人流以保证园区夜间的活力氛围。

位于新加坡纬壹科技城交通枢纽的星商业，是一座 TOD 综合体，由音乐剧院（5 000 座）、购物中心（2.8 万 m^2），以及写字楼等业态构成。整个星宇项目的设计概念是打破传统商业区与文化区、室内与室外空间的界限，通过流畅的空间过渡，鼓励人们在其间探索，并为纬壹科技城及周边提供一个充满活力的公共空间。星商业综合体为种类多样的城市及文化活动提供场所，并推动创新和创造力（图 5-4）。

杭州未来科技城聚集了亲橙里、美瑭广场、EFC 欧美广场、万达广场（未来科技城店）、未来科技城宝龙广场、万达广场（余杭店）等已开业商场，以及云城天街、华润绿汀路项目、富力中心等在建大型商业综合体。阿里巴巴集团、海创园和梦想小镇，以及欧美金融城等各类平台资源，能够支持园区的产业发展；同时具有浙江大学、杭州师范大学、天元公学等教育资源，浙一医院、余杭二院等医疗配套，以及人才公寓、万达广场等生活配套。杭临轻轨、杭州二绕、杭州西站、地铁五号线、地铁三号线等交通基础设施逐渐完善，出行方便快捷（图 5-5）。

5.1.5　空间是产业社区的创新催化媒介

产业社区要创造性地利用空间，促进交流，在互动中激发创新可能。要创造面向科技人员的大众生活空间，必须具有开放性，而非排他、陌生的感觉。除了对现有空间的充分利用，还可以结合周边特色，举办富有区域标志

图 5-4　新加坡纬壹科技的星商业综合体
资料来源：Aedas

图 5-5　杭州未来科技城商业中心综合体
资料来源：豫陇秦沪·大庸

性的活动，吸引更多的人群参与。产业社区要提供高端宜居生态＋优质创新服务，打造高品质城市生活社区，让人才足不出社区可以安居乐业。通过生态建设＋精细化运营的双核模式，实现"工作、生活、休闲"职住一体的平衡化、高效化社区模式。

还要创造面向企业的产业交流空间，一般来说室外空间是企业举办活动的重要承载空间，可以举办新品发布会，也可以举办交流活动。室外空间具有更强的开放性，为"开源"性的企业活动创造更多的社会流量。

产业集群、邻里中心、建筑设计、内部空间、环境设计、共享空间、户外艺术等空间要素交融，以多元共享、功能齐全的社区理念，激发创新热情，为创造赋能。在这一维度，产业社区可以重点提供开放办公、员工共享区、商务沟通区、服务展示区、运动体验中心、花园式街区、时尚商业娱乐等。

产业社区是围绕产业人群喜好，为他们量身定制工作环境，吸引人群聚集发生碰撞交流的场所。与过去封闭式、个人英雄主义式的长周期攻关的创新模式相比，今天的产业创新范式是"团队协作"的时代，集体创意、创新者之间的交流变得必不可少。

创新、科技和服务业有一个最大的特点是需要面对面交流，通过交流来彼此学习，来接收最新的信息。最新的信息不一定在书里，可以通过交流获得，并激发创意。更大的创意还发生在跨界间的碰撞上。产业社区必须在"社区"氛围的营造上实现突破，通过持续不断的交流互动、发生连接，促使空间成为社区。交流、连接并不是自然而然发生的，它需要精心的策划。需要落实到产业园区的室内外空间上，就是交流场景已经成为产业社区的"新刚需"（图 5-6）。

5.1.6　人才是产业社区的潜力和未来

一个地区的未来，不再仅仅依靠区位，也不是积累的财富，而是人才。一个地区最宝贵的财富是人——人的潜力与创造力。高密度的人才聚集形成了正反馈——越多的企业，越多的人才；越多的人才，越多的企业，越多的其他创新要素：风投机构如软银、IDG 资本等也集聚于此。

很多园区的产业是聚集了，但人才不一定能留下来，问题是产城融合没有做好。而漕河泾在这方面非常有前瞻性——规划布局上，呈现"内产业办公、外住宅小区"特点，保持生产、生活相对分离，又各自集中，提高上下班通勤效率。附近的田林、虹梅、古美等板块就是生活娱乐，为公司员工提

环金鸡湖公共空间

张江 AI 产业园的滨江休闲带及园区内亲子设施

漕河泾印象城的室外公共交流空间

张江科创园建筑内部交流空间

图 5-6　园区空间媒介
资料来源：豫陇秦沪·大庸

供了生活的多样化选择，幸福指数是相当可以的。

漕河泾开发区的最大优势之一就是它有源源不断的人才，周边聚集了有20多所高等院校，比如交通大学、华东理工大学、上海师范大学、上海应用技术大学、华东师范大学、东华大学、上海工程技术大学、上海大学、复旦大学（医学院）、上海中医药大学等；还有120多所科研院所：中国科学院上海生命科学研究院、中国科学院上海微系统与信息技术研究所、华东计算技术研究所、上海市计量测试技术研究院、工业微生物研究所、激光技术研究所、航空615研究所、航天801研究所、航天803研究所、航天807研究所、航天811研究所、航天812研究所、航天第八设计部、电子科技集团21研究所、上海核工程研究设计院、上海劳动保护科学研究所、上海广电（集团）有限公司中央研究院等。统计数据显示，目前漕河泾园区工作人员30万，硕士以上学历占比约17%，高技能人才达40%。

5.1.7　自由流动是产业社区的创新动力

当人才与企业能自由流动时，就更能促进创新，更能让资源配置更合理——这种自由流动，在大范围内，将必定会让区域内的公司更有竞争力，创新资源得到更好的使用，从而释放巨大的发展潜能。城市群等庞大的经济体的本质就是生产要素的自由流动，即人、资本、货物等的自由流动。有自由流动，才有创新动力，我们需要尊重市场精神，尊重自由流动。

漕河泾打造的公共技术平台，为企业提供创新创业、知识产权、金融、人才等全方位服务，也有力地促进了各个创新要素在生态内的流动、整合、提升。

字节跳动上海总部原位于闵行区漕河泾开发区，近期，字节跳动搬至杨浦区，腾讯上海也已部分搬迁至徐汇滨江地区。字节、腾讯这次部分外迁，本质逻辑是基于业务布局以及战略发展的考量。将合适的业务布局在最合适的区域，在经济上达到最优解，这是很正常的，这种流动是一个自然现象。同时，漕河泾开发区腾出来的空间又可以引入新的公司，发展新的产业赛道（图5-7）。

图 5-7　入驻漕河泾开发区科技绿技谷的高科技企业
资料来源：豫陇秦沪·大庸

5.2　产业社区功能空间融合设计

产业社区不仅是工作场所，更是生活场所。因此，它拥有商业、休闲、教育等生活配套功能。

产业社区，其实就是一种围绕某类产业、包含城市各种功能的产城单元。每个产业社区都会集合产业及服务、居住、生活、文娱、医疗、教育等产城"全要素"，细节上则表现为百花齐放。从传统产业空间进化到产业社区，不一样的产业，在复制过程中形成的是不一样的产业社区，个性化、极致化才是未来。

产业社区的科创属性，使它更注重产业链中最核心部分，即产、学、研一体化的前端，形成以创新为核心的产业生态圈。

漕河泾印象城坐落于上海市漕河泾开发区内，处于上海市区核心位置，地铁 12 号线虹梅路上盖。商业建筑面积为 5.6 万 m^2，拥有 1 800 个停车位。商场 2021 年 5 月 28 日开业后，成为上海首个入驻高新科技园区的核心品质型商业综合体。漕河泾印象城定位"上海潮玩生活基地"，通过融合"科技、跨界、文化"等元素，为消费者呈现全新的潮流艺术体验和数字化社交生活空间。万象城地下一层空间向西直通 12 号线地铁站，东北侧的地下通道将商业综合体的商业空间和漕河泾现代服务园内的商业配套设施紧密联系在了一起。在这个社区中心的步行范围之内还有漕河泾万丽酒店、漕河泾公园、社区卫生服务中心、住宅等设施。多功能的城市空间构成为漕河泾开发区注入了持续的活力（图5-8）。

万象城室内外空间

万象城屋顶花园

万象城地下广场、地下街

图5-8 漕河泾万象城
资料来源：豫陇秦沪·大庸

5.2.1 产业的差异化空间布局

产业社区的差异化定制已经成为城市谋划产业重要乃至核心的动力。一个产业社区，就是一个小型的产业集群。以生物技术产业为例，该产业发展，呈现出明显的集群化特征。研发中心驱动的生物产业集群，与医疗中心驱动的生物产业集群，在空间组合布局上就存在显著差异，而这种差异在规划之初就应该统筹考虑。

纵观全球，成功的生物产业集群一般都会包含研发机构、医院、初创企业、风险投资机构、制造企业等配套功能。但选择以功能作为驱动力，决定了生物产业集群的发展逻辑，继而影响到其所适配的空间形态。研发中心驱动的生物产业集群，一般将大学、研究机构等作为"锚点"，形成锚点导向的空间结构，即常见的"一群创新企业围绕着研究机构"的布局形式（图5-9）。

图5-9　波士顿肯德尔广场
资料来源：华高莱斯、上观网

美国马里兰州 I-270 生物科技走廊就是经典案例，它是全美前五大生物集群。这里云集了一批世界级的生物研究所和高校：包括美国国立卫生研究院（NIH）/贝塞斯达海军医学中心、美国国家标准与技术研究院（NIST）、约翰霍普金斯大学、马里兰大学等。这些研发中心，为生物技术企业提供了人才、创始人和合同的来源。全长约 60 km 的 I-270 生物科技走廊，已经形成了以研发中心为核心的多组团布局。而且，每个组团都是一个涵盖研发中心—实验室和孵化器—生物企业—居住、商业、休闲等配套的完善产业社区（图5-10）。

图 5-10 美国国家标准与技术研究院
资料来源：华高莱斯、现代实验室装备网

除了研发中心，医院等临床资源凭借其最一线的需求发现能力、自身科研平台的创新能力以及临床试验能力，也是生物技术产业集群的核心驱动力之一。若采用医疗中心驱动，则面向就医人群的大量高等级的医院是其主要牵引力，产业集群布局逻辑则应该采用 C 端思维——消费者导向布局。消费者导向布局的核心原则是医疗中心集中布局，同时搭配交通设计实现便利对外连接，最大化降低医疗消费者的时间成本，便利医院之间就医的相互转换，提高效率。

日本的神户医疗产业集群就是遵循这种布局原则人为规划打造的典范。其位于神户填海而成的神户港岛上，全岛片区总面积约为 8.3 km²，是神户市政府为了带动城市转型倾力打造的产物。神户医疗产业已成为当前日本最大的生物医药产业集群，而且它还是一个面向全球医疗消费者的医疗观光都市，是日本首个观光医疗产业集群。以医疗观光为导向，神户医疗产业都市将医疗机构进行集中布局，在约 600 m 的中心道路两侧，聚集了神户市立医疗中心中央市民医院、神户大学医学院附属医院国际癌症医疗研究中心、兵库县立儿童医院等九家各具特色的高等级医疗机构，形成了位于产业都市北部的强大医疗特区。特区还配套了轻轨，可以快速到达市中心和机场，一切都是基于最大化便利全球医疗消费人群考虑。这里除了一站式就医服务外，还形成了牵引生物科技研发和产业发展的强劲临床动力。北部的医疗特区、中部的生物特区和南部的模拟特区共同构建起了研发—临床—产业化的超级产业集群。

这个产业集群还设有各式中高层公寓、私人住宅和酒店，并配套了国际交流会馆、会展中心、国际展览馆、博物馆、体育中心、多元化餐厅、学校，以及南公园、中央绿地、动物园等大大小小的公园，为本地居民提供了舒适的产业社区环境，也满足了来此就医、交流的国际人群的多元化需求（图 5-11）。

图 5-11　神户医疗产业都市核心区
资料来源：神户·天津经济贸易联络事务所、华高莱斯

5.2.2　产业社区的功能混合促进创新效率

5.2.2.1　社区内的功能混合

产业社区的功能混合需要在规划政策等层面对用地加以落实和创新，实现工作、生活、休闲的一体化。在规划中预留必要的发展用地或兼容空间，在社区中提供更多介于家和办公室之外的"第三空间"。如何更精准匹配不同产业的特殊细分需求，在小空间尽可能混合更多功能，实现从单一空间向集约紧凑的复合空间转变，将是在城镇化的下半场。

经过多年的探索，上海新型产业用地类型进入了产业融合管理（M_0）的阶段。2023年11月，上海市出台了《关于促进城市功能融合发展　创新规划土地弹性管理的实施意见（试行）》，为顺应城市功能融合需求，加强城市更新的规划土地管理弹性适应。允许混合配置工业、研发、仓储、公共服务配套用途等功能（简称产业综合用地），其中主导功能以工业、研发、工业和研发混合为主。产业融合管理要求（M_0）适用于产业社区和国家公告开发区范围内，优先适用于张江科学城、临港新片区、紫竹科学园区、漕河泾开发区等鼓励创新发展的产业社区以及市级"智造空间"优质项目。

深圳、成都等也新设了新型产业用地（M_0）等更灵活的用地规划，允许更丰富的用地类型；首都5座平原新城的最新实施方案中，也提出探索混合用地模式，高标准配套公共服务，优先用于为科技创新、城市服务以及产业发展所需要的新业态、新功能。

深圳市软件产业基地由 18 栋 2～28 层单体建筑组成，总占地面积 12.30 万 m^2，总建筑面积约 45 万 m^2。业态主要分为研发办公、SOHO 商务办公、员工配套公寓及裙楼底商四种。深圳市软件产业基地与后海金融总部经济中心一路之隔。后海金融总部经济中心按国际港湾规划标准，依托深圳湾的滨海长廊带、深港口岸、体育配套、商业文化中心，打造后海金融总部中心；而软件产业基地所处的是高新技术产业园南区，紧挨后海金融总部基地，是国家科技部"建设世界一流科技园区"发展战略的首批试点园区之一，因此项目所处的整个片区融合了从金融到产业的丰富功能，未来发展的价值无可比拟（图 5-12）。

深圳高新区南区多功能混合

深圳市软件产业基地

图 5-12 社区多功能混合

5.2.2.2 地块内的功能混合

单一地块的产业园区设计也趋向于功能的多元混合，在步行范围内满足科技人员的日常需求，提高地块的使用效率。当前有一些新城和产业社区，正在尝试一些更极致化的功能混合举措，进一步缩小尺度、提高密度，以贡献更强的产业动力。这种尝试主要是基于一些高新产业对创新效率进一步提高的迫切需求。

杭州天目里是设计大师伦佐·皮亚诺在中国的第一个作品，业主是江南布衣集团和goa大象设计。天目里综合艺术园区打破了传统园区的功能构成，融合了企业总部（江南布衣和大象设计等）、艺术中心、美术馆、实验剧场、买手百货、设计酒店、精品书店、音乐展览、时尚概念店、咖啡馆、餐饮等。功能的多元化促成了活动的多样性、人流的多样化，园区具有了24h活力源。这里将汇集的是艺术、建筑、设计、创意、自然、文化领域的从业者和公司。

位于上海闵行区罗阳路的天利·上高地园区总建筑面积约6.5万m^2，分设13栋建筑，包括1栋高层办公塔楼、9栋院墅办公楼、1栋商业楼、1座当代生活艺术中心和1座文化展示中心。作为存量工业用地的转型，园区不仅要全面升级成为现代化的创新产业中心，也要承载区域的历史与城市的记忆。打造融建筑科技、产业生态、文化艺术于一体的商务园区。

西奥电梯产业园三期位于杭州市临平国家级经济技术开发区，产业园以塑造"活力场"的理念为指导旨在激活包含多样化互动关系的工作空间。基地由南向北分为三个区块：以总部办公楼为核心的高层厂房及员工生活区、中央绿带和大型单层厂房。设计秉承"智造未来""工业旅游"的理念组织空间布局、功能流线，致力于打造一座集产、学、研、住、商等功能于一体的智慧型产业社区。园区以开放的姿态，将办公空间、工业展厅、未来工厂和员工生活配套空间相互渗透，涵盖生产研发、办公交流、工业参观、社交生活等多元使用场景，全面满足企业员工和客户的多样化需求（图5-13）。

5.2.2.3 建筑内部的功能混合

创新产业属性越强的产业社区，其功能混合的尺度越来越小，密度越来越高，甚至实现了在一栋建筑内进行全要素混合。例如新加坡的纬壹科技城就提出"一栋建筑就是一个创新社区"。楼下是办公区，楼上就是公寓，地下还配有餐饮、超市、健身房等，能轻松在研发和生活之间无缝切换；十分符合科研人员要昼夜加班的工作生活模式。除了空间尺度上的极致化压缩，产业社区对于功能混合的探索，还存在于对同一空间的复合化升级利用。

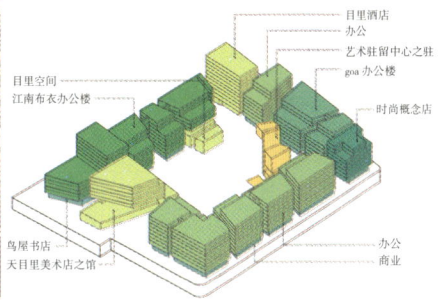

杭州天目里混合功能布局

上海闵行区天利·上高地园区的混合功能

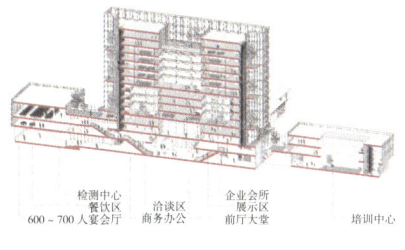

西奥电梯产业园三期

图 5-13　地块内的功能混合
资料来源：豫陇秦沪·大庸、上海建筑设计研究院有限公司、goa 大象设计

东莞市将工业大厦作为城市更新及产业升级手段，一方面，东莞市以工业上楼作为"三旧""工改工"更新模式；另一方面，东莞市通过工业上楼产品推动产业向研发创新升级。东莞松湖智谷园区将智能制造装备、高端电子信息定位为主导产业，打造产城人融合新智造基地。作为大湾区工业上楼、产业转型升级示范基地，松湖智谷先行先试工业上楼创新模式，并创新性地对工业空间采取"分割销售、租售并举"的商业运作模式。松湖智谷项目分六个地块，产品主要包括工业大厦、产业大厦、超高层企业总部大厦，配备人才公寓和产业配套设施，其中开发物业约70%为产业大厦。松湖智谷在A区打造花园式办公大厦，能满足部分企业研发、试制/中试、检测、营销、产品展示、物资运输及存储、管理办公等个性化需求，与工业大厦形成生态产业链聚集格局。松湖智谷的工业大厦是东莞市产业转型升级基地，拥有后工业时代的独创产品设计，以智能制造产业用房为主导，集研发、生产、测试、展销于一体，能够满足研发、试制、轻型生产、检测、组装、展示与仓储物流等多种功能需求（图5-14）。

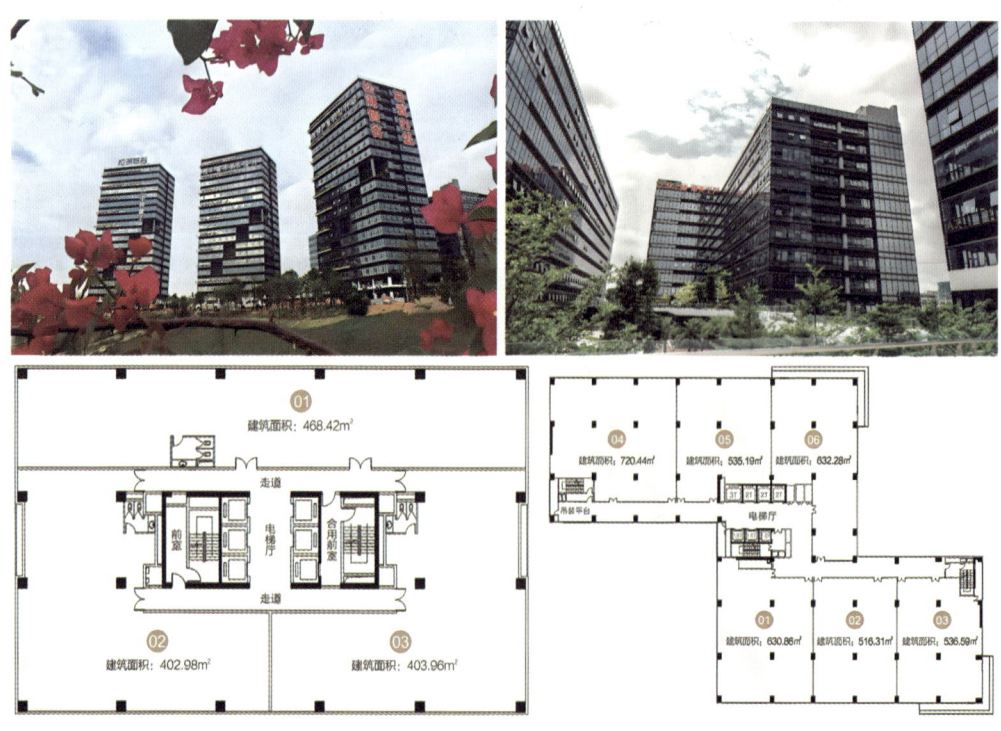

图5-14　东莞松湖智谷花园大厦、工业大厦
资料来源：松湖智谷

5.2.3 产业社区的全产业链布局促进效率提升

生物医药生产链条长,从研发、孵化、中试、生产、临床到销售,所涉及的流程长。且生物医药所涉及的细分方向也很多,制药、基因工程、医疗器械等。一些综合性的园区以政府为主导,产业链环节多,占地大,整合众多资源,撬动区域的发展,综合性的园区鲜明的特点是产、医、教、研为一体,政府、高校、风投机构、基础研究机构、医疗机构等多因素组成的创新网络,为园区产业的规模化与集聚化发展,园区乃至区域创新水平的提升、提供关键支撑。例如以武汉光谷生物城,其以医、教、研、康四位一体,利用产业集聚的组织形式引导和推动生物产业发展,促成了项目、技术、资金、人才等资源在较短时间内向规划区域集聚,降低成本,实现集约发展。

美国得克萨斯医疗中心占地约 10 km²,建筑面积约 465 万 m²,是全球最大的医疗服务、科研和培训中心,集医、教、研为一体。聚集了 50 家国际一流水平的医疗卫生机构,包括著名的安德森癌症研究中心、得克萨斯儿童医院等。在癌症、心血管病症、遗传性疾病、临床护理等领域临床及科研方面处于世界领先水平,区域年产值超过 250 亿美元,带动区域经济年产值达 140 亿美元。得克萨斯医疗中心整合了医疗、大学、各类研究机构和医药企业。距其不远莱斯大学,医学研究出色。在得克萨斯医疗中心内有 100 多栋建筑,长驻 40 多家顶尖的医院、医学院、研究所等机构,雇佣超过 11 万名员工,是美国医疗、生命科学人才最集中的地方(图 5-15)。

图 5-15 美国得克萨斯医疗中心
资料来源:HKS

5.2.4 打破边界促进产业社区的空间融合

产业社区最重要的一个特征就是开放的属性，工作、科研、休闲、居住等多功能充分混合，打破功能上的边界，外部空间有机融合在一起，更有利于创造轻松、创新的交流氛围。创新驱动发展的全球大背景下，城市经济在发展转型的同时伴随着城市空间的更新。近年来，全球创新空间有从"园区"走向"城区"走向"产业社区"的趋势，科技创新公司的选址开始从大都市区的郊区地带转向基础设施开发完备、城市氛围浓厚的城市地区。

5.2.4.1 杨浦大创智

2003 年，上海市委、市政府作出了建设杨浦知识创新区的重大战略决策，提出大学校区、科技园区、公共社区"三区融合、联动发展"的理念。杨浦大创智是有一个 8.2 km^2 的园区，核心区创智天地成为这一理念的先行区。创智天地依托江湾体育场及周边大学知识溢出效应等资源，相继建成了创智天地广场、大学路生活区和创智企业中心等。在此基础上，创智天地又向五角场以北扩展，打造了以创智科技中心、创智国际广场为引领的高科技总部基地。2023 年 3 月 28 日，大创智获评国家级文化产业示范园区，是上海此次唯一获此殊荣的文化产业园区。大创智的"共创"基因，最早体现于校区、园区、社区的三区共创。20 年来，大创智从小小的 1 km^2 起步，到孕育 4 500 多家双创企业，营业收入超过 5 000 万元的企业约 60 家，已经成为知名文化科技产业高地、周边高校学子的梦想家园、初创企业孵化成长的沃土（图 5–16）。

上海创智天地园区是由杨浦区政府联合香港瑞安房地产集团投资的信息产业为主的高新技术产业集群。项目总建筑面积 100 万 m^2，包括创智天地广场、创智坊、江湾体育中心，以及创智天地科技园四大部分。园区以"科技创新、企业精神、学术艺术共融"等理念，将自身定位为一个将大学校区、科技园区、公共社区"三区融合、联动发展"的新社区典范。目前已发展为以人为本、多主体共同参与、超级融合的"共创社区"。

创智天地园区规划设计上采用小街块密路网，交通以公共交通为导向，鼓励步行，并通过"功能分区"营造有特色的多功能社区。创智天地广场，由九幢甲级办公楼组成，重点引进以跨国公司为主的总部级研发和销售中心；创智坊以乙级办公楼和公寓式办公楼为主，重点引进具有自主知识产权的创业型企业，外包服务企业等；科技园，以定制总部级公司办公楼为主，重点引进企业总部；江湾体育中心，以历史保护建筑为主，建成上海东北片重要的公共活动中心。

创智天地会议中心坐落于北端，商业和教育类建筑位于南端，有助于振兴该区域，并吸引附近大学和相邻科技园区的人们来访。各个公共广场将以各种材料的拼贴为特色，与用地历史建立触觉上的联系。

未来，创智天地将打造成一个世界级的复合创新知识社区，在可持续发展的理念下，构建起集科技创新、前沿时尚、艺术人文的超级融合，为城市副中心的发展注入新动能，努力成为上海乃至全球的创新示范样板（图5-17）。

图5-16　上海杨浦大创智
资料来源：《新民周刊》

图5-17　上海五角场创智天地
资料来源：豫陇秦沪·大庸

5.2.4.2 东伦敦科技城

东伦敦科技城位于伦敦东区,历史上一直是贫民、移民的聚集区。二战后重建为服装、印刷为主的轻工业区。20世纪50年代开始,制造业衰落,伦敦东区又回到脏、乱、差状态。直到90年代,实施至今的三轮更新,才扭转区域的命运。如今这里已是英国科技企业最密集(已超过1 600家)、全球人才密度最高的创新区。

20世纪90年代的伦敦东区完成了其文化创意产业的起步。1997年,布莱尔政府开始着力推进文创产业,将之作为国家重点产业,在组织管理、人才培养、资金支持等方面给予政策支持。在这一背景下,伦敦释放了大量工业用地,其中伦敦东区大量空置的旧厂房为艺术家们提供了低廉的空间,成为东区文创复兴的开端。大批新兴科技公司聚集在伦敦东区的老街(Old Street)和肖尔迪奇区(Shoreditch)中间一个被称为"硅环岛"。2010年政府推出"迷你硅谷"计划,将"发展成为世界上最伟大的科技中心之一"作为伦敦东区的发展愿景,以硅环交叉路口为核心枢纽,将包括奥林匹克公园在内的东伦敦建造成高科技产业中心,命名为"东伦敦科技城"(East London Tech City)。这项议程是政府创造新就业机会,实现经济多元化和支持可持续经济增长计划的一部分。

在推动地区发展过程中,政府摒弃了传统的产业园区打造模式,通过构建产业网络+创新平台+城市功能的创新方式,通过科技融合产业发展,城市给予地区活力,创新平台给予企业服务,一举成功。

在伦敦东区更新的关键阶段,以空间发展战略带动环境提升的理念起到了带动和引导作用。《伦敦规划》提出的空间发展战略政策侧重于伦敦东区,以实现区域内硬件环境的提升。2004版《伦敦规划》大力鼓励通过更新再开发的方式强化城市核心竞争力。2004版《伦敦规划》高度重视伦敦东区(含泰晤士河口地区)在内的五个次区域的发展。伦敦东区内的"硅环岛"区域属于机遇区(2008年纳入)与更新区重叠的区域,其科创产业的发展充分利用了政策给予的引导、扶持与优惠。机遇区与更新区的政策涉及构建包容型社区、住宅保障、产业用地低门槛维护和基础设施提升等方面。低税率、空间保障等低门槛的系列政策为科创产业落地提供了较好的基础条件。

科技创新创业生态,除了以解决办公空间和培育创业企业的联合办公和孵化器,更为重要的是当地创新环境的营造和培育。东伦敦科技城整合城市的各类资源,搭建科技创新产业的"生态圈",为伦敦探索新的产业方向。东伦敦科技城主要采取"局部点状更新"方式推动建设,必然走向功能"复合化"配套升级模式。丰富的创业活动为伦敦的创业者们提供了充沛的交流和社交活动。伦敦东科技城以高达3∶1的办公和商业比例,达到了高度的城市功能复合,也呈现出最具活力的创新城市面貌。如全球首家临时购物中心BOXpark,于2011年开始营运,是全球最环保的购物中心。为进一步引入科技企业、留住人才、激发创新,东伦敦科技城将"职住平衡""非正式交流空间"视为首要更新目标。高密度、综合性,无疑是职住平衡的主要选择。除了公共空间的社交空间打造外,还增加咖啡馆、书店这些容易激发社交的商业场所。

东伦敦科技城的成功是建立在自下而上的艺术化更新,自上而下的创意化改造,以及围绕产业软环境打造的多重叠加基础之上。由此添加了一种新类型——"生活环境+创新环境",更为老城更新发展提供了新思路(图5-18)。

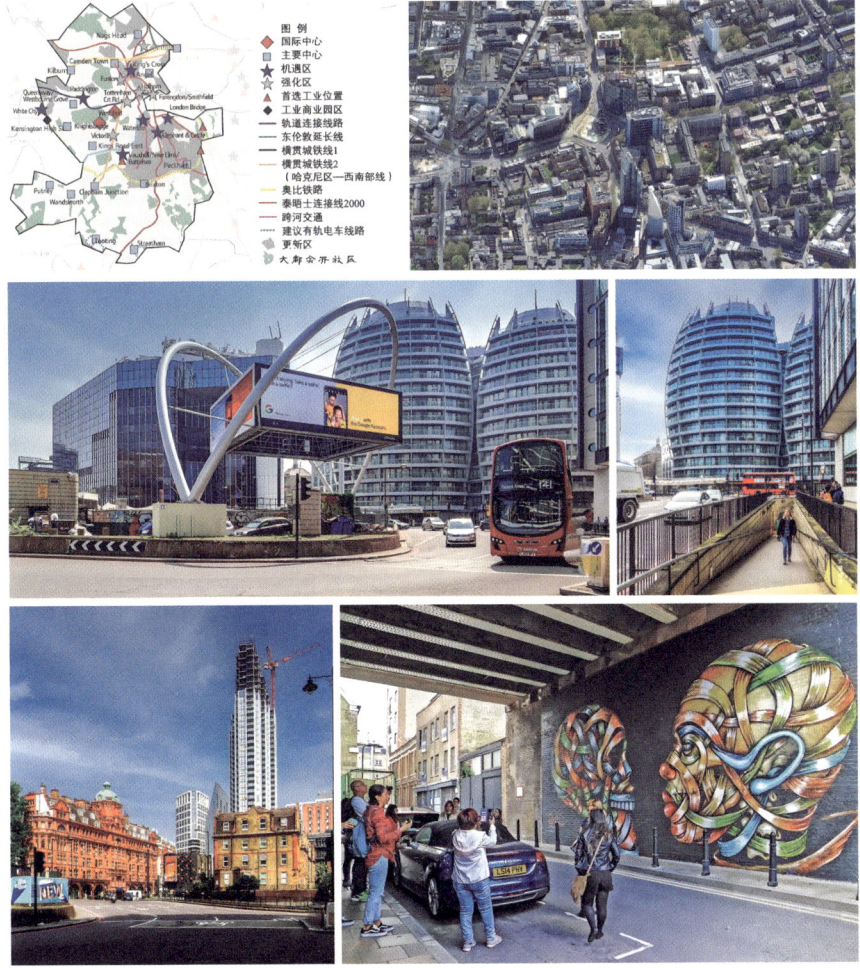

图5-18 东伦敦科技城
资料来源:华高莱斯、全至工程咨询有限公司

5.3 产业社区的特色场景塑造

产业社区既然是都市化的，空间开放性必然远高于以往园区。开放性营造出人人可参与的社区环境，进一步激发产业人群创新力。

5.3.1 共享开放的场景塑造

绿意盎然的公园、宽敞明亮的街道、充满科技感的建筑……今后，当你漫步在以高新区为代表的产业园区的街头巷尾，你将会被独特的城市景观所吸引，这不仅仅是一个舒适的工作、生活环境，更是一个充满活力和创造力的社区。公共空间，作为人文生活、活动交往的主要载体，是城市文化最集中与发生催化反应的场所，也与人们日常生活和城市发展紧密相关。

深圳高新区将高新北三道设计为片区的"中央大街"，为园区高科技人才提供全天候、多元化的生活配套服务。分段设计"生态活力绿廊"，构建"鱼骨状"的特色公共空间网络。依托平台设置开敞空间，策划丰富的活动，作为地面公共空间的补充。平台通过"城市核"与地铁站点进行立体联系，强化人流导入，实现轨道、商业、慢行的融合。随着产业迭代周期的缩短，平台为产业升级的不确定性预留了充足的弹性配套空间。进而成为其他城市公共设施的"接线板"，可接入多种未来需要的公共设施，如云轨、市集、路演场地等，也可提供如公共食堂、健康诊所等民生服务，成为促进产城融合的重要载体（图5-19）。

成都高新区将在2025年前完成8个公园城市示范片区建设，其中月牙湖产业型公园城市示范片区已经建设完成。月牙湖产业型公园城市示范片区北起天府一街，南至天府五街，西起益州大道，东至萃华路，生态景观与产业楼宇相融合，与产业园区相连，是新经济活力区核心区，是集产业办公、居住、生态、休闲、文化为一体的水景公园，汇聚众多国内外知名企业和在此奋斗的青年人。月牙湖公园则自北向南从延伸五个街区，长达650 m。公园占地7.6 hm^2，其中月牙湖湖面为2.1万 hm^2，整体景观围绕湖面向中心汇聚。月牙湖周边分为4个区域3大主题，分别为城市休闲区、城市文化区、生态展示区，由此迸发出休闲流、文化流、艺术流及生态流。

月牙湖弯弯的弧形湖泊精巧别致、灵动优美，沿湖步道、亲水栈道和跨湖小桥形成丰富的城市滨水休闲空间，水岸绿植茂盛、生机勃勃，沿途修建的儿童乐园、晨练广场、休闲茶座等服务设施总是人气满满，让景观中又多了民生温度。

在示范片区的打造中，成都高新区全面贯彻街道一体化设计理念，对由街道两侧建筑、道路、绿地形成的围合形成的 U 形空间进行一体化打造和管理，全方位引导街道空间形态和景观设计，对慢行安全、步行空间、骑行网络和绿色交通接驳提出全面引导，形成街道界面各类元素的整体融合，由道路建设向街区场景营造转变，让街道成为市民享受美好生活的空间场景。

在精细打造的绿地公共空间中，围绕年轻上班族的生活习惯和需求，增设公共服务休闲空间，形成营造创新创意、灵感碰撞的交流空间。各类产业服务行动、社区生活活动以公园绿道为载体举办，将具有人文气息和企业风采的装置小品植入街头，极大地增添了公园城市的活力与魅力（图 5-20）。

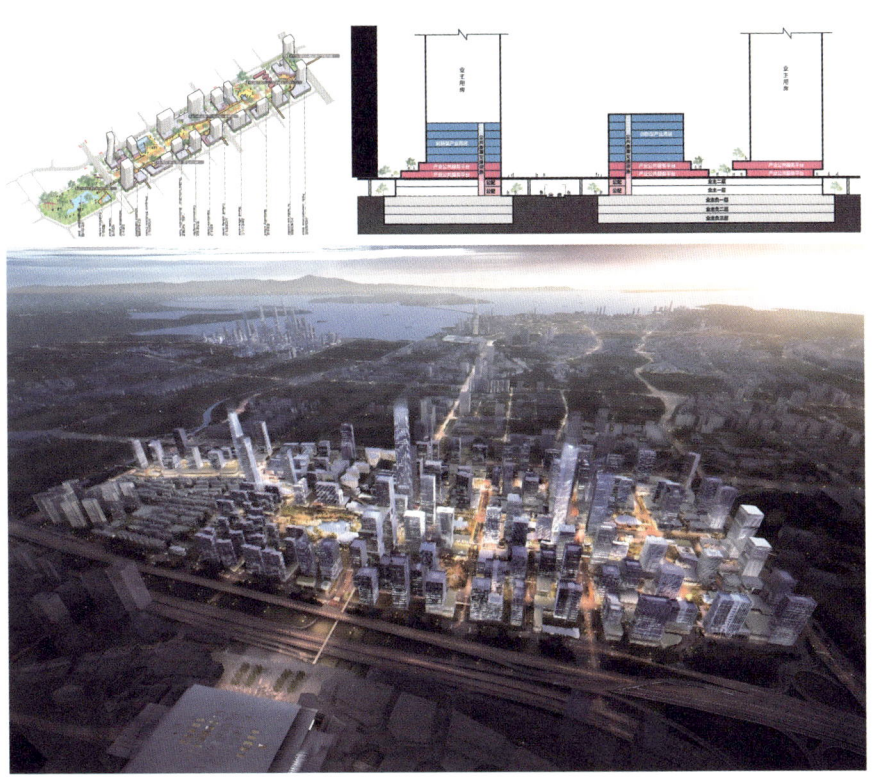

图 5-19　深圳高新区"中央大街"示意图
资料来源：深圳城市规划学协会

图 5-20　成都高新区月湖公园
资料来源：豫陇秦沪·大庸

5.3.2　自我表达的场景塑造

城市中的剧院、喜剧俱乐部、艺术学院等正是体现自我表达特质的重要载体。鼓励自我表达能够使人们内在的观点、主张、习惯等外化为行动表现。对于科技人群而言，沉浸在自我表达的场景中，能够鼓励其将自己头脑中的创意灵感变成现实的技术或产品。自我表达的场景不是高科技集群的结果，但是位于自我表达程度高的场景中的高科技集群，趋向于繁荣成长。

在自我表达性程度高的场景中，科技产业的集中度对于城市地租、收入、就业岗位的增长影响显著，这也正是"硅巷模式"相比"硅谷模式"的区别和优势所在：同是科技产业聚集的区域，由于硅巷的自我表达程度高，科技产业聚集对于城市经济、市民就业的带动作用更为显著。"场"和"景"是相辅相成的，"景"为"场"提供了内容，使"场"提升了存在的意义。优质的空间载体，更鼓励、激发自我表达的场景表达。

广州海珠湾壹号工业遗址公园是在广州造纸厂的工业遗址上建立起来的。广州造纸厂始建于1936年，中国第一家生产新闻纸的企业，具有深厚的历史沉淀，见证了广州人民的创造和创新精神，成为了推动广州城市迭代的力量。广州造纸厂遗址公园延续场地历史文脉,以"文化、绿色"作为景观设计理念,将历史文化资源进行保护和活化利用,使文化传承与丰富的空间形态、多彩的街区生活紧密相依。广纸工业遗迹结合场地特征与实际需求,保留烟囱与露天剧场连接起来,为人们创造相遇和交流的空间,也把市民和健康的生活方式以及当地文脉重新联系在一起。景观改造最大限度地保留高大乔木,形成宜人的林荫空间。以古树为中心组织空间布局,将平坦的场地转变为雕塑般的地形,构建充满乐趣的艺术和生活空间。休闲广场以艺术构筑物、自然景观与休闲坐凳等元素置入场域,满足了现代居民多样化的活动需求,使其成为提供生态、休闲、教育的城市空间。细节上控制新旧材料选择、注重细节与使用的便利,营造古今交融的文化场景(图5-21)。

图5-21 广州造纸厂遗址公园
资料来源:景观周

纽约曼哈顿重塑城市公共空间,打造人性化街道与广场,在6年间增加了229个社区公园、320 hm² 绿地,为吸引企业和人才创造了良好的自然环境场所。在布鲁克林科技三角区和皇后区长岛市等由城市更新拓展出来的新兴硅巷空间,政府也在推进更好的基础设施支撑,构建人行步道、自行车道和强大的交通网络,鼓励户外座位等与自然环境更好结合的场景。

在曼哈顿最具有代表性的自我表达场景营造的案例要数高线公园。这条废弃的高架货运铁路被设计师给使用者营造了一个层次丰富的景观休闲空间，同时也给予使用者自由发挥和想象的空间。高线公园总长约2.4 km，跨越了22个街区，其中将肉类加工区、西切尔西区及地狱厨房/克林顿区三个重要区域连接起来。作为政治、生态、历史、社会和经济可持续项目，高线工程的核心是"保护"和"再利用"。政治上，高线是检验社区行动力的试金石；生态上，高线是位于城市中央的6英亩（约24 000 m²）绿色屋顶；历史上，高线作为改造项目将废弃铁道变为新公共空间；社会性上，高线是地方社区也是世界级公园，家庭、游客和社区民众在此会面和交流；经济上，作为企业参与的项目，高线展示了公共空间促进税收，招商和刺激当地经济增长的能力。高线公园与城市的紧密联系成为该项目鲜明的独特性。高出地面9 m的空中步道带来了独特的城市体验，人们在深入城市的同时也在远离城市。将历史宝贵的工业遗迹改建成一个充满创意和令人叹为观止的公园，不仅为市民提供了更多的户外休闲空间，更创造了就业机会和经济利益。

作为复兴曼哈顿西部地区的重要一环，高线已经成为该区域的标志性特色，并成为刺激投资的有力催化剂。2005年，该市对高线周围的区域进行了重新划分以更好地促进发展和保护原有的街区特点。重新分区措施和高线公园的成功帮助该区域成为纽约发展最快、最具活力的街区。自2006年起，高线周围新许可的建筑项目成倍增长，至少已经开启了29个重要发展项目（其中19个已经建成，其余10个正在建设当中）。这些项目带来了超过20亿美元的私人投资和12 000个就业机会（图5-22）。

图5-22　纽约高线公园
资料来源：豫陇秦沪·大庸

5.3.3 自然怡人的场景塑造

城市的自然禀赋能够让人们自然而然地感受到其魅力,并且能够与本地丰富的休闲活动联系起来,进一步增强体验感。公园广场不仅是自然环境的场地,也是充满活动和活力的体验之地。产业园区的独特性是其吸引企业、科技人员的魅力所在,而自然宜人的环境是体现独特性的最重要因素之一。

漕河泾开发区体育公园滨江绿地长约 1.7 km,宽度在 20 ~ 60 m,景观设计希望将该项目打造为提供八小时外减压交流、健身运动、体验自然的亲和场所。设计依据周边城市功能及使用人群,将上澳塘滨河绿地分为三大段,其中北段"多元运动",中段"活力商业",南段"生活休闲",旨在将其打造为具有运动主题的特色城市滨水空间,并根据运动属性分为以篮球为特色的"大球运动区",集中运动场馆的"智创花园",主打前沿运动的"交互花园",以及倡导休闲运动的"共享花园"(图5–23)。

图 5–23　漕河泾开发区体育公园绿带改造、金鸡湖滨水空间、成都高新区软件园
资料来源:苏州工业园区发布、华建集团建筑装饰环境设计研究院、豫陇秦沪·大庸

位于合肥西部的科大讯飞全球总部新园区以城市设计的角度切入,提出"Park X"的规划理念和"Campus X"的空间类型,塑造全新的总部办公空间布局,并蕴含东方哲学的智慧与想象,将园区整体打造为了"公园中的总部"。从宏观的城市尺度来看,它就是一个城市公园,将作为"城市之肺"

有机生长于未来的高新科技产业基地。园区巨构体量向内围合的建筑策略在场地内部释放出了大量的景观空间，为了更好地完形"公园"的概念，新园区注重面向城市开放共享的界面，同时在园区内规划完整的慢行系统。办公区域的露台、门厅、空中跑道，以及城市人工智能科技展厅、中轴生态廊道和多个点状的 AI 互动景观装置，与园外滨水花园、水岸步道，共同组成了综合性城市艺术公园。在对办公体块的形体处理上，通过增设连续露台、屋顶花园、太阳能光伏板等，保持建筑本身的生态性与趣味性，将办公场景融入立体发展的公园生活中，将阳光通透、自然和谐的理念立体地展现出来（图 5-24）。

图 5-24　科大讯飞全球新总部
资料来源：科大讯飞、line+ 建筑事务所

5.3.4　产业特色的场景塑造

和城市风貌的处理原则一样，产业社区的风貌应该能够凸显产业的特点和辨识度，提高社区的美学特征和吸引力，使空间风貌成为发展新产业的新动力。产业社区的风貌是聚焦核心产业的产业表象，将产业的特色外显，空间的美化将更有目的性，为了吸引投资和人才，而不是仅仅为了聚集人气。产业是社区的风貌打造是一个长期的过程，需要管理者和投资者在规划、设计、运营的全过程都要给与明确的指导，以产业特性、服务人群为依据，打造公共和私密等多重空间，既有大而全也有小而精的场景。

韩国的首尔数字媒体城（DMC）面向大众、对产业进行全方位外显包装。数字媒体城将先进技术与媒体娱乐和内容产业结合，主要基于两方面的考虑：一是因为产业自身的强消费导向属性。媒体城定位于发展数字媒体产业，并进一步细分为以媒体娱乐产业为核心。搭配软件、IT 等媒体科技产业，并制定了"信息技术与文化相遇"的媒体产业发展战略，因此面向大众推广、带动消费升级，是数字媒体城做大产业、吸引媒体企业入驻的重要动力。二是源于首尔市政府对数字媒体城的国际化定位。政府立足国外市场，吸引国际企业。因此，数字媒体城将全方位展示韩国媒体科技及应用上升为一种吸引国际企业的品牌战略，致力于成为"首尔的数字媒体对外展示窗"。

数字媒体城对开放空间进行了最大化处理，一方面政府规定建筑 1~3 层至少要打开 50% 的外墙，以保证与室外步行系统联通创造更多产业内容展示的空间；而且企业建筑 1~2 层必须具备公共功能属性，规定 70% 以上的建筑面积仅限于展览、产品零售等功能。另一方面，媒体城对公共空间进行了较为宽松的管理，允许甚至鼓励企业将路演、产品展示、销售等展示性功能移到公共步行街道，形成一个数字媒体产业的展示场（图 5-25）。

大众汽车城位于德国下萨克森州的沃尔夫斯堡，占地面积约 6.5 km^2，是世界上第一个，也是最大的汽车主题公园和服务中心。作为 2000 年汉诺威世界博览会的延伸，大众汽车城自创建之初，不仅扮演着大众私家博物馆的角色，更是承担着传播全球汽车文化的使命。大众汽车城内设有接待中心、汽车博物馆、汽车塔，以及多个汽车品牌分展馆。大众集团通过对汽车产业生态资源的整合和良好的规划设计，向人们传递着"汽车有文化"的思想理念，整个汽车文化贯穿城市的方方面面，丰富和活跃了城市功能，为城市品牌建设打上特色鲜明的旗帜。

大众汽车城最大的亮点是大众汽车品牌主题公园，大众汽车城包括客户服务中心、大众馆、奥迪馆、斯柯达馆、西亚特馆、宾利馆、兰博基尼馆、布加迪馆等建筑，每一座建筑都各具特色，同时也像个城市公园，占地 25 hm^2，有绿地和湖泊。通过打造集汽车旅游、销售、文化推广、对外交流的综合平台，加深品牌形象，注重品牌体验，并在此基础上有力协助大众汽车进行深度市场营销和品牌推广（图 5-26）。

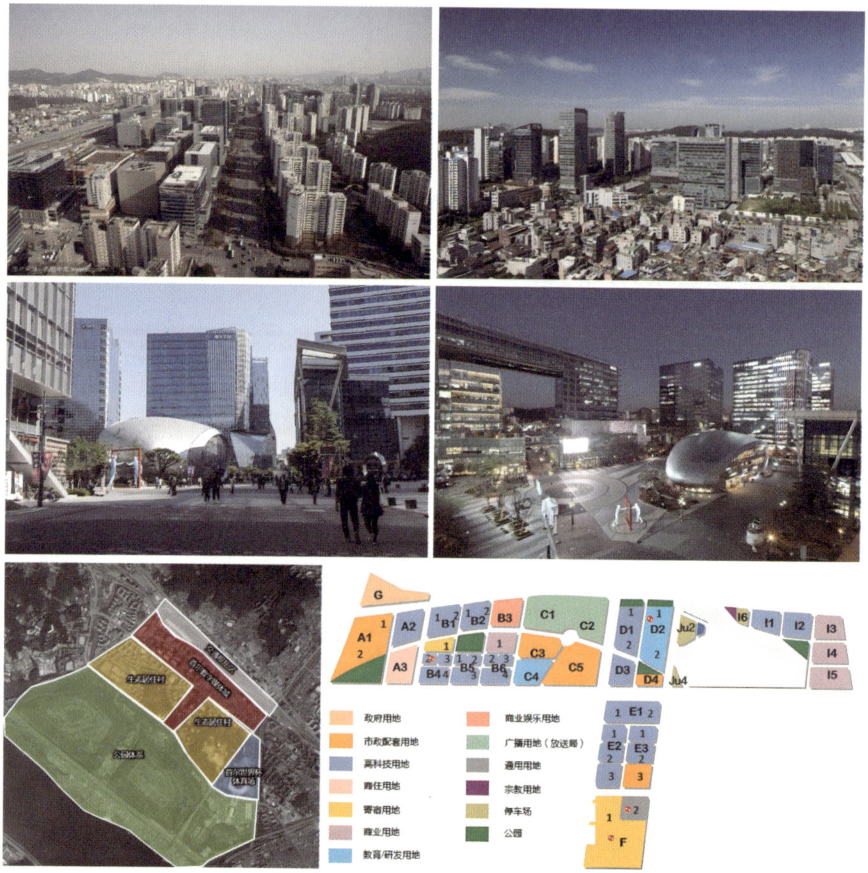

图 5-25 首尔数字媒体城
资料来源：华高莱斯

图 5-26 大众汽车城
资料来源：行走的建筑学

5.3.5 工作与生活融合的场景塑造

在现在的科创园区中，工作与生活的界限越来越模糊，对于有的园区，住宅楼是左邻，研发楼就是右舍，甚至有的科创园区，像新加坡的纬壹，楼下是办公区，楼上就是公寓，这样的布局不但有利于科技人员聚在一起进行交流，而且最重要的是，它符合科技人员的工作习惯。对于大多数科创人员来说，"职住共存"功能混合的规划布局，才是一种最人性化的考虑。商业配套设施的不断丰富使得科技社区越来越有烟火气。餐饮、娱乐、休闲设施等让工作在园区的科技人员有了家的感觉，他们要创新也要生活，要奋斗也要快乐。

浦东新区推出的"1+1+N"人才新政，对"人才宜居安居""人才环境"提出更精准的要求。为营造科创人才近悦远来的理想生态，围绕人才宜居宜业需求，努力建立国际化的生活配套服务体系，为每一位海内外创新创业人才提供高品质的生活和发展平台。张江科学城以"乐享、乐居、乐创"为目标，持续构建产业社区15分钟服务圈，提升社区型商业能级。

天之骄子生活新天地是上海浦东张江高科精心打造的首个商业街区，辐射整个上海张江集成电路产业区（简称张江集电港）。"天之骄子生活新天地"地处张江集电港产业区核心区，区域集特色商业、人才公寓、创业工坊等业态于一身，其中超2万 m^2 的内街式商业配套。以"天之骄子"为代表的张江第三代人才公寓配套完善，全装修房、空调、热水器、油烟机等家电一应俱全，实现"拎包入住，在上海安家"，公寓还与创意活动结合，更好地为青年人服务（图5-27）。

图5-27 天之骄子生活新天地
资料来源：豫陇秦沪·大庸

2022年推出的张江国际社区一期，张江人才公寓进入"4.0版"。目前在张江园区的核心区域，已经有10个人才公寓项目，总套数2 890套，居住人数3 079人，很大程度上解决了张江科研人员和各类创新创业人才的居住需求。

国内工作与生活场景打造最好的园区莫过于松山湖的华为终端总部基地（欧洲小镇）。华为小镇以华为终端研发中心为主，集研发、办公、实验、商业、教育和住宿等配套于一体，主要为消费者和运营商客户提供手机、移动宽带和家庭终端等产品及解决方案。

松山湖园区一共分为12个建筑组团。按照松山湖的自然地型，因地制宜的分别模仿了欧洲的牛津、温德米尔、卢森堡、布鲁日、弗里堡、勃艮第、维罗纳、巴黎、格拉纳达、博洛尼亚、海德尔堡、克伦诺夫十二个小镇。华为来到东莞松山湖的同时，连带着也把一批电子信息产业的上下游企业吸引到了这里，让松山湖集聚起了信息服务、硬件设计、检验测试领域的一批相关企业。华为围绕松木山水库布局了终端总部、华为培训大学、研发和配套区3大功能区，东部产业园作还可以和毗邻的中子科学城相互呼应，形成超高水准的产业组团。

华为松山湖园区在空间建设上以标志性中心建筑、中心广场及与周围相呼应的建筑群，来表达"人文群落"的意境。组团内建筑300 m的物理距离，是保证职场相互沟通的最大尺寸。工作的职场同时又是生活的舞台，设计回避了巨大建筑带来的压迫的空间氛围，而选择具有宜人空间尺度的建筑群。在员工紧张工作之余，得以放松转换气氛。

松山湖美丽如画，山丘起伏，结合地形设计是基本的出发点。设计采用空间原型的局部片断依地形拼接的手法，依山造势伴水为家。各个组团的建筑原型各自有适宜的建筑体量，丰富的材料表情，美观的建筑立面。园区环境充分利用自然地形，创造宜人空间尺度，打造舒适健康的办公环境。对基地水岸线、山体和谷地资源做保护性开发，利用现有自然水体及沟谷展现水景，以中低层建筑为主，充分利用地块上下起伏的特征布置建筑，使丘陵地形的形态更加优美。针对枯燥的用脑工作性质，通过室外经典建筑与室内现代化职场布局相结合，绿化与水景的嵌入式设计，创造出丰富多彩的建筑群、具有延展性的办公空间、充满人情味的设施，形成了组团之间相对舒展的空间，给人新鲜和亲切感，激发人的想象力，缓解疲劳。园区内使用专用轨道定时运行连接各区域，实现科技人员之间的便捷交流。在车站附近的绿色园区内提供了分散小型化的餐饮、茶座等，供员工用餐、休憩和交流（图5-28）。

图 5-28 华为松山湖园区
资料来源：深圳新闻网、南方 Plus

华为第二代园区练秋湖研发中心是其全球规模最大的研发中心。这座研发中心位于青浦区金泽镇西岑社区，不仅是长三角示范区西岑科创中心的重要项目，更是华为创新力量的重要源泉。研发中心总用地面积约 2 400 亩，总建筑面积约 200 万 m²，总投资超过百亿。建设集企业办公、研发中试、技术孵化、生产服务和配套居住为一体的复合型产业社区，培育示范区东部创新活力、设施齐全、环境优美、产城融合发展的特色中心，集中展示科技研发、智能城市、生态居住等项目。

整个华为研发中心以水系为中心，"9 大园 + 3 大岛"组团规划打造 7 个各具特色的建筑群，包括了广场小镇、城市街区、山顶聚落、森林小镇、城市大学院落、城市经典轴线和水镇等，堪称集服务、住房、交通和办公等于一体的多功能混合型社区，通过小火车及景观环路串联，方便员工在不同建筑物之间穿梭代步。华为的到来，不仅带来了人才的集聚，更在青浦这片土地上催生了产业的繁荣。其上下游产业链共同构建了一个充满活力的产业生态圈（图 5-29）。

图 5-29　青浦研发中心 F 组团——华为练秋湖研发中心总平及鸟瞰
资料来源：青浦区规划资源局、上海建筑设计研究院有限公司

随着华为的建设发展，众多高科技企业都有落地的意向，作为长三角一体化中心点的淀山湖，将形成东有大虹桥，西有淀山湖的长三角一体化发展"一城两翼"大格局。以华为作为指引，华为海思半导体研发设计总部、物联网总部、无线网总部搬入，淀山湖将布局以移动终端等为重点的全球科创中心。网易、安谋中国、清华启迪科技城、国家能源集团、印尼金光集团等791家企业落地，华为产业生态圈日趋完善，本土产业升级势在必行。大型企业为主导，新兴产业崛起，产业链迈向高端。强大的产业效应将辐射至长三角城市群，青浦将进一步发挥长三角一体化桥头堡作用。红房子医院、Lendlease国际养老社区、万达茂等顶尖资源逐步落地；朱家角古镇、淀山湖景区，"彩虹桥"、水乡客厅，元荡景区，东方绿舟、高端度假村等散布，开启世界级湖居生活。青浦的未来将是一条"高科技+自然环境+人文底蕴"的高端路线（图5-30）。

图5-30 华为练秋湖研发中心
资料来源：澎湃新闻、上海建筑设计研究院有限公司

微软美国总部园区位于华盛顿州，大西雅图地区的雷德蒙德市，一个园区就是一座"城市"。凭借着"生活，工作，玩"（Live-Work-Play）的发展理念，被《数字趋势》（Digital Trends）评选为2018年世界上10个最酷的企业总部首位。出于自身发展以及产业集聚的要求，微软园区进行了几次大规模扩张，吸引了众多的科技人才，随之而来的是生活配套设施的完善。比如面积为1.4万 m² 的"下议院（The Commons）"商业综合体，它是微软员工的城市生活中心。微软园区注重高品质自然环境的打造，大片的绿地、树木、花丛配以瀑布、水系、小品打造了园区怡人的工作环境。在建筑设计上也保证员工在工作时可以随时欣赏到户外的绿色，保证办公室足够的自然采光。微软格外强调体育运动的独特作用，以此增进员工之间的交流，提供已发创意的机会（图5-31）。

图5-31　西雅图微软总部园区
资料来源：微软官网、华高莱斯

参考文献

[1] 唐燕,杨东,祝贺.城市更新制度建设:广州、深圳、上海的比较[M].北京:清华大学出版社,2019.
[2] 唐燕,克劳斯·昆兹曼.文化、创意产业与城市更新[M].北京:清华大学出版社,2016.
[3] 尹卫东,董小英,胡燕妮,等.中关村模式:科技+资本双引擎驱动[M].北京:北京大学出版社,2018.
[4] 宋霞.比较开发史[M].北京:世界图书出版公司,2002.
[5] 爱德华·格莱泽.城市的胜利[M].刘润泉,译.上海:上海社会科学院出版社,2012.
[6] 迈克尔·巴蒂.创造未来城市[M].徐蜀辰,陈珝怡,译.北京:中信出版社,2020.

第6章 产业街区空间形态

6.1 产业街区的空间模式
6.2 产业街区的外部公共空间塑造
6.3 产业街区的内部公共空间
6.4 绿色生态的产业街区

城市街区是指一座城市中由各种形状的街道划分而成的城市空间，这些城市空间随后又被细分成一块块建设用地。城市街区这种图形元素通常由城市管理者根据其对当前城市设计的看法以及对城市未来的期望来进行规划。一个城市街区可以是由一个单独的建筑构成，或是由若干个大小不一、彼此分离的建筑共同组成，这些建筑通常置身于自然或是复杂的城市迷宫当中。虽然城市街区的组成方式多种多样，但有一点是毋庸置疑的，那就是每个街区都是整个城市肌理的基本构成单元，对于我们研究城市公共空间和私人空间的关系有着重要作用（图6-1）。

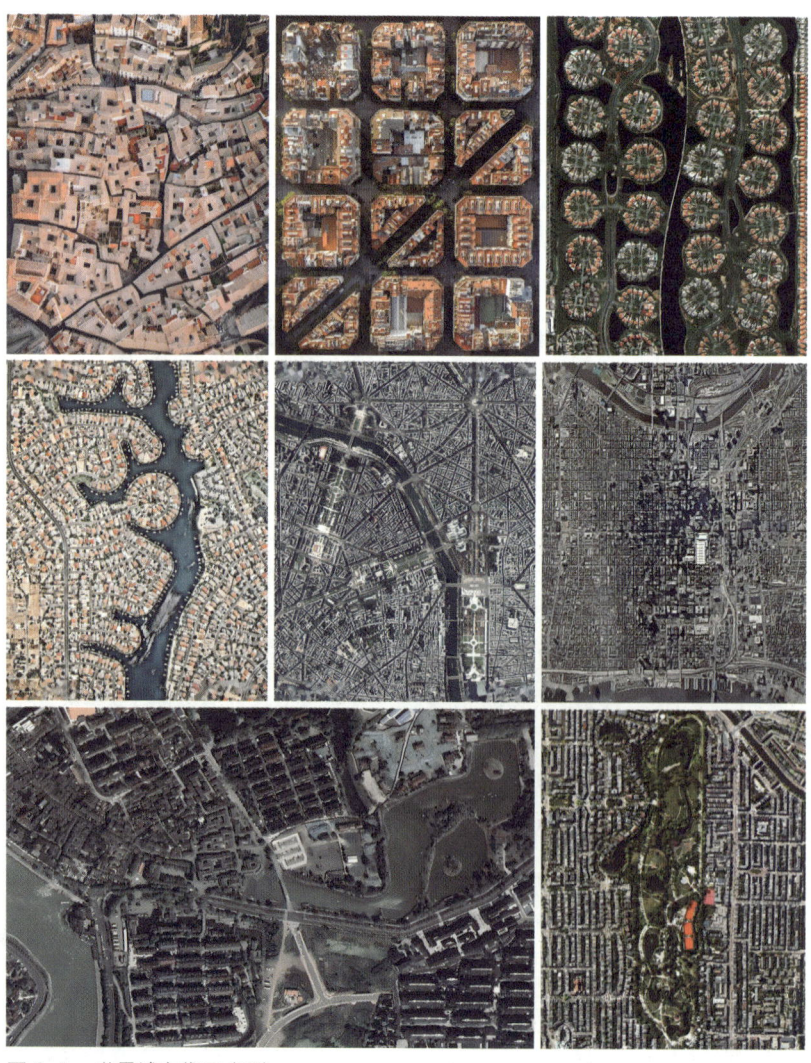

图6-1　世界城市街区类型
资料来源：专筑、林祖贤

产业街区的设计与多项因素相关,既要考虑城市地块规划建筑布局,也需考虑开发模式、产业需求、后期运营等诸多方面。

6.1 产业街区的空间模式

6.1.1 方格网式街区

现代主义的规划强调方格网式的道路交通结构,用地规则方正,易于商业开发,适合多种建筑布局形式。大多数的城区都是以方格网的道路体系为基本骨架,这代表了理性与效率优先的原则,适应性较强,也可以通过灵活的地块组合满足不同规模的产业需求。

成都青羊创新产业园总体概念设计园区以小街区,密路网的形式组合,通过架空绿色立体平台打造主要人行廊道及主要景观轴线。围绕绿色空间,打造一条绿色低碳的自行车道路,并在园区内部通过无人驾驶电车连接产业园区内部地块。打造世界领先的人车分流,无缝连接的跨地块产业综合体。建筑采用流线式设计,结合空中景观步道,打造立体化的公共空间。每个地块设置下沉广场,形成一体化的地下空间。地上打造立体步行系统,围绕步行系统生成多功能裙房空间,服务工作人员(图6-2)。

图6-2 方格网式街区——成都青羊创新产业园总体概念设计
资料来源:PMA设计

位于佛山市顺德区北滘镇新城区美的总部区,以功能复合、公共性和立体化的策略强化多种公共空间的存在,弱化的建筑体,可以被看成是一个丰富活动空间围绕着一个公园而成的"公园复合体建筑",目的在于连接人、生态、街区生活。美的总部园区通过一个带状内部公园将原有一期和新建的总部串联在一起，围合式的庭院整合了方格网的分裂地块，建筑首层和二层设置连廊和大量的商业配套为员工创造一个尺度舒适、商业便捷、配套丰富的总部基地，空中与地下连廊将三个地块联系，确保动线的便捷性及空间活跃性。项目涵盖商务办公、酒店式公寓，以及各类商业文娱设施，通过多层次生态公园打造、开敞的建筑空间设计、丰富多元商家内容牵引，形成品质复合社交空间（图6-3）。

图6-3 方格网式街区——美的总部园区
资料来源：深圳市同济人建筑设计有限公司、ACF域图、美的集团、天元建筑

6.1.2 行列紧凑式街区

产业地产开发的项目为了追求利益的最大化，街区的建筑布局上往往采用最经济实惠的行列式布局方式，从空间形态上来说是比较机械化的，在满足规范间距要求之外，适度的公共空间可以满足科技人员基本的休闲需求。当然这种园区的空间品质是受限的，但也可以满足初创阶段的企业节约开支的需求，也有一定的市场需求价值。

早期的产业园区行列式布局比较普遍，大家更关注使用的合理性、经济性，而对于空间的多样化等感官需求则被忽略。在现代也有很多更注重经济效益的园区也大量采用行列式布局，往往也会在重要节点，如入口区域、核心区域加入一些灵活的空间元素，保证园区品质在效益和美学方面达到平衡。

上海临港金港智荟园用地面积约 8 万 m^2，用地规整，融合中试研发、标准厂房、总部办公、人才公寓、配套综合等多种功能，总建筑面积约 16 万 m^2，分为一期建设和二期建设，由 17 栋建筑组成。以融合产业和生活功能的复合型空间，落实产居一体的设计出发点。园区生产用房高效规整，总部办公和配套用房则相对自由舒展；流畅的景观动线汇聚和引导人流，对洲德路的开放口袋公园形成礼仪广场，以拥抱之势展现园区"海纳百川，招贤聚才"的形象（图 6-4）。

图 6-4　上海临港金港智荟园一期、二期
资料来源：上海建筑设计研究院有限公司

上海漕河泾颛桥科技绿洲项目地块为一类工业用地。设计结合周边交通、景观、配套设施规划情况，将整个园区划分为南北两个片区，四个功能区，对应四个建设分期。园区设计中结合生产类用房有造价、功能方面的限制，采取了理性的设计原则。其中北侧为高层厂房—工业研发—配套组团；南侧为厂房组团与定制厂房。高层厂房组团分为两个部分：厂房、工业研发—宿舍—停车楼—配套综合体。园区功能复合、业态多元，为营造充满城市生活与活力的园区打下基础。在物理空间规划设计中，北侧的高层厂房—

工业研发—配套组团采用相对自由化的布局，与城市形成咬合的边界，相互融入。南区厂房采用行列式布局，用大体量建筑定义边界；北区总部办公自由布局，综合体建筑围合出庭院，打造城市客厅（图6-5）。

图6-5　行列式街区——上海漕河泾颛桥科技绿洲
资料来源：UDG联创设计

除了高密度的紧凑式街区之外，在城市核心地段由于地价高企，也有很多高密度、高强度的产业街区。位于上海杨浦区江湾新城尚浦领世占地约90 hm^2，是一个多功能的高端科技办公园区，包括办公、住宅、酒店以及零售、餐饮和娱乐设施。在新城区中心创造了一种密集感六座办公塔楼高度在100～133 m变化，每两座通过三层高的桥梁连接，开放的城市结构、多层级的路径、混合功能共同塑造了一个全天候活力的产业街区（图6-6）。

6.1.3　内向围合式街区

产业园区管理模式的不同对街区的形式也产生了很大影响。早期的一些产业园区、工业生产类或有特殊要求的园区往往采取封闭式的管理，由若干个独立的出入口解决人流、物流的出入，沿着地块周边设有高大的围墙。街道和厂区内外有别，整个街区的缺乏生气。

但对于生产性园区从功能上来讲也没必要过多地要求街道环境，一般生

图 6-6　紧凑街区——上海杨浦区江湾新城尚浦领世
资料来源：gmp+CreatAR Images、豫陇秦沪·大庸

活功能都比较弱，满足生产是第一要务。

"鹤望—智谷"坐落在上海青浦区白鹤镇，项目定位为以高技术企业总部和高标准通用厂房为主体的产业园区，同时面临长三角一体化下总体规划可能存在的潜在升级，"智谷"项目也可以迅速对接高标准城市化对新型业态和城市风貌的需求。"智谷"项目是由一组体量相似、规则的多层建筑所组成的面向高新技术企业的集群式建筑，总建筑面积 37 670 m^2。1、3、4 号及 5、6、7 号是三组标准化、大跨度的建筑组合，2～4 层，平面可以由 1 000 m^2 单元部分可扩展到 2 000 m^2 单元，适应总部办公、高技术产业等多项功能拓展的需要，也保证足够的楼地面荷载。1、3、4 及 5、6、7 建筑群围绕着中心绿地呈围合状态。2 号楼为配套办公及招商中心。8、9 号楼为办公、厂房、配套餐厅及屋顶花园。方正井然有序的建筑布局既有效利用环路组织建筑和交通、又留有较为完整的中部庭院空间。围合式绿地缓缓向上起伏展开，绿地下方是半地下车库（图 6-7）。

杭州天目里是设计大师伦佐·皮亚诺在中国的第一个作品，项目用地呈 260 m×175 m 宽的梯形缺口，设计概念是将建筑沿整个基地围合出一个 130 m×95 m 的超大广场，共同围合成一个中心广场，称为"城市客厅"。这

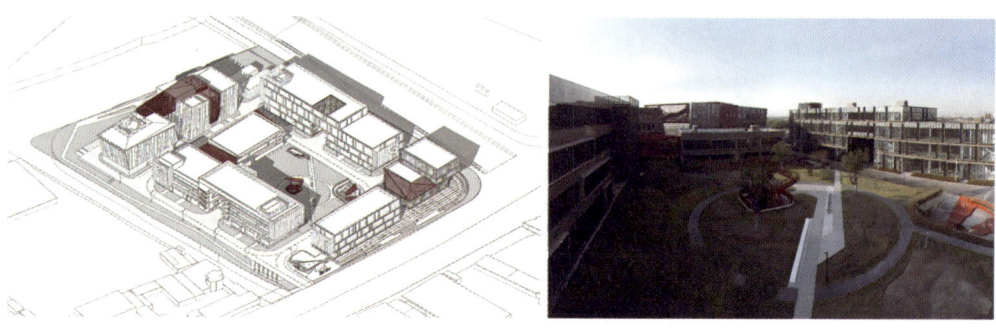

图 6-7　围合式街区——上海青浦"鹤望—智谷"产业园
资料来源：加拿大考斯顿设计

个设计理念的提出我们也可以看到欧洲设计师所固有的对城市的认知理念。内部广场被作为一个城市交流广场来定义，与周边的街道、河道都有通道的联系，满足了广场的可达性要求。围合广场及城市街道的建筑界面整齐划一，建筑之间间距紧凑，在满足规范的基础上最大限度满足了空间的强烈围合感。

天目里综合艺术园区打破了传统园区的功能构成，融合了企业总部（江南布衣和大象设计等）、精品书店、音乐展览、酒店、时尚概念店、咖啡馆、餐饮等。功能的多元化促成了活动的多样性、人流的多样化，园区具有了 24 小时活力源。园区在功能设置与布局上打破传统园区的模式，将主要的商业、文化、餐饮等功能布置在一层和地下一层。为市民的参与提供了多元、便捷、时尚的消费空间。园区具有了城市综合体的特性（图 6-8）。

6.1.4　自由开放式街区

开放式街区吸收了传统城市街道与街角的设计精髓，同时保持不同类型建筑之间的彼此独立性。这种城市布局为建筑带来了更多自然光和自然通风，通过在街区之间设立连通道，创造出一种更适于步行的城市环境，模糊了公共空间与私密空间之间的界线。

街区结合建筑布局景观在地块中间设置绿色通廊，与城市的绿化景观形成楔形结构，并在基地内部形成景观中心。在基地的角部留设路口开放公园，将城市空间导入并与园区景观联系起来，形成点、线、面相结合的城市开敞空间系统，构成完整的生态绿地体系。

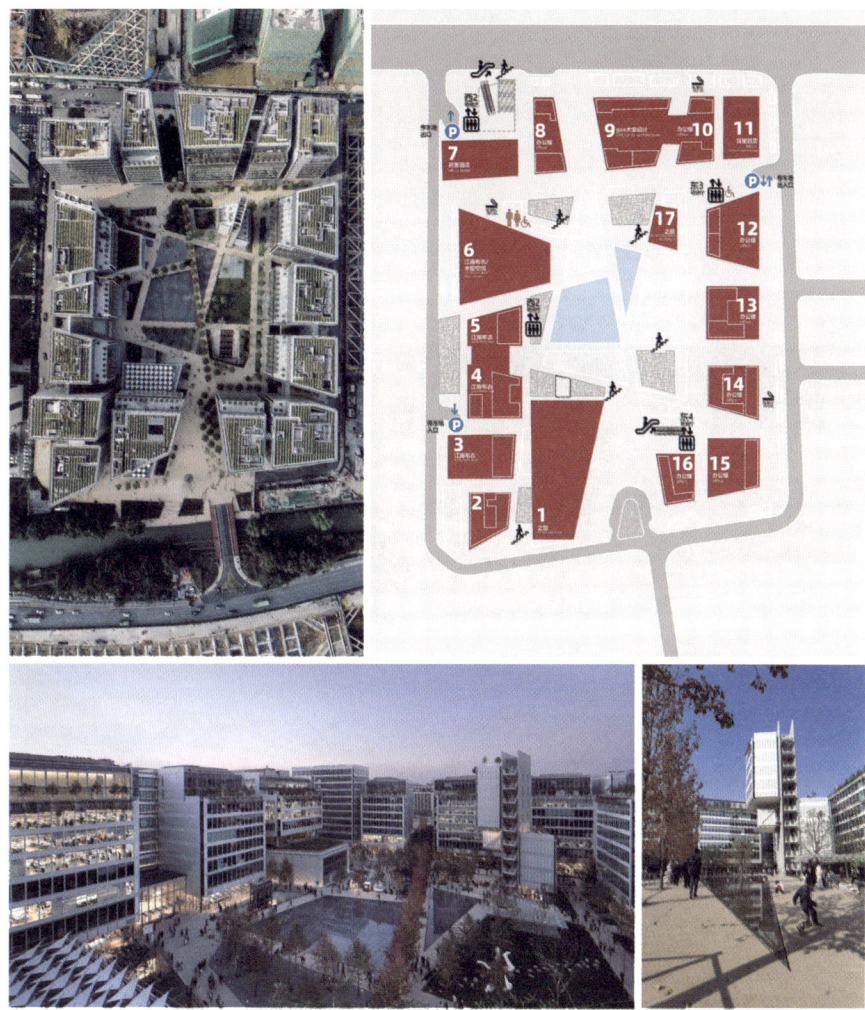

图 6-8　杭州天目里
资料来源：goa 大象设计

上海宝山北郊未来产业园位于宝山工业园内，占地共 12 hm²，总建筑面积 35 万 m²，其中地上建筑面积 24 万 m²。建筑功能包括商务办公、研发办公、专家公寓、人才公寓、商业及其他配套服务设施，实现了细密混合的多元化功能。

园区的空间布局采用"岭"与"谷"的概念，即高层、大体量的建筑沿周边道路布置，以隔绝噪声与污染；园区中部小体量的多层建筑群构成"谷"，以其舒适、富有细部设计及人性化尺度的特色，与中央绿廊"静谧幽谷"、开敞空间及小广场共同营造了产业园区的特色氛围，一条以步行为主的共享环路贯穿"谷"地。

个性迥异的建筑单体、多层次的景观以及各种有创意的功能，共同营造了园区丰富活跃的空间感受，激发多样化的活动，并为园区的使用者提供了很强的归属感。28座建筑围合了舒适、良好尺度的室外空间，从开放的公共绿地到较为私密的半公共庭院，形成不同层次和特点的室外环境，激发办公环境中更丰富的社会交往。园区中部构筑了抬高的地形，是激发创意的绿色庭院（图6-9）。

图6-9 开放式街区——上海宝山北郊未来产业园
资料来源：SWECO+上海建筑设计研究院有限公司

上海张江科学城AI未来街区位于张江科学城的中心区域，紧邻川杨河支系智慧河，是整个核心区的最后一块低密度园区，一侧临路一侧临河，使其拥有得天独厚的稀缺景观资源。AI未来街区作为张江人工智能岛的补充，将更加注重AI的展示和体验，注重构建"AI商业和应用体验"的AI主题体验街区，打造上海人工智能商业应用场景标杆，助力张江科学城人工智能产业形成研发、展示、应用的一体化格局，促进张江人工智能产业生态圈的升级。

设计鼓励园区的共享精神，希望整个街区—城市—自然景观三者高度融合，提出了"穿街引园"这一概念。有别于张江诸多被绿化带包围的园区，首先将单体临路布置，向城市开放，同时摒弃了强调效率的阵列化布局，让每个单体错位排布，室外空间大开大合，松紧有致。一方面，在南北方向为城市提供了城市道路和景观公园的步行道；另一方面，在东西向为地块引入一条曲径通幽的园林式空间序列（图6-10）。

成都天府智能港作为成渝科技创新高地西部（成都）科学城中的重要产业载体，它在立体多维的生态景观中构建出多尺度的弹性办公空间，为成都带来了充满无限可能的创新生态产业园区。设计充分结合地块的生态

图 6-10 开放式街区——上海张江科学城 AI 未来街区
资料来源：大正建筑、豫陇秦沪·大庸

本底，将兴隆湖景观和园区内多层次绿化退台充分融合，形成疏密有致的园区空间。入口处的观湖桥将广场空间、城市界面打造成一个标志性的过渡空间，贯穿南北的中轴公共空间以流线型的景观形式将绿色植被和建筑底层空间融合，和多层次的建筑露台空间一起形成了轻松舒适的外部社交空间氛围（图 6-11）。

6.1.5 群体组合式街区

我国很多城市在当前规划中往往会采用宽马路、稀疏的路网，导致开放地块过大。单一的产业开发商无法单独完成开发，因此在控规阶段就会被分割成若干小地块。大街区的产业用地的开发模式也会依据市场的变化采取更具适应性的策略，整个街区呈现小组团化的特征。建筑风格、功能、交通等常常是独立运营，各个地块呈割裂的状态。

西安高新区创业研发园南北向约 600 m，东西向 180 m，地块被分为 6 个

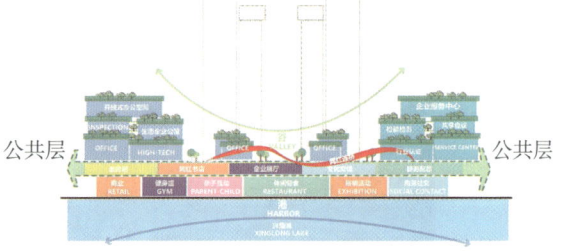

图 6-11　开放式街区——成都天府智能港
资料来源：Aedas+ 中建西南院

单独建设的小园区。地块中间设计了一条数十米宽的公共绿化公园贯穿南北，为不同的园区和入驻企业提供了一个开放式的公共空间。各个小园区因服务对象和产品的不同，也会表现为高低错落的形态，高层和多层结合设置。

宝马集团位于慕尼黑的研究与创新中心将逐步扩建完成，第一期建设于2020年投入使用，基于"BMW FIZ Future"总体规划，这是一座大型混合建筑，定义了不同的功能区域，通过物理上的接近和开放、灵活且布局清晰的空间结构相互联系。它由车间和测试台楼以及办公综合体组成，办公综合体分为三栋建筑，中间为 Project House North。它形成了主干道上的一个交汇点，即总体规划的中轴线。

这种大规模集群建筑体量的模式非常适应现代工业化的生产，由中心办公楼及中庭作为辐射中心组团空间，形成生产与管理、办公、测试、产品监制等功能的强烈联系。对生产形成统筹的管理关系。中庭将作为中心点并在办公室和车间之间发挥中介作用，正在一楼与主干道处于同一水平面上开发。"新工作环境"的概念，混合了不同形式的利用和交流，将在较高楼层实施。项目中心将通过一个公共底层与相邻的办公楼相连，该底层还计划设有员工餐厅。地面层的"林荫道"和下一层连接办公楼和车间的物流线,使项目沿东西方向发展。桥梁建设将建筑与南侧现有的车间连接起来(图 6-12、图 6-13)。

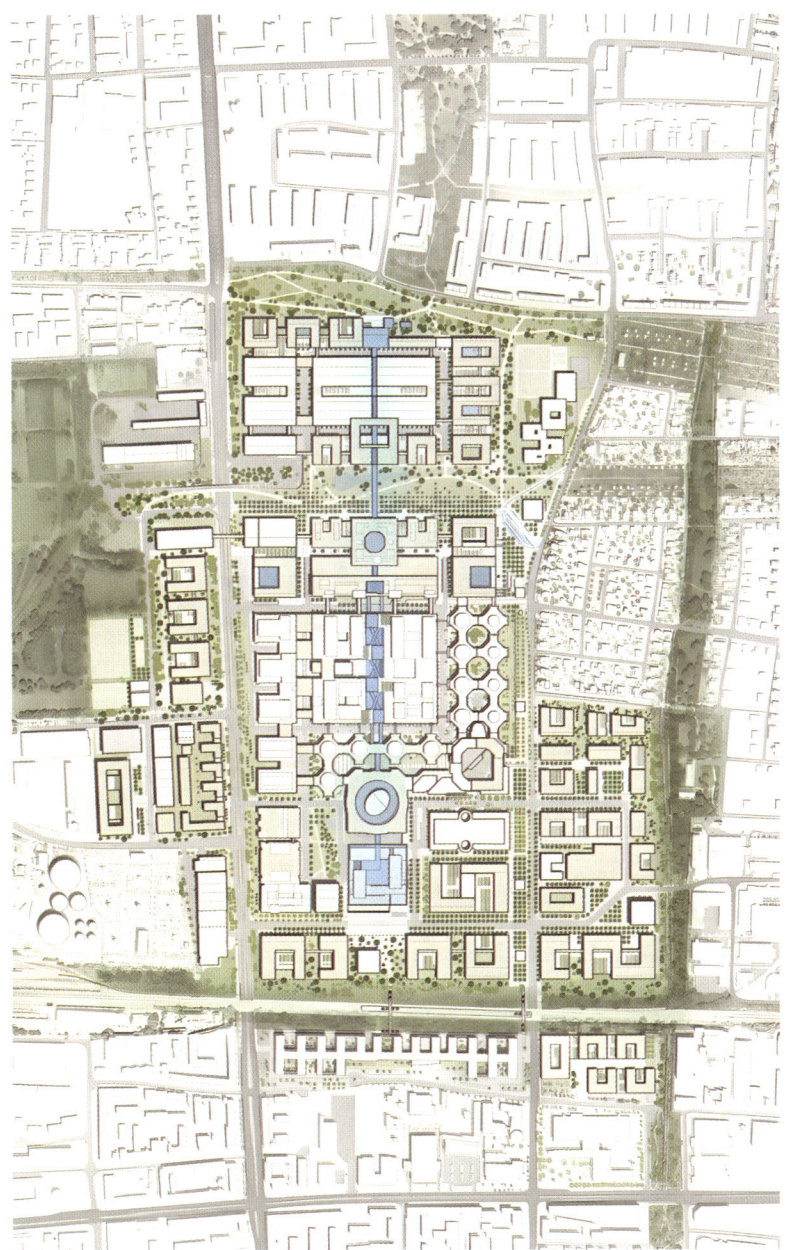

图 6-12 组合式街区——慕尼黑 BMW 创新研究中心总平面
资料来源:精品建筑设计快报

图6-13 组合式街区——慕尼黑BMW创新研究中心
资料来源：精品建筑设计快报

第 6 章 产业街区空间形态 | 223

中交·壹里科创云廊也是一个超大型街区型园区，建筑面积 31.5 万 m^2，分两期建设，一期建筑面积 15.6 万 m^2。园区建筑高低错落在立体三维层面形成独具特色的空间组合形态。项目用地为 M0 新型产业用地，M0 融合研发、办公、展览、居住、公共设施等多种功能，通过高度的产业包容性，服务于更多样的产业形态，能够有效降低新兴、科技产业的试错创新成本，吸引科技型企业，有助于产业集聚。壹里科创云廊聚焦智能制造、新材料、文化创意，通过金融服务、技术服务、企业服务、产业链服务、配套服务五大服务体系，为 17 km^2 中交未来城树立产业地标，为企业总部、城市产业转型升级提供了发展载体与实体。园区涵盖展示中心、服务中心、产业大厦、研发总部、中试车间、众创空间、人才公寓及商业配套等多元丰富的业态。通过"云廊 500 米"，串联起产、创、展、商等功能模块，满足中小型企业、大型知名企业和独角兽企业的多样化需求（图 6-14）。

图 6-14　宁波奉化中交·壹里科创云廊
资料来源：FTA

6.1.6 巨构式街区

企业自主园区往往因为自身定位、品牌宣传、功能等的需求通过超大型的建筑体量来彰显自身的个性。世界上最知名的大型单体园区莫过于苹果公司的新总部大楼。在中国很多互联网企业也通过建筑语言来表达企业对社会文化、对科技进步的建筑回应。

阿里巴巴西溪园区四期项目建设地点距离杭州西溪湿地国家公园不足 2 000 m，建筑整体由独特的六边形网格环环互联，形成总长度超过 500 m 的一体巨构，设计可容纳近万名员工在其中办公，并配套有访客、餐饮、健身等内部服务设施，配建 5 000 个停车位。建筑层数控制在 3~7 层，群体呈现低矮舒展的体量，并以独特的蜂巢状网格形态嵌入城市肌理中（图 6-15）。

图 6-15 巨构式街区——阿里巴巴西溪园区四期鸟瞰和总平面图
资料来源：恩比建建筑咨询（上海）有限公司 + 浙江大学建筑设计研究院有限公司

菜鸟作为全球跨境物流服务行业的领军者，其全新的总部园区位于余杭未来科技城的西侧，由一幢五层高的办公楼和大量公共空间组成，设计从空间站中汲取灵感，以突显"循环"和"连接"的规划布局。其内部设计参考空间站的轮廓，对角十字穿插相连，最大程度缩短内部通达路程，促进员工交流互动，激发办公协作。总部 2~5 层均为办公空间，总面积近 5 万 m²。对于办公空间组团理性拆解、组合、融汇，整体建筑呈现四支"L"形的风车型组合，办公组团也据此特质进行单元化设置。整个园区，还配备行政中心、GR 接待区、风味餐厅、室内体育馆等，为员工提供完备的工作生活需求，在总体流畅的建筑语汇中沉淀出静谧、温润、和谐的氛围（图 6-16）。

图 6-16 菜鸟总部
资料来源：Aedas、豫陇秦沪·大庸、上海市建筑装饰工程集团有限公司

　　瑞士 SIP 主园区根据"庭院式住宅"的概念，可用面积约为 50 000 m²，可容纳 2 500~3 000 名员工，因此是园区内最大的建筑。景观庭院可通过穿过街区的两条两层通道进入。从内院进入建筑，可通过位于角落的四个设计宽敞的螺旋楼梯，每层最多可容纳八个不同的主要使用企业。外立面由一个

深网格状的现浇混凝土结构所界定，这些内外环形结构可以减少建筑内部结构元素的尺寸和数量，从而为用户提供最大可能的类型和规模灵活性。内立面的木廊为交流、逗留和相遇提供了各种机会。连接内院四周阳台的四个开放式楼梯是整座建筑的焦点，有助于确定方向；它们与礼堂一起构成了交流和沟通的区域。底层是商业和厅，还有一个可容纳300人的大礼堂。礼堂也可用于外部活动，是连接建筑与社区的另一个项目元素。所有五层的平面布局、承重网格和房间高度均可容纳实验室或办公空间（图6-17）。

图 6-17　巨构式街区——瑞士 SIP 园区
资料来源：赫尔佐格 & 德梅隆

6.2　产业街区的外部公共空间塑造

产业街区是由街道分隔而成的，对于街区而言街道空间就是公共空间的第一界面。以机动车为导向的城市交通建设为城市带来了很多不和谐的因素，城市拥堵、环境恶化等。越来越多的地区都开始了"多模式化"的城市街道变革，提倡在城市中心区、产业园区等采用多元化的出行方式，减少私家汽车使用量，打造高品质、多功能的城市公共空间。街道除包含道路的交通功能以外，还承担了休息、交往、商业文化等公共活动场所的作用，蕴含了城市的地域环境、时代背景及行为活动等信息，具有更丰富的内涵。

6.2.1 步行友好的街道空间塑造

在城市化和机动车快速发展过程中,过于重视道路的机动车交通功能,使得街道的步行空间逐渐被忽视。伴随着机动车发展诞生了超尺度的城市,出现了高耸的建筑、宽阔的道路以及宏大的广场。这些都忽视了道路上行人的感受以及交流活动的场所功能,缺乏近人空间的营造,削弱了对城市人性化街道空间塑造所起的积极作用,从而导致街道空间缺乏活力、整体性和归属感。

产业园区的建设过程中常常先进行五通一平等基础设施建设,满足工业企业的需求,街道的物流通过性被强调,早期因为职住分离,员工对于街道的使用率很低。但随着产城融合、职住平衡、环境品质等的要求,园区外部空间的质量得到了广泛重视。需要改变以往以机动车为中心的建设模式,使得街道不仅成为车辆和行人的通行空间,还成为人们停留、交往的场所。对于城市街道空间的尊重保证了科研人员可以友好的园区周边穿行,解决吃、住、行等基本生活问题,也可以在下班之后光顾街道上的咖啡馆、酒吧等。

从人的知觉体验出发,街道空间的优化,重点在于提升街道的连续性和围合性,通过多种手段提升街道空间的活力。园区内的道路以物流交通性道路、休闲服务道路、景观性街道为主。交通性道路满足产业园区的日常工作运行需求,道路断面设计会满足货车等大型车辆的要求,一般都比较宽,生活休闲服务型道路主要满足园区员工餐饮、休息、交流等的需求。

对于园区休闲服务性街道要保证街道的围合性,需要控制适宜的街道宽度。从人的心理感知来说,适合步行的街道空间宽度以 16~24 m 为宜,不宜大于 30 m。在实际应用过程中,在一定的街道宽度控制前提下,应平衡好人行和车行的空间分配,适当减小机动车道的宽度,优先保障人行道及非机动车道在街道断面中的分配比重。同时,还应考虑路边停车、非机动车停车、盲道等空间,进一步优化人的步行体验。

在一定的街道宽度下,适宜的街道高宽比是保证街道空间均衡性、围合性的重要指标。园区的沿街建筑应根据适宜的高宽比计算,通过近人空间范围内的建筑界面高度来有效围合街道,上部主体建筑应采取退台的设计手法,从而降低高层建筑对街道造成的压抑感。《上海市街道设计导则》规定,街墙高度不能超过 30 m,30 m 以上部分应按照 1.5:1 的高退比进行退台。

为了形成街道空间的连续性界面,在规划管理中,越来越多地应用建筑贴线率的控制要求。一般来说,贴线率越高,沿街建筑界面的长度越长,街道的连续性越好。强调贴线率并不意味着街道就是笔直的,可通过建筑立面的凹凸、转折变化等形态处理方式来丰富近人空间的界面。贴线率主要针对公共街区而言，其数值宜控制在 70%～90%，不应低于 60%。贴线率 70% 以上的街道空间界面连续性、围合性较强，容易形成宜人的尺度。

高品质的产业园区应增加街道公共活动的使用功能，通过功能复合和环境塑造，增加人们停留和活动的时间，是增强街道活力的重要手段。在产业用地中混合设置商业、餐饮等休闲功能，有利于增强街区的开放性。增加不同功能类型的步行出入口，便于公众进入和接触，吸引人在街道空间的驻留，创造积极的沿街界面。塑造良好的街道环境，应利用建筑前区沿街设置休憩节点、绿化或商业设施，丰富空间体验，形成交流场所（图 6-18）。

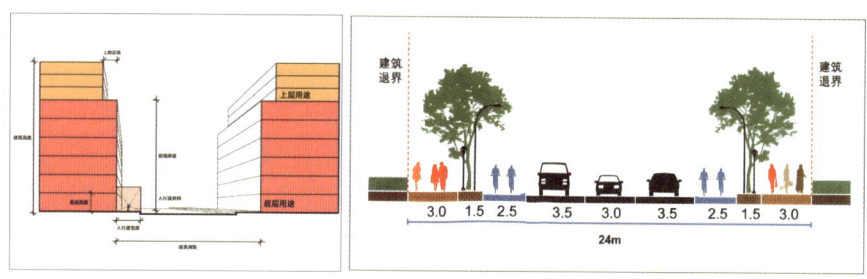

图 6-18　街墙尺度及断面控制示意

6.2.2　街道的场所空间塑造

街道空间聚集了所处地域的风土人情，也为日常使用街道的人群提供了交往空间。街道的美学理念中，更重要的是能形成充分反映当地自然风土和居民工作生活、充满人情味和生活美的街道。

在传统城市中，独特文化的传承会形成独特的公共文化空间——胡同、夜市、庙会，其实这些都不是设计师可以设计的，大多是邻里利益相关者建立合作关系，自发组织，或有功能需求才有相关利益方介入。街道美学不应仅是对物质空间的美学衡量，更应关注街道承载活动背后的场景之美，关注城市钢筋水泥建筑之外的人情味、烟火气。

街道路权不明确，街道空间缺乏趣味性，是产业园区一些使用率低的街道长久以来的弊病，街道是社区中各类活动的发生地，找回街道的生活气息，激活公共空间，是园区规划设计者及利益相关者需要共同考虑的。

治理街区街道空间一方面需尊重街道丰富的业态构成，展示市场作用下自发形成的业态之美；另一方面，注重场地周边公共休闲空间的塑造，关注不同活动类型场景之间的互动与促进，正是这些多样化的公共空间共同营造了园区街道场景的人情味、烟火气。通过物质环境营造与城市特色文化的融入,逐步为街道人群提供安全感、愉悦感、归属感。街道的美学体现了公共空间的活力与秩序,在感知街道的空间之美的同时,它也是以人性化为基础的。无论如何,街道都是一条属于"人"的街道,需要不仅安全、舒适,还得富有活力且充满魅力,让人们在日常工作中的公共空间中找到平衡,漫步街道中享受悠闲生活。

上海张江 AI 未来街区将南部临海科路的 9 栋建筑单体贴线布置,并在首层设置面向街道的商业展示界面,建筑与街道关系更加亲密。局部的设置高差,形成从入口、绿化、人行道的过渡关系。而建筑悬挑,则在入口平台层形成了连续的可以驻留的灰空间。星空吊顶的灯光设计,也是对城市照明的补充,优化步行体验(图 6-19)。

上海张江 AI 未来街区

杨浦创智天地大学路

图 6-19 街道场所
资料来源:大正建筑事务所、豫陇秦沪·大庸

6.2.3 促进交流的口袋公园

街道空间是城市公共空间的重要组成部分，对街区的风貌有着巨大的影响。优秀的街道景观设计，不仅仅是承担交通功能，更能在视觉形象上形成强烈的识别性，而且会对园区的工作人员的休闲生活产生积极作用。因此街道的景观设计显得更重要。

口袋公园是一种规模很小的城市开放空间，常呈斑块状散落或隐藏在城市结构中，直接为当地居民服务，可以提供美化环境、公共交往、休闲娱乐、文化展示等功能。口袋公园的形式可以是公园、广场或者是各类城市建设用地的附属绿地，其主要具有规模小、功能专、距离近、空间活、效率高等典型的、有别于传统城市公园的特征。

因此，产业园区在用地规模受限制的情况下可以通过灵活设置口袋公园为科技人员提供了较好的休息空间，在午后或天气好的时候在街角广场小坐或参加一些社会活动。口袋公园分为街角、街区中部、跨越街区等不同的类型，具体建设形态受产业园区周边要素影响，可以呈现不规则的特征，原则是地尽其用，最大化地利用现有空间资源，优化园区环境质量。根据主要功能类型分类，产业园区口袋公园的空间可以进一步划分为休憩交往、运动健身、文化展示等类型。

口袋公园作为产业园区重要的休息交往空间需要兼顾公共性和私密性，提供工作人员休憩停留的私密空间，同时有能够增加社会交往的机会。这一类公建需要通过铺装变化来营造场地，布置座椅等休憩设施、增加适当的互动设施，通过植物庇荫和分隔空间，并注重夜晚的灯光设计。口袋公园也是产业园区文化展示的重要空间，需要兼顾文化展示与特色营造。结合所处地段的产业文化环境，作为园区文化的展示窗口。通过主题性小型文化公园空间的建设，为其赋予生命与活力，丰富城市环境体验。

上海张江 AI 未来街区所有入口的街角空间被有意放大，辅以水池，形成开放街角广场，减轻了产业园区建筑体量对行人带来的疏离感。街道＋广场的设计母题被创新性地应用于产业街区中，这种积极的街道空间为城市居民带来了亲切的使用体验。

"G60 科创云廊"以"云"的理念，将产业园的建筑体行云流水地串联为一体。G60 科创云廊世博公园延续了云和雨的关联，并加入了产业成长的"沃土"寓意形成了整个公园地块的景观概念。世博公园主要由两大部分组成，一为世博广场，二为涟漪公园。前者以亲子休闲、林下办公为主后者倾向于集会和表演等大型活动功能。世博公园聚焦人与自然共生的目标，希望市民在使用社区公共空间的时候，尽可能地感受自然，沉浸自然真理的艺术熏陶，贯彻新发展理念的新时代公园绿地应运而生（图6-20）。

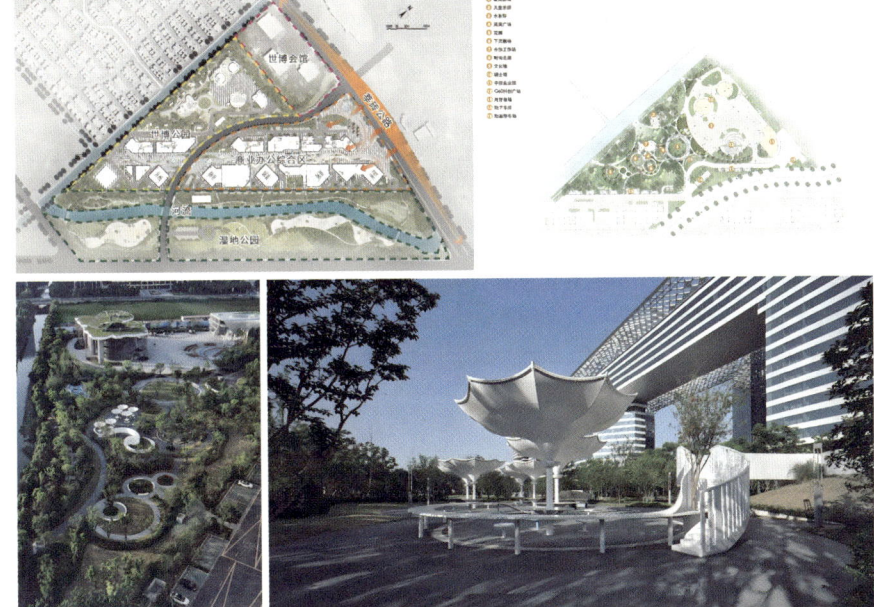

图6-20　G60科创云廊世博公园
资料来源：骏地设计

深圳深湾街心公园位于深圳湾超级总部的城市公共绿色轴线上，通过对城市高密度业态间隙的设计可以缓解城市发展带来的一系列问题，为城市增添绿色空间，为居民提供活动场地，为城市生活注入活力。公园以健康、邻里社交、回归自然为主题。项目内有序设计了运动场地、儿童活动区域和以雨水花园为主的生态循环装置（图6-21）。

6.2.4　可感知的街道设施布局

产业园区的街道有着多重功能需求，既需要较好的通行能力，还需要提供一定的停留空间。街道的本质是城市重要的公共空间，它充满了生机和各种可能性，街道空间的高品质使用需要基础设施的有效配置。路边的座椅、花坛等允许随时小憩，观察来往的行人。如《上海街道设计指南》中建议每百米座椅数量应该在20个以上。这些设施需要保证舒适性、耐候性、趣味

图 6-21　口袋公园——深湾街心公园
资料来源：欧博设计

性等。精细化的人行道设计还能鼓励人们采用步行、自行车等绿色出行方式。

　　考虑到企业的宣传及展销活动等需求，在步行人流密集的街道鼓励设置导向标识、铭牌、广告位等，增加功能及文化特色。在不影响通行需求前提下，非交通性街道鼓励沿街设置商业、文化等临时设施，即食品、饮料、杂志售卖及信息咨询等设施（图 6-22）。

图 6-22 张江科学城及漕河泾的街道设施
资料来源：豫陇秦沪·大庸

6.3 产业街区的内部公共空间

户外空间的多样性与适宜尺度让园区工作与生活气氛融为一体，契合了科技企业的户外文化，使得办公、用餐与休闲的室内外空间得以延伸。

6.3.1 开放流动的广场空间

产业街区从受众角度出发，考虑年轻人群对多元化生活方式的向往，景观空间置入不同功能的休闲节点，如：室外办公吧台、休闲阳光草坪、室外休闲廊架、下沉空间等，闲暇之时可作为外出舒缓，工作饱和紧张时可到户外共享办公，调节压力与状态，使工作场所也变得更加灵活、协作和开放。大尺度的草坪设计可以调节空间的节奏与尺度。为使用者提供了一个复合的交流空间这里也可灵活满足多样的集会活动，如节日庆典、产品发布会等。

首先，要打破街区内外环境的割裂与分割是现代人文关怀的重要手段。比如运用底层的架空开放，模糊了建筑与外界的关系，单纯的产业园变成了市民活动的公园。还可以取消围墙使城市街道空间和园区内部庭院充分融合在一起。

其次，室外环境应成为室内空间的延伸。从开放的公共绿地到较为私密的各种半公共花园，采用不同的景观元素，呈现出四季变化的风景，构建更接近自然环境的外部空间。一系列小广场、小庭院等主题景观节点成为园区办公人员在室外工作、交流、会面、休闲的最佳场所。对功能性的细致考虑和对多元化和个性化的坚持实现了一个丰富生动充满人性关怀的室外环境。

杭州西溪云澜谷利用西溪湿地独特的地理环境，将体量进行分解重构，完整大形体的错动，创造大量露台空间，形成功能明确、内部空间和外部环境共生的多层集合式办公园区。沿西湖文体中心的一侧，为了过渡城市公共性，入口处设置公共的下沉广场向城市打开，集聚人气，商业配套、文化活动等置于底层，以模糊的边界与公共的功能布局与城市相连，形成城市公共社区。建筑形体自然围合出"C"形布局，从入口连桥引入园区，由对景的地景建筑界定出"外动内静"的空间氛围。对外创造开放的城市界面，对内收放建筑平面，形体前后错动，呈现退台跌落，形似"幽谷"，与西溪湿地相呼应。不同建筑单体嵌入中庭，将绿色和自然光线移植到建筑内部，丰富空间体验，消除疏离感，在有限的空间内创造开放、流动的公共空间序列（图 6-23）。

6.3.2 各具特色的庭院空间

内庭院在底层分散布置的各类服务空间，伴随着建筑与景观的生长行形成不同庭院的各自特质。

内庭院的平面尺度受容积率、覆盖率等指标的影响在南北窄边方向一般为 40～60 m，对于追求企业办公场景轻松化、生活化的行为体验来说尺度仍然过大。通过绿植花池区隔、局部下沉标高、地面铺装色彩分块等手法，将庭院空间进一步细碎化，使都会流线和生态流线相互交织，从而在有限的空间内创造更加丰富的场景，形成了类似于城市步行街区的生活化尺度，也会在中央留出若干个尺度较大的广场用于企业庆典活动。

建筑入口场地——南京紫金智谷人工智能产业园、杭州西溪云澜谷

杭州西溪云澜谷内外广场的融合

图 6-23　开放的广场空间
资料来源：gad 杰地设计

　　阿里巴巴达摩院的总图布局呈叶片的脉络形状生长，将建筑与环境中的山水融为一体，构成了整幅美丽的画卷，移步异景的庭院景观，无意中引领行人的路线。在空间组织上，通过环、道、廊的串联，创造出高度伸展和向心几何拓扑关系。风雨连廊与绿色庭院将各办公楼自然衔接，形成与湖光绿脉交融共生的空间环境。东方的庭院更以看似"无形"实则"有形"的流线

串联，并在设计元素之间具有极其丰富的呼应关系，这是对东方审美内核的挖掘和表现。科学园为科研群体打造，以自然世界为灵感，提取了苏州园林中的回廊概念，形成了交通框架和空中连廊，动线遵循"起""行""收"的逻辑，从南湖的西岸延展和生长，串起九座庭园，让路径与"观想自然之园"构成整体动线系统，科学园以此应对场地的建筑群组布局策略，构建出与人的尺度相匹配，并与自然和谐相处的园区（图6-24）。

图6-24 阿里巴巴南湖未来科学园
资料来源：Aedas+上海建筑设计研究院有限公司

6.3.3 串联建筑的内街空间

街区型的产业园区在内部空间的组织中常常采用地上地下的人车分流组织模式，开放的地面空间采用步行内街的形式将各个单体串联在一起，各个建筑的步行主入口也会临内街设置。园区内建筑出入口是衔接室内外空间的重要节点，是进入企业内部私密区域之前的一个可以短时间停留、放松休憩的场所。景观常用简洁、干净、通透的元素，条石、绿篱、点景树、企业logo等，虚实变化节奏分明，通过园区内部空间的多样性，营造纯粹的企业形象。

上海张江AI未来街区整体设计划中，建筑首层和二三层体量在水平方向产生错动，形成露台与骑楼空间，创造出城市、内街、滨水三道路空间界面。建筑的悬挑与露台结合，形成了进退丰富的空间关系，错动的空间让对望、仰视、小憩、穿梭、游览等活动得以发生，提升了园区内部的空间活力。

内街成了入驻园区的科技工作者亲密接触的路径，内街两侧也会有若干的咖啡馆等服务设施，一方面隔别了城市道路交通的喧嚣；另一方面也提供了可在园区内环游的步行体验（图6-25）。

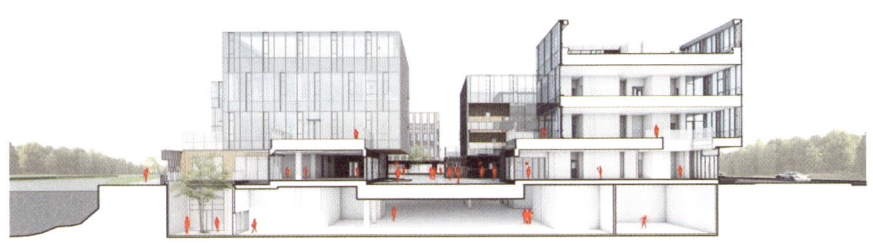

图6-25　上海张江AI未来街区内街
资料来源：大正建筑

深圳天健创智天地是一个综合性产业园区，总用地面积约3万 m^2，建筑面积约13万 m^2，包含4栋共将近7万 m^2 的商务办公大楼、7 350 m^2 的场景式街区商业，以及2万 m^2 的高端服务公寓。一条贯穿南北、长度约为120 m的主轴成功衔接两个地块，作为主要的街区动线，将所有场地功能进行串联；从主轴向外侧延伸的次轴，为城市提供更多便捷的交通空间及能够达到地块核心的连接点。地块东南角及北侧形成两个对外的城市广场核心，将不同功能的建筑衔接呼应，作为项目与城市共享，既服务于企业，也能为周边居民提供活动、交流、集散的开阔空间（图6-26）。

6.3.4　室内外的过渡灰空间

建筑地面层在设计时常常采用部分的基底面积落地，留出大面积的架空层形成遮阴空间，串联起各个四季变化的庭院，这些建筑的落地部分呈现统一的东西指向，使得整个园区的地面层形成流线型（如辫状交织的通畅步行

图 6-26　相互渗透的园区空间——深圳天健创智天地
资料来源：深圳市库博建筑设计事务所有限公司

空间）。员工在地面层通过这些遮阴空间，经历不同的庭院，可以顺畅地到达园区的各个角落。这些步行空间也通过室外台阶进一步引向二层架空连廊，形成了更为立体的步行空间体验。

广州万孚生物神舟路园区建筑外立面设计起源于骑楼，较为"奢侈"地通过一系列风雨廊把各个建筑单体链接，形成外廊式建筑，既可以挡避风雨侵袭，又挡避炎阳照射。清凉的通风处理舒缓了岭南亚热带季风气候给员工日常办公的倦怠感。同时工业建筑尺度的层高与外廊和片墙的组合创造出了非常规的空间尺度感，从而使项目具有一定的纪念性（图 6-27）。

深圳光明科学城启动区共包括 5 栋单体建筑，其核心建筑为"脑解析与脑模拟、合成生物研究"两个大科学城装置。建筑方案的塔楼部分以"光辉巨构"为理念，强化建筑的力量感和辨识度，形成光明科学城启动区标志性的门户形象。园区底层的空间借由庭院、回廊、屋面漫步道，创造出属于人们生活、交流与接触自然的场所（图 6-28）。

6.3.5　多维基面的立体街区

为了更好地为园区的科技人员服务，人车分流、地面的景观系统化、立体的园区交通系统等策略是产业街区一体化设计的重要手段之一，同时多层

第 6 章　产业街区空间形态 | 239

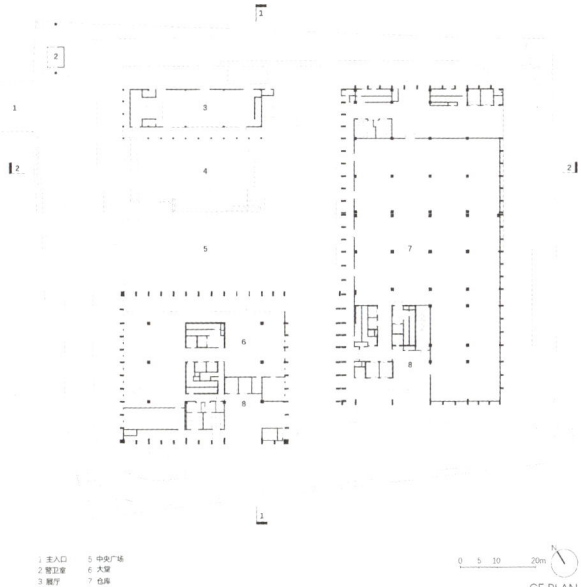

图 6-27　骑楼灰空间——广州万孚生物神舟路园区
资料来源：了建筑、北京世纪中天国际建筑设计有限公司广东分公司

　　次的建筑露台也能丰富街区的立体空间意向。
　　阿里巴巴杭州软件生产基地二期在总体设计上力求提升建筑形体的灵活性及开放性，整体形态呈面向城市开放怀抱的姿态，使之更易于交通流线的组织，促进员工之间的交流与业务发展。建筑形体采用外高内低的手法，沿内侧中心庭院为 3~4 层的建筑，山环水抱的格局，营造出宜人的空间尺度。为营造舒适、开放、绿色的园区环境，园区通过设置人行和非机动车专用

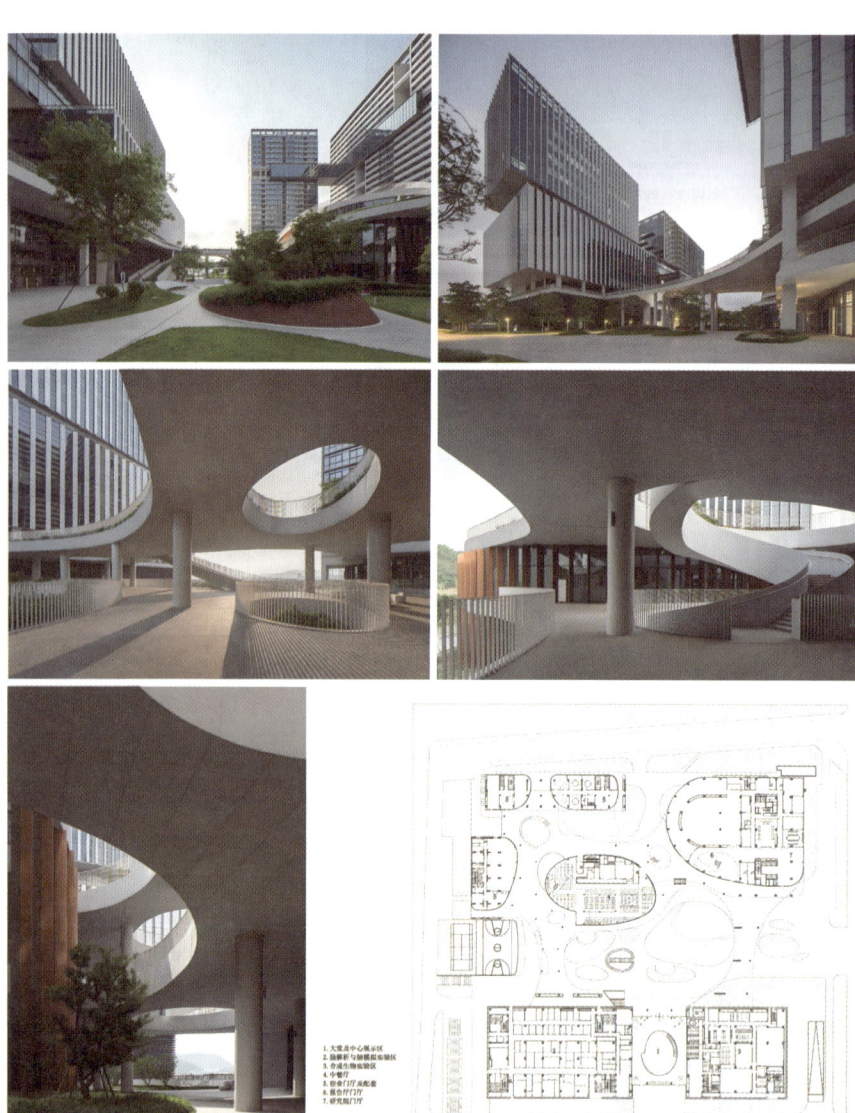

图 6-28 光明科学城启动区底层灰空间
资料来源：TJAD 曾群研究室

道，在入口处实现人车分流。地面层人流基本以中心广场为集散区域，辐射状的路网为员工与访客快速到达目的地提供了条件。二层折线形的环廊将五栋楼联系在一起，极大地满足了企业要求最大的连通性和平面灵活性的功能要求，多基面的立体动态体验和视觉感受呈现了优秀的企业文化和产业特点（图 6-29）。

第 6 章 产业街区空间形态 | 241

图 6-29 阿里巴巴杭州软件生产基地二期间
资料来源：浙江省建筑设计研究院

6.4 绿色生态的产业街区

6.4.1 多层次的景观体系

多层次的景观体系在新的园区建设中被广泛采用，不同基面上的绿化空间传达了不一样的空间氛围。二层平台空间不仅可以作为一个观景平台环视整个园区，也为工作人员提供相对私密的交流空间。

园区不再是只有车间和车道的布局，加入了人性化的中央空间，创造出更多共享的环境特征，塑造具有生态的复合型产业园。街区内部场地注重雨洪设施的景观化处理，低影响材料呈现自然亲切质感，置石与水的柔美相配合刚柔并济，植物搭配改善微气候环境，在满足功能需求的前提下追求雨水花园营建的艺术化，尊重和感受雨水之美（图6-30）。

图6-30 南京紫金智谷人工智能产业园生态景观
资料来源：谷创生态景观规划设计（北京）有限公司

6.4.2 绿色低碳园区

产业园区的建设和运营维护是能耗的重要环节，要注重社会效益、经济效益和环境效益。上海一直通过低碳园区创建和发展的政策指引和实践工作，履行国家"双碳"的号召。特别是在 2022 年 7 月 8 日，上海市人民政府印发《上海市碳达峰实施方案》，再次强调了要打造一批达到国际先进水平的节能低碳园区。积极推广新技术、新理念，采用雨水利用、提高景观、室内舒适度等方面的技术路线，具有良好的示范作用，也有利于提升企业的社会形象，充分展示园区的社会效益。可以通过采用冰蓄冷、热回收、冷却塔免费制热等节省运行能耗的技术措施，可以达到较好的投资回报收益，实现最大化的经济效益。

《漕河泾开发区绿色化发展总体规划》确认了漕河泾低碳发展实践区以及"科技绿洲"高端品牌园区，共 3.11 km² 的项目边界范围。基于漕河泾的总体规划，绿色规划打造了十条具有漕河泾特色的绿色化发展路径，作为"绿色战略行动"以促进园区的生态环境改善，营商环境提质，低碳技术创新，绿色服务体系完备，国际及跨区域生态合作模式形成，并着力打造"七大绿色示范场景"，做到管理和行为减排，能源和建筑降碳，园区环境添绿，"双碳"产业发力各个方面都有相应的场景展示，并带来积极的示范效应。还致力于园区与产业、园区与企业、园区与城市之间联动和分享机制的打造。这将进一步促进园区与企业的高度融合，驱动产业发展，实现新旧动能转换，最终建立具有国际竞争力和区域带动力的现代产业体系和低碳园区蓝本，贡献于上海市碳达峰工作的开展以及我国"双碳"目标的实现。

上海漕河泾开发区"科技绿洲"总体景观方案以周边环境为背景，展示出项目高品质的形象，并尽量把景观设计的影响扩大到建筑正面用地内以及地块内的主要交通沿线。特别是主要出入口处的绿地景观。设计始终确保结构绿化带与边界道路较近一边的边石的距离不少于 12 m。公共景观区域和单个地块的景观设计实现无缝过渡（地块之间及面向内外道路的区域不设置墙体或栅栏）。不在园区边界、相邻地块或园区其他位置建造任何高于 0.5 m 的非结构性的围墙和围栏。

上海漕河泾开发区"科技绿洲"一期建于 2001 年，在一期项目已十分重视绿色低碳的理念，应用了智能滴灌系统。漕河泾科技绿洲三期、四期、五期、六期项目，均获得 LEED 认证金奖，并且四期斩获"2020 年度十大绿色项目"。

"科技绿洲"所采用的绿色建筑技术及策略包括：①自然采光：建筑形式以点状为主，有效优化了每层的自然采光空间面积；大面积的玻璃幕墙提供良好的通透的视觉、采光效果，竖向的外遮阳又同时有效地降低了建筑的能耗。②海绵城市：通过结合采用屋顶绿化、雨水花园、透水铺装、景观水系、下凹式绿地等措施，控制径流量达到 231.1 mm，年径流总量控制率为 81%，降低了内涝风险的同时，修复场地生态。③雨水利用：雨水蓄水池与景观水系结合，依靠生态系统自净和水处理设备净化相结合，将净化后的雨水存蓄在中心湖，作为非传统水源。④能效优化：用集中冷热源系统，冷源采用冰蓄冷方式；考虑冬季办公内区供冷，设免费板换供冷；屋顶设热管式交换器，空调季排风经过热交换器后对新风进行预冷、预热，回收热量。⑤室内舒适度：办公内区空调箱可加大新风量运行，最大新风量达到送风量的 100%；空调箱设有初、中效静电过滤和纳米光子净化设备，清除病毒、细菌、真菌等有害物；空调箱同时设置高压微雾加湿，维持适当的湿度。"科技绿洲"四~六期的总体景观设计以江南水乡意向为依据，提出了碧水环洲的设计理念。设置内外两条环形水系，保证每栋单体建筑都能邻水而建，水、绿地、灌木相映成趣，为科技工作者提供了中国水乡风格的花园式办公环境（图 6-31）。

阿里巴巴全球总部是阿里目前最大的自有园区，集行政管理、企业运营、科技研发等为一体的特大型智慧建筑群。园区所有楼宇由环状联通，形成交流环游动线，被称为"活力环"。衔接各楼宇的中央湿地花园是整个项目核心亮点：阿里经典的笑的创新概念，将该园区打造成一个多层次系统相

图 6-31　上海漕河泾开发区"科技绿洲"绿化景观体系
资料来源：豫陇秦沪·大庸、漕河泾新兴技术开发区发展有限公司

互交织联系的网络——水、生物多样性、人和文化和谐汇聚,为阿里巴巴员工创造一个富有活力、引人入胜的园区环境。园区融入海绵城市、雨水回收、碳中和等生态手段,是国内最大的 LEED + WELL 双金级认证智慧园区,重视环境影响和生态平衡。尊重生态的景观设计强调构建城市山林的自然风貌,营造湖泊、湿地、森林、山地、草野等景观要素。园区总体生态景观设有七大功能分区,包括访客接待区、入口展示区、办公庭院区、中心活动区、运动活动区、休闲活动区和交流环,其间点缀着阿里巢、中心水景、VIP 接待展示等一系列亮点空间(图 6-32)。

图 6-32　杭州阿里巴巴全球总部
资料来源:杭州园林设计院、阿里巴巴

福建莆田三棵树作为国内高端涂料行业的领军者坚持绿色低碳转型和高质量发展。更体系化地落实企业内部的 ESG 管理工作，强化了董事会在 ESG 事务中的监督与参与力度，形成了完善的 ESG 管理架构，将 ESG 理念融入公司战略规划和日常运营中，助力公司实现可持续发展。三棵树积极响应国家"双碳"政策，建立减碳战略管理体系，设定明确的减排目标，持续完善碳评估管理体系，并通过投资建设光伏项目，优化生产工艺，开发辐射制冷涂料等方式，有效降低能耗和碳排放。此外，公司紧跟绿色发展理念，统筹建设 EHS 管理体系，将环保和安全作为发展底线，主动履行污染防治责任，持续防控环境风险。通过优化生产、改良工艺和研发绿色产品，降低废弃物排放，公司将绿色、健康、环保融入企业发展的各个环节。同时，公司积极参与植树节等环保公益活动，支持"一亿棵梭梭"项目，为绿色环保事业贡献力量。

三棵树把绿色发展理念贯穿到每个环节，引进全球领先自动化生产线和清洁生产系统，全面实现安全无污染生产，致力打造"智能制造+绿色生产"标杆园区（图 6-33）。

图 6-33 三棵树生态总部园区
资料来源：三棵树、豫陇秦沪·大庸

参考文献

［1］卢济威,庄宇,陈泳,等.城市形态组织论[M].北京:中国建筑工业出版社,2022.
［2］Salat S.城市与形态:关于可持续城市化的研究[M].北京:中国建筑工业出版社,2012.
［3］于正伦.城市环境创造:景观与环境设施设计[M].天津:天津大学出版社,2003.
［4］李忠.城市考察——图解世界最美城市[M].北京:世界知识出版社,2015.
［5］阿方索·维加拉,胡安·路易斯·德拉斯里瓦斯.未来城市:卓越城市规划与城市设计[M].赵振江,段继程,裴达言,译.北京:中国建筑工业出版社,2018.

第 7 章 产业园区建筑空间形态

7.1 产业建筑的多样性
7.2 建筑功能的适应性设计
7.3 建筑风格的多元化
7.4 产业建筑单体平面空间
7.5 『工业上楼』模式
7.6 产业建筑的更新改造

我们所说的产业园区一般是指政府平台公司或产业地产商所建设的具有一定土地规模的区域，是众多企业和产业的聚合。这类园区由于分类方式的不同，也有各种的叫法：物流园区、科技园区、文化创意园区、总部基地等。用产业类别来分可分为，科研办公类、生物医药类、智能制造类、物流仓储类等。

7.1 产业建筑的多样性

7.1.1 科研办公类建筑

科研办公类建筑包括 IT 研发、科技创新、服务外包、互联网服务业、信息服务业等。这类建筑是我们最常见到的类型，设计上除了遵循常规对办公空间的要求，还要面对具体的产业上需针对性的一些措施，比如对软件信息业来说需考虑网络机房的位置，相对应的区域需做荷载加强，又例如对服务外包行业来说，有时候男女比例悬殊，其卫生间需改变相应的配比并保持一定的灵活性。

杭州智慧新天地创新中心位于杭州市高新区，钱塘江北岸，之江大桥旁，是汇集商业服务、商务办公功能于一体的智慧产业集聚区和孵化基地。场地的独特区位与未来高科技人员的入住，提出了不同于传统办公的新诉求。建筑设计以引入自然、模拟山体为立意，通过像素化的方式拆分形体，产生多平台，创造同自然山体般可攀登、可驻足的场景。两栋塔楼前后错动，并自然形成了入口及临江两个相互联系的广场。模拟山体的堆叠形式，两座塔楼由场地中心自下而上，逐层退让，获得两个楼栋间的最大距离，尽量减小相互干扰，同时引入屋顶花园和共享观景平台，使自然从江边蔓延到建筑内部（图 7-1）。

字节跳动成都办公楼项目位于四川省成都市高新南区，总建筑面积约 11.3 万 m^2，包括一栋 16 层办公楼、一栋 12 层办公楼、一栋 3 层商业裙房和一栋 2 层报告厅。项目助力字节跳动布局智能教育、交互式多媒体办公系统等多个前沿新兴业务。设计强调办公空间的复合使用，一方面充分利用交通空间，楼梯、电梯厅既可作为休息交流空间使用也可以举行小型活动；另一方面充分利用汇外灰空间，下沉广场、屋顶、露台都可以作为办公、会议的场所，缓解室内工作环境的压力。另外也充分利用第三单空间，食堂可以在非高峰时段作为非正式讨论的场所，中庭更是举办各种活动的理想场所（图 7-2）。

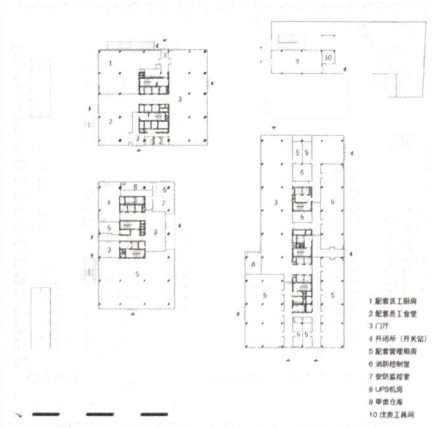

图 7-1　科研办公——杭州智慧新天地创新中心
资料来源：gad 杰地设计

图 7-2　科研办公——成都字节跳动总部
资料来源：豫陇秦沪·大庸

7.1.2　智能制造类建筑

　　智能制造类即通用生产的类型，通常包括生产和办公空间，行业类型包括智能交互、智能识别、工业机器人、3D 打印、VR/AR 应用、IC 设计、汽车零配件加工等。这是国内产业地产常见的类型，包括联东 U 谷、中南高科等公司主力产品都为智能制造类的厂办产品，常见的产品设置为首层 7~8 m，2~3 层，2 层 4.2 m 的标准厂房，电梯需考虑货梯的设置，荷载也相应预留得比较大。

中国（杭州）人工智能小镇位于全国四大未来科技城之一的杭州未来科技城（海创园）核心区块，坚持全链融合，面向全球招引"世界领先、国内一流"的大平台与"人才引领、创新优先"的潜力项目，有力构筑了人工智能技术创新与产业应用"双引擎"。小镇先导区块聚焦人工智能技术应用方向重点布局 5G 通信技术、智能制造、智慧医疗大数据、云计算、机器人等领域（图 7-3）。

图 7-3　中国（杭州）人工智能小镇
资料来源：伍兹贝格建筑设计咨询（上海）有限公司

7.1.3 物流仓储类建筑

物流园区是指为了实现物流设施集约化和物流运作共同化，或者出于城市物流设施空间布局合理化的目的而在城市周边等各区域，集中建设的物流设施群与众多物流业者在地域上的物理集结地。如普洛斯、京东物流等企业的物流仓储板块，建筑上通常为轻钢的厂房再配以一定服务设施。

华南城的起步可以追溯到 2002 年，其以综合商贸物流中心的模式迅速走在了行业前列。深圳华南城成立于 2002 年 12 月，坐落在深圳市平湖物流基地，项目规划总建筑面积 271 万 m^2，属深圳市政府"重点物流项目"。项目涵盖纺织、服装、皮革、皮具、电子、五金、化工、酒店用品、塑料、印刷、纸品、包装、小商品等产业门类，是集展示交易、会议展览、电子商务、信息交流、仓储配送、金融结算、人才交流及商务、生产和生活等配套服务于一体的大型综合商贸物流平台。专业批发市场、仓储物流配送、综合商业、电子商务、会议展览、生活配套、综合物业管理等高效协同的业务模式，构建了华南城生态圈的完整体系和精髓（图 7-4）。

图 7-4 深圳华南城商贸物流园
资料来源：华南城官网

7.1.4 生物医药类建筑

生物医药有些专业的设施包括实验中心、医疗医院等，通常产业地产所开发的生物医药类园区，更多是通用研发类，比如中试研发类建筑等，以检验检测、医药研发、高端医疗器械等行业为主。对生物研发类楼宇来说，其层高、荷载以及管井预留等都会同通常的办公有变化，比如通常标准层层高会提升到 4.5 m 以上，标准层荷载会在 350 kg/m²，同时考虑废水废气的管井预留。

上海张江高科技园区以生物医药为主导产业，2010 年成为"国家级新型工业化产业示范基地"。示范基地着眼世界科技前沿积极培育生物医药产业，聚焦生物医药高端研发和制造，持续强化创新策源功能，激发科创生态活力，布局了上海同步辐射光源、国家蛋白质科学研究（上海）设施、活细胞结构与功能成像等线站工程等一批国家重大科技基础设施，初步形成了生命科学领域重大基础设施群；集聚了中国科学院上海药物所、张江复旦国际创新中心、浙江大学高等研究院、上海科技大学等一批一流的研究机构；推进了国家药品审评检查长三角分中心、国家医疗器械技术审评检查长三角分中心落户张江建设，加快创新药品和医疗器械研发上市，为实现生物医药领域技术突破奠定了坚实基础。示范基地营造覆盖全生命周期的产业跨界融合垂直生态，助推国际一流创新资源赋能本土企业；形成了涵盖从新药探索、药物筛选、药理评估、临床研究、中试放大、注册认证到量产上市全产业链、过百家专业技术服务平台，为创新创业者提供全链条、优质高效的专业化服务。

位于上海张江高科技园区的张江生物医药基地，重点集聚和发展生物技术与现代医药产业领域创新企业，被誉为"张江药谷"。药谷核心区域的众通大厦可以进行生物医药化学合成实验，有餐厅、便利店、品牌咖啡店等商业配套设施。大厦建筑面积约 18 167.63 m²，一楼 4.8 m（一楼及大堂），标准层 4.5 m（2~5楼），楼板载重 350~500 kg/m²，供电系统为 2 路 10 kV 供电，每层供电量 250 kW/层（图 7-5）。

张江高科技园区的 Nexxus 前社·生命科学园，位于祖冲之路和牛顿路的交叉口，和张江一系列同类联动项目，逐步造就了产业聚集、区域再造、经济发展和政府扶持等多赢局势。随着生物医药科技的发展，原有的建筑需要更新、改造和利用，使得原有建筑的功能和形象焕新，成为药谷又一标志项目（图 7-6）。

美国加州 Genesis Marina 生物科技园位于布里斯班市，园区与周边的一线海景、自然环境、社区紧密连接。完备的基础设施、灵活的实验室可以满足多租户模式的各类型生物科技公司的需求，模块化设计更能满足租户的定制化空间。园区内的户外开放式阶梯、露台、阳台为科技人员提供了一线的

图 7-5 张江高科技园区张江药谷众通大厦及精装实验室
资料来源：张江高科产业园租赁

图 7-6 张江高科技园区的 Nexxus 前社·生命科学园
资料来源：H+H

海景景观，咖啡屋、餐厅、健身中心等共享设施和自然空间吸引工作人员和社区居民的积极使用，并提供了小型聚会和独立思考的社交空间（图7-7）。

图7-7　美国加州 Genesis Marina 生物科技园
资料来源：SOM

7.1.5　工业制造类建筑

工业建筑由于其专业性与特殊性，大多是由工程师主导完成的，设计过程中更多地注重功能布局、工艺流程、路径设置、空间利用率等。工业建筑一般以经济和效率优先，结构以大跨轻钢结构或钢筋混凝土结构为主，建筑围护材料也较为简单，给人以实用但不美观的感觉。但建筑师通过创新的结构、可持续设计等方式，为工业建筑带来了鲜明的风格和极具辨识性的特征，扩大了其影响力与知名度，改变了人们对工业建筑的固有印象。

爱可乐箱包的启东新厂区首先是一个工厂，要采用传统厂房模式。厂区分为生产、办公两大部分，其中生产区约 20 000 m^2，高度 20 m，采用传统轻钢龙骨厂房模式，需要符合当前工厂施工企业的标准产品规格。标准化的生产车间因其功能性与效率性，导致立面的笨拙单调及粗糙，建筑设计通过色彩的组合和采光窗的组合让这个巨大的体量呈现出特质（图7-8）。

上海临港纳米园对未来工作场所理念进行了一次探索，旨在打造一个符合高端制造业发展的现代化工作环境。设计致力于在建筑、设备器械与人之间建立起一个和谐、互动的关系，选用彩钢板、拉伸铝网、水泥纤维板及铝板作为主要材料，通过将工艺管道、交通空间、消防救援窗、办公空间这些功能要素分别以不同的策略呈现，展示产业建筑的真实性和工业美（图7-9）。

第 7 章 产业园区建筑空间形态 | 257

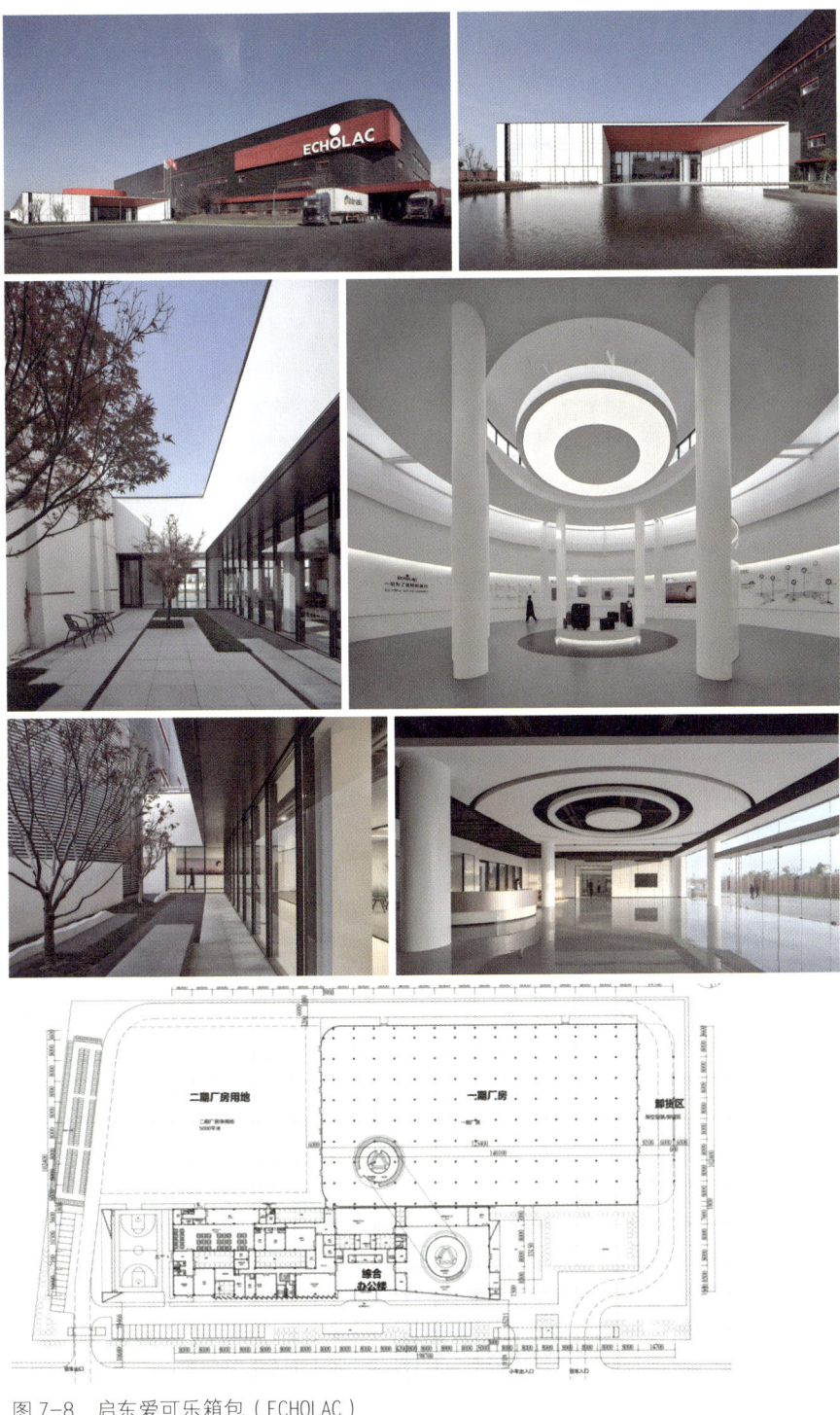

图 7-8 启东爱可乐箱包（ECHOLAC）
资料来源：都设设计

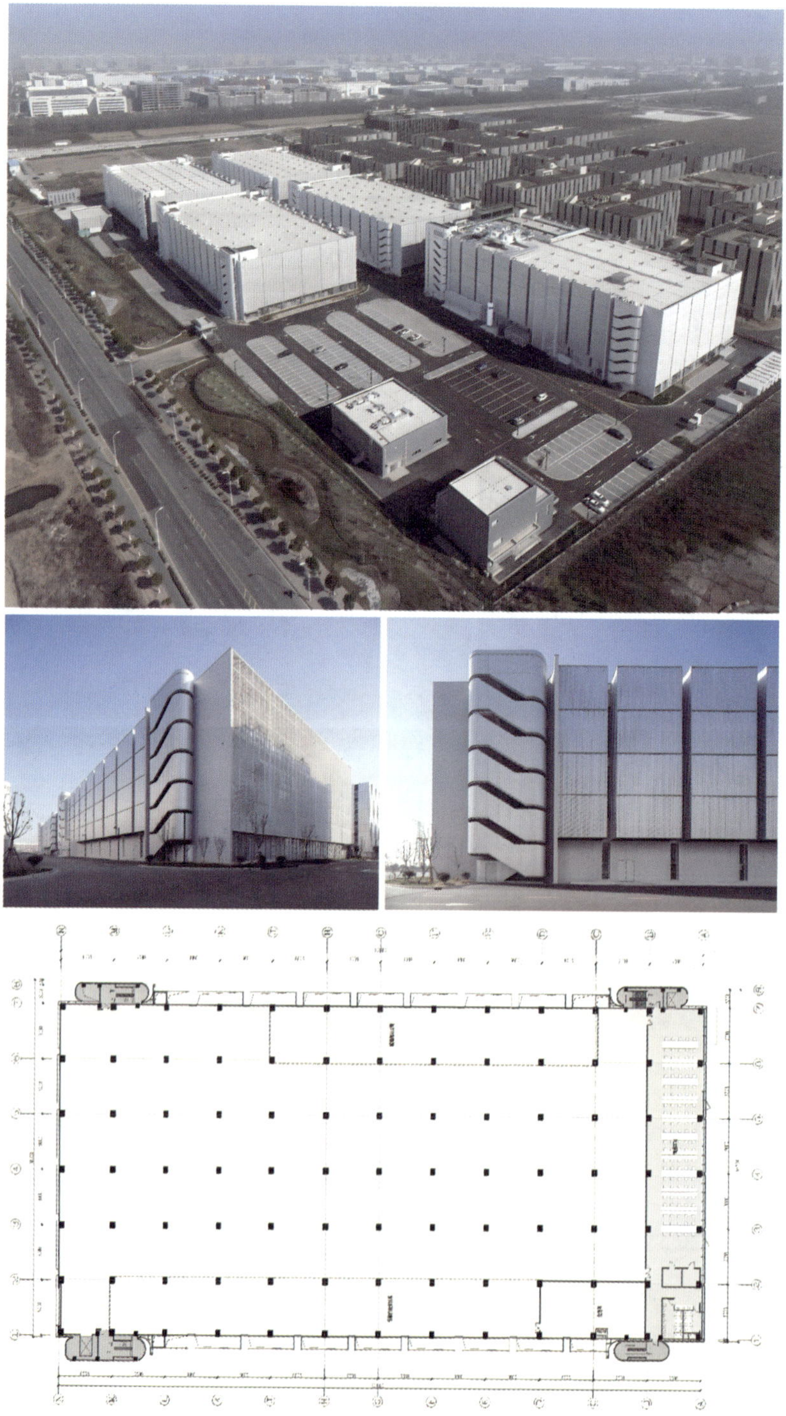

图 7-9　上海临港纳米产业园
资料来源：NAN 建筑事务所

7.1.6 综合服务设施

企业入驻园区能享受到的福利政策外,更离不开园区的内外环境和配套服务,这些配套涵盖了城市最重要的服务类建筑,包括商业、会议、展览、文化设施等。完善的生活配套保障着科研人员的日常生活,企业交流活动及丰富多彩的文娱活动也满足了园区居民的内心精神世界。

中国—欧洲中心位于成都天府五街,192 m的高度是高新区地标建筑,也是成都建立"一带一路""中国——欧洲中心"国家级经贸文化交流平台的一大标志。建筑单体将购物中心、特色餐饮、酒店式公寓及商务办公等多种功能集合到一起,形成一系列配套完备的产业链条。同时充分利用地下空间,配有千余个座位的地下音乐厅和职工区域(图7-10)。

图7-10 成都"中国—欧洲中心"
资料来源:豫陇秦沪·大庸、芬兰PES建筑设计事务所

张江科学会堂总建筑面积为11.56万 m^2，包括一个6 000 m^2 的主会场、一个3 500 m^2 的多功能厅，以及19个70～900 m^2 大小不等的会议及展示空间。如今正在逐渐发展成为一个集国际峰会、行业路演、科创交流、文化艺术和展览等功能于一体的开放、融合的科创能量交流平台（图7-11）。

金鸡湖路演中心位于苏州生物制药产业园内，由苏州工业园区人才办指导，苏州工业园区企业发展服务中心运营，整合海内外资源重点打造的园区创业服务品牌。路演中心围绕园区重点产业，开展行业主题路演、政策宣

图7-11 张江科学会堂
资料来源：豫陇秦沪·大庸、华东建筑设计研究院

讲、交流座谈会、行业论坛、行业峰会等活动，促进产业、市场、技术交流，为项目嫁接合作桥梁，建立贯穿"引才""聚才""兴才"全流程人才服务链，赋能企业迅速成长。

金鸡湖路演中心也是一个艺术空间，在这个空间里让游客、参与者发掘惊喜，让他们坐在这个空间内的任何一个角度都能感受到美好事物很直接的视觉传达。路演区设置的多媒体功能会议室，容纳上百人观演。采用开放式阅读，利用建筑形态放置书架。讨论区划分封闭和开放两种方式，合适多种模式同时进行，利用家具形态营造出讨论区的多变性，丰富室内色彩，配合展示区可以打破固有的参观模式（图7-12）。

图7-12 苏州生物制药产业园（bioBAY）金鸡湖路演中心
资料来源：《苏州日报》、豫陇秦沪·大庸

7.2 建筑功能的适应性设计

在现在的科创园区中，工作与生活的界限越来越模糊，对于有的园区，住宅楼是左邻，研发楼就是右舍，甚至有的科创园区，像新加坡的纬壹，楼下是办公区，楼上就是公寓，这样的布局不但有利于科技人员聚在一起进行交流，而且最重要的是，它符合科技人员的工作习惯。"职住共存""功能混合"的规划布局，才是一种最人性化的考虑。

7.2.1 功能从平面混合向立体混合发展

产业建筑的设计理念已经从简单满足工作的单一化功能向注重员工工作休闲品质的多元化发展。在建筑内部功能配置上除了满足日常交流的咖啡馆、餐厅之外，还注重体育元素、艺术元素、生态元素。建筑内的上下游产业链的融合也是功能混合的一个重要方向，促进产业配套功能之间的高效运转与创新。

光明科学城启动区内的脑模拟、脑解析与合成生物两大科学装置。设计将合成生物平台与脑解析、脑模拟装置置于平台中心大楼内，并通过空中共享平台相互连接，加强不同学科之间的联系，打造园区的第一形象立面。光明科学城启动区共包括 5 栋单体建筑，其核心建筑为"脑解析与脑模拟、合成生物研究"两个大科学城装置。建筑方案的塔楼部分以"光辉巨构"为理念，强化建筑的力量感和辨识度，形成光明科学城启动区标志性的门户形象。

如果说简洁的矩形体量内蕴含着复杂的实验和工艺设施，是为"设备和机器"所使用的空间，连接体内则为"人"使用的空间——阅览、咖啡、学术交流、研讨，科研创新的各类碰撞和火花可能就在此产生。除此之外，在平台中心和学者公寓的空中均设置了连接体，以满足各类共享和科研交流的需求。裙房内包含共享大厅、报告厅、餐厅等多元化配套共享功能，为创造新兴的"生活式"科研办公环境提供了足够的空间。通过起伏的地景平台的连接，"衣食住行"人们最稀疏平常却也是最重要的日常行为，在园区中得以自然触发呈现（图 7-13）。

7.2.2 弹性办公空间模式

高新技术产业的发展的不可预测因素，需要建筑空间的设计具备"弹

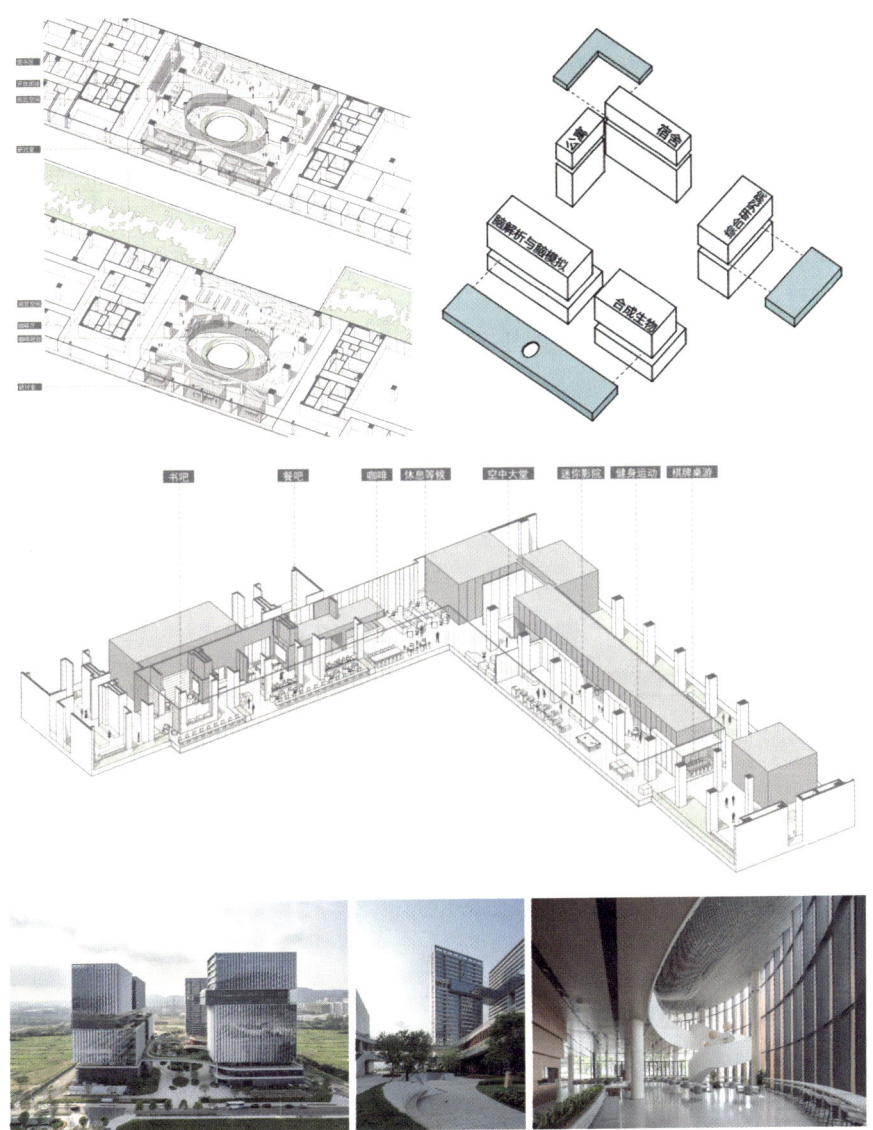

图 7-13 光明科学城启动区
资料来源：TJAD 曾群研究室

性"，以适应各类新兴企业在发展过程中对办公空间拓展的需求。作为高科技办公组团需要充分的思想碰撞与工作沟通，因此要求工位区设置具备一定的集中性，避免过于分散的会议室区域将工位区分割断，以保证团队内部交流的时效性以及精神体验上的凝聚性，即使用方所谓的"聚气"。而对集中工位区的规模，应能满足科技团队日常的动态生长要求，即 50 人左右可以形成新的研发团队，团队成长至 350 人左右会因不同发展方向孵化出新的团队。因此建筑设计的集中工位区空间规模应当灵活适应此种规模范围。此外，不同规模的团队也并不是一开始就能预见好的按大小归类在某个区域或楼层中，而是一种自发生长性进化的组合模式，不同规模的团队会因为不断的从上一层级剥离或"无中生有"等模式变化，并因业务粘连性而穿插在一个楼层。无界互联的办公空间正是应对此种弹性办公模式的策略。

杭州阿里巴巴达摩院基于"工作组团"的理念，园区的工作、会议、个人空间充分融合，营造出开放共享、自由协作的办公环境。多层办公楼采用规则柱网结构，布局弹性机动，模块化的办公空间每层可根据需求，形成 500～4 000 m² 的工作场所，可最大限度地提高使用灵活性。工作团组围绕共享设施、中庭及公共空间分布，增强交流互动，提高不同团队协作效率。办公楼首层设有服务商业，可以享受便餐，或在此进行交流、讨论（图 7-14）。

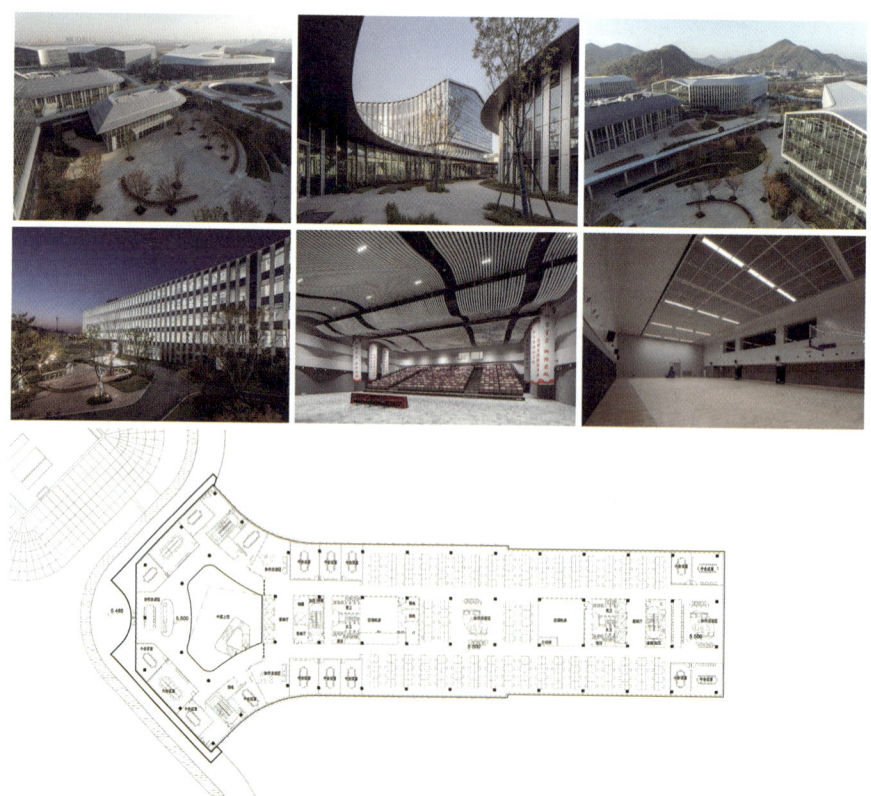

图 7-14　阿里巴巴达摩院
资料来源：Aedas+上海建筑设计研究院有限公司

苹果新总部大楼内部的办公室，乔布斯设想了一种模块化的隔间，可以不断重复，这样根据需求分配大小就好了，有办公空间、会议空间、休闲空间等。分配遵循民主，即便CEO也只能占用一个标准大小。隔间一面是玻璃门，它让员工很方便接触同事和自然。但出于保密文化，有些隔间使用了半透明玻璃。苹果公司在新总部的设计中玻璃材质的运用一方面为空间增加了未来科幻感，另一方面也体现了苹果公司开放包容透明的理念。美国媒体将"飞船大楼"比喻为"巨型玻璃甜甜圈"，特别是完工之后的大楼，远远看去就像是个透明的UFO。乔布斯希望整个工作环境是一个非常开放氛围，不但是对外界自然风光开放，也是对人与人之间相互协作的开放（图7-15）。

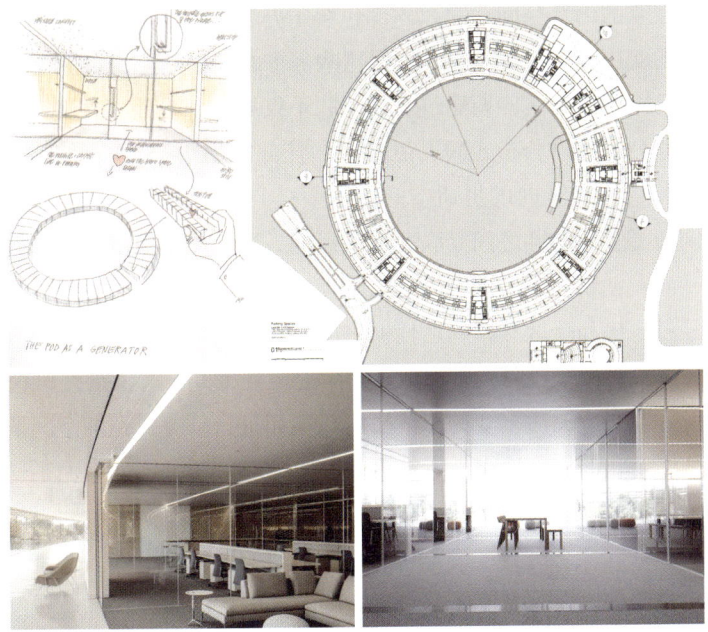

苹果新总部大楼

阿里巴巴徐汇滨江项目一期办公单元

图7-15 模块化的室内空间
资料来源：PlayArch、晋思建筑设计事务所（上海）有限公司（Gensler）、华建集团建筑装饰环境设计研究院

7.2.3 流动的内部空间

园区建筑在综合化、场景化的过程中不仅注重日常的室内工作环境，也越来越注重室内的公共空间塑造。门厅、前厅、中庭甚至过厅都成为了交流、休闲场所塑造的舞台，室内不只是工作的单一场所更提供多元化的空间类型，私密、半私密、开放的空间创造了更多"工作+"的可能。

阿里巴巴西溪园区四期项目位于杭州市余杭区，是阿里巴巴西溪园区中的一个组成部分，设计可容纳近万名员工在其中办公，并配套有访客、餐饮、健身等内部服务设施，配建 5 000 个停车位。阿里巴巴西溪园区四期园区整体格局适应现代互联网企业办公建筑注重活力与交流的特质，意图构建一个无界互联的内部空间，并在内部包容了办公、会议、培训、洽谈、休息等复合化的使用需求，今后可以根据这些需求的不断变化而灵活应对。

阿里巴巴西溪园区四期建筑空间互联不仅局限于平面，在垂直方向上也在延展。办公空间内分布式嵌入很多个 2 层或 3 层的挑空小中庭、室外阳台或屋顶花园。这种竖向的贯通空间，使办公空间的连续性不仅局限在某一层，也实现了上下楼层之间互联互通的目的，增加了上下层之间的视觉和空间联系，激发创新办公过程中的交流与互动，可实现整个楼栋室内每一处工位可不经过电梯和疏散楼梯到达任何一个其他工位。这种互联开放的空间模式一方面以仅有两个柱跨的小进深获得了充足的采光、通风条件和景观视线；另一方面可以适应灵活多变的团队搭配规模而进行动态弹性的空间切分，符合其互联网企业的使用特点。近地面层开放空间的塑造同样遵循了这种开敞流动的形式语言。六边形网格的建筑体量自然围合出多个内庭院，园区配套的食堂、体育健身、访客会议等功能则以相似的生成逻辑嵌入这个六边形的网格之中。这些内庭院在底层分散布置的各类服务空间，伴随着建筑与景观的生长行形成不同庭院的各自特质。此外办公建筑在首层留出大面积的架空层，以建筑灰空间串联起各个四季变化的庭院，形成通畅步行空间。这些步行空间也通过室外台阶进一步引向二层架空连廊，形成了更为立体的步行空间体验。

阿里巴巴北京总部的设计中每个地块都设置一座室内挑高中庭，使得园区活动不受气候干扰，并提供不同的交流活动场地选择，促进创造性的偶遇交流。中庭空间以"自·然·界"作为设计主题，运用莫比乌斯环的空间形态打造无限循环连廊，为阿里巴巴打造出一座集政务接待、国际会晤、创新研发、休闲娱乐为一体的超大复合型办公总部（图 7-16）。

阿里巴巴西溪园区四期

阿里巴巴北京总部

杭州阿里巴巴全球总部

图 7-16　多元流动的室内空间
资料来源：恩比建建筑咨询（上海）有限公司、浙江大学建筑设计研究院有限公司、杰恩设计、CCD

上海青浦"鹤望—智谷"产业园区 2 号楼位于外青松公路和白石公路转角处，五层高的建筑原型是被分割成一层招商中心、2～3 层培训办公、4～5 层独立办公、自下而上的三个体块。室内空间也因折面的包裹形成自然丰富的梯形状态，其中局部 1-2-3 挑空部分成为容器式共享空间，一个富有变化的中庭空间。一层为企业的招商和展示中心，安排接待、模型展示、水吧、企业文化展示、会议洽商、办公等功能；2~3层为企业培训和拓展区与一层大厅共享容器式通高空间；4~5层为企业办公相对独立。一层招商中心会议内封闭式办公呈现两组交叉的箱体组合，由白色瓦楞金属板外裹；而接待和展示空间中既有的混凝土巨型结构、灰色的二次钢结构及白色装饰构件共同延续2号楼几何肌理、并创造了更丰富的"层"（图7-17）。

上海青浦"鹤望—智谷"产业园区2号楼室内空间

阿里巴巴达摩院室内空间

图7-17　流动的室内空间
资料来源：加拿大考斯顿设计＋上海中福建筑设计院有限公司、Aedas＋上海建筑设计研究院有限公司

7.2.4 地上地下空间一体化

高科技研发对于产业园区的建筑的需求更具有灵活性，建筑从高层厂房向多层、高层建筑的趋势演变。服务配套功能的丰富也提高了地下空间利用的可能，在某些特点地段建筑还有可能与轨道交通相连接。因此，对于一些开发强度较高的产业园区地上地下一体化的设计可以在功能和空间提供更好的体验。

7.2.4.1 上海浦东金湾科技产业园

上海浦东金湾科技产业园设计兼备"科学"的理性与"人文"的温度，通过构建一个开放的空间体系，创造出丰富的场所体验，形成与城市环境友好对话的姿态。

以层叠的方式构建纵向的科学聚落，描绘出产业的未来图像，以地下层、主体层、冠层三层产业空间分别回应科技产业三大核心发展价值——公共性、多元性、专业性。地层包含地下空间，未来将引入餐饮、阅览、健身等相关配套，目的在于为科研人员以及城市公众提供园林化的社交、休憩、娱乐等场所。

主体层为首层到四层的空间，在建筑体量上具有一定的粘连属性，北侧将置入会务、展览、孵化学院等功能，并通过半室外公共步道，形成集工作、交流、学习、转换于一体的服务网络。高层空间则通过三种不同尺度的平面产品为专业研发提供多种可能性，并且在塔楼中部设置 CRO 共享平台、数字孪生实验室及院士工作站，以期打通科技与产业融合之间的"堵点"，形成竖向的大健康产业发展轴线。同时，设计通过三组下沉庭院活化地下空间，形成 L 型的多功能活动区，并沿此布置园区服务配套设施，使之成为创造知识、相遇和互动的场所（图 7-18）。

7.2.4.2 小米总部科技园

小米总部科技园于 2019 年竣工，用地呈"西南—东北"走向，红线面积 44 000 m^2，限高 60 m，容积率 5.0，退让城市绿化后可用建筑密度将非常大。结合建筑园区高密度的特征，设计提出"近地空间"理念，将部分公共建筑广场下沉到地下一层或上升至二层，形成立体、多维度、多首层的公共交往模式。建筑间设有四个彼此连通的下沉庭院，以柔软的山水环境将八栋建筑及有限的室外空间融合在一起。庭院周围环绕着五个风格迥异的餐厅、看得见风景的健身中心，以及使用效率极高的多功能场所（图 7-19）。

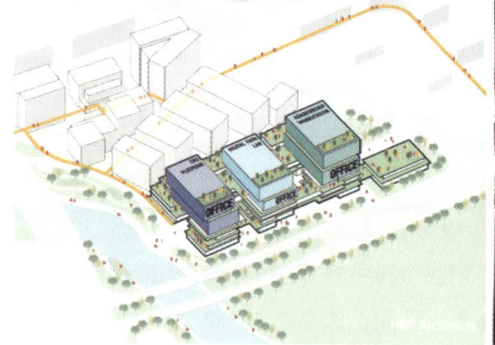

图 7-18　立体化设计——上海浦东金湾科技产业园
资料来源：HPP

图 7-19　三个首层平面的小米总部科技园
资料来源：北京市建筑设计研究院

7.2.5 建筑景观立体化

面对全球生态危机,当前生态观念在建筑领域越来越普及和重视,产业园区也在探索节能建筑、生态建筑、零碳建筑的适用场景,科技+生态也成为一种潮流。

阿里巴巴徐汇滨江项目一期位于"全球滨水生活示范区"徐汇滨江,为高层商业办公综合建筑,获得绿建二星、LEED金级认证。设计在最大程度保障公共空间和建筑的开放透明度。景观设计以大型公共空间为中心基于公共性的核心价值,用底层架空、开放式中庭、下沉广场、空中露台、连廊等形成与江景和浦东城市景观融合的沉浸式城市景观体验。建筑内多层"城市阳台"在形态展现了无限的变化,空中露台种植了大量的覆土植物,让人们在建筑内就能拥抱自然,享受片刻的休憩和放松;屋顶花园则以中央草坪和木质平台为基础,为露天电影、音乐派对或户外运动提供了理想场所,也是将园区办公建筑融入城市滨水景观体系、融入城市文化的绝佳平台(图7-20)。

位于上海临港新片区的中建智慧天地园区对周边城市环境进行呼应,创造出围合的"花园"形态空间。建筑设计以"热带雨林体系"打造地块社区

图7-20 黄浦江南延伸段WS5单元188N-T-1地块项目(阿里巴巴徐汇滨江项目一期)
资料来源:英国福斯特建筑事务所(F+P)、华建集团建筑装饰环境设计研究院

型花园式办公，垂直叠加的设计形成了充满活力、创新、互动的"生活、工作、娱乐"（LWP）空间。空间类型多元化，实验研究、联合办公、对话交流、非正式会谈、研讨会、商品展会及体育活动等均可满足。高层办公建筑环绕平台四周，可提供相对私密的办公环境，高层区域可远眺空中平台内葱郁的绿色景观。设计以绿色生态和人本视角打造360°的体验空间，无处不在的屋顶花园和中央公园创造了一个生态节能园区（图7-21）。

图7-21 上海临港中建智慧天地园区
资料来源：FTA

7.3 建筑风格的多元化

市场需求、设计理念、建筑材料等的复杂化，要求产业园区的建筑立面风格也成多元化、特色化发展。建筑造型和立面从纯工业化的简单围护中解放出来，在节能、绿色、工业化以及美学角度呈现出全新的风格。

7.3.1 建筑风格的一体化

上海杨浦海尚世界智慧天地园区项目位于上海市杨浦区大五角场知识创新城区包含办公、商业及康养等业态。远望园区内独特的海岛式独栋建筑形态,生态化的景观及屋顶立面,在都市中形成一片充满智慧之美与人文魅力的"海上绿岛"。为维持原有历史街区的尺度,整体园区设计为小体量,高度不超过 24 m 的多层建筑群体。主体建筑采用了与南侧的保护建筑国立音乐学院一致的方窗作为本地块立面设计的基本元素。立面材质选择与国立音乐院旧址相同的深红色色彩的陶板,以及与周边建筑相协调的白色作为主色调,确保与城市历史文化风貌相协调,同时调和了相邻建筑的关系,也为园区创造出更加人文的氛围(图 7-22)。

图 7-22 建筑风格的协调统一——上海杨浦海尚世界智慧天地园区
资料来源:杜兹设计

7.3.2 建筑风格的多样化

上海宝山北郊未来产业园园区内 28 个建筑单体的建筑面积从 4 000 ~ 20 000 m² 不等,包括独栋办公、总部办公及研发中心等不同建筑类型。提供多元化的功能,吸引多元化的企业,打造一个激发创新活力的环境是项目的出发点。因此建筑设计也突出多元化和个性化，满足未来不同企业的需求，有助于入驻企业展现个性，强化市场竞争力。

每栋建筑的造型和平面功能并不复杂，而是相当规整实用，平面形态经常是结合了对室外空间的营造而形成的，而不是常见的用最优化的标准平面去最大化地在场地里"排房子"。由于希望提供不同规模的单栋建筑，有些建筑的内部功能性和使用效率并不一定是最优的，但是这种"非标准化""非最优化"的单栋建筑却提供了多样性和个性化，有的突出大中庭、有的突出小进深、有的适合小隔间、有的提供视线通透的大空间等，能够更好地满足多元化的客户需求。对于选择了满足自己需求的办公楼的客户来说，这栋办公楼就像是为他的企业定制的。建筑单体均采用被动式立面设计，将丰富的立面色彩、材料及造型与遮阳功能相结合，以减少空调供冷需求。立面采用石材、铝材、锌板、陶板、GRC（玻璃纤维增强混凝土）、玻璃等不同材料以及幕墙形式，发挥了表皮设计手法灵活多样的优势（图7-23）。

7.3.3　建筑风格的个性化

优质的个性化设计不仅是给园区赋能、给产品赋能，亦是给企业赋能。园区通过建筑、景观、室内，甚至标识的一体化设计，打造鼓励创新交流、先锋前卫、大胆尝试的氛围，让企业和工作者在其中培养属于自己的创新文化。

上海青浦"鹤望—智谷"项目定位为以高技术企业总部和高标准通用厂房为主体的产业园区，同时面临长三角一体化下总体规划可能存在的潜在升级，"智谷"项目也可以迅速对接高标准城市化对新型业态和城市风貌的需求。"智谷"项目是由一组体量相似、规则的多层建筑所组成的面向高新技术企业的集群式建筑，总建筑面积37 670 m^2。1、3、4号及5、6、7号是三组标准化、大跨度的建筑组合，2~4层，平面可以由1 000 m^{2}单元部分可扩展到2 000 m^{2}单元，适应总部办公、高技术产业等多项功能拓展的需要，也保证足够的楼地面荷载。这个园区不仅需要满足未来高技术企业对空间和荷载的标准化及灵活性需求，还将努力挖掘独特的人文特征和现代性。建筑单体通过设计演绎，建立一种与企业记忆和文化的独特的连接方式；同时积极探索集群式产业建筑的空间特性和城市个性。

上海青浦"鹤望—智谷"产业园2号楼以折纸之"飞鹤"为设计理念，三个跌落的矩形叠加体，叠加体的外缘点相连形成自然的折面，折面的外侧由玻璃和拉伸网板共同形成的复合幕墙包裹，形成不同方向上折形、梯形和

图 7-23 上海宝山北郊未来产业园的建筑风格
资料来源：SWECO+上海建筑设计研究院有限公司

局部三角形的形态，厚重而有飞动雀跃之势。它犹如折纸般的飞鹤，构成对场所空间和城市道路转角处的巨大张力和识别性（图7-24）。

苏州工业园区新扬产业园通过"设计美感"实现这个世上性价比最高的营销策略，让园区从可以使用的"生产空间"迈向优质的"品质空间"。新扬产业园在生产型园区中引入参数化艺术设计，同时色彩也是最能唤起情绪的设计要素。表皮的色彩与肌理是设计中至关重要的变量。建筑设计通过赋予三个建筑组团不同的主题色，点缀在入口门头、疏散楼梯和楼栋标识等处，试图在多元环境下激发人不同情绪的变化。新扬产业园虽定位于工业，

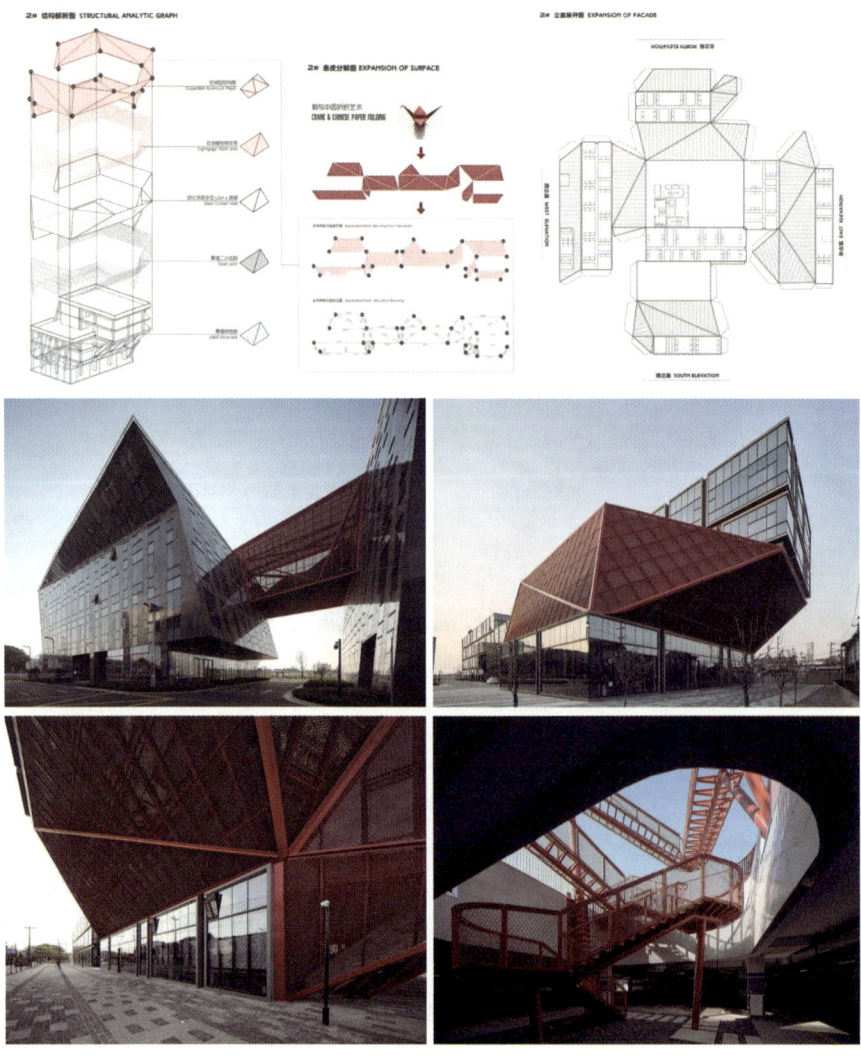

图7-24　个性化设计——上海青浦"鹤望—智谷"产业园2号楼
资料来源：加拿大考斯顿设计

但依然创造出了令人惊艳的花园办公环境。企业可以在此享受到绿色、自然、宁静的工作环境。通过"园中园"的设计、模糊的景观边界让自然、生态的体验感在整个园区蔓延开来。建筑做出了"空中挑空绿庭"的尝试，将室内外边界向室内后退形成空中花园，露天空间、花园式办公的设计将会更具有健康上的吸引力（图7-25）。

苏州工业园区新扬产业园

漕河泾科技绿洲

上海闵行区天利·上高地综合办公楼

图7-25 建筑风格的个性化
资料来源：FTA、上海漕河泾开发区高科技园区发展有限公司

挪威斯塔万格金融园区总部 Bjergsted Financial Park 是 Sparebank 1 SR-Bank 位于斯塔万格市中心的新总部。该园区在该地区的独特地位将通过其位于中央金融公园和文化场馆的核心位置得到加强。设计突出总部创造价值的愿景，为周围环境和园区的用户提供最好的服务。这栋欧洲最大的木结构办公楼之一创造了一个未来工作的场所（图 7-26）。

图 7-26　挪威斯塔万格金融园区总部
资料来源：SAAHA AS & Helen & Hard

7.4　产业建筑单体平面空间

7.4.1　明确客户需求

客户类型和使用方式的不同，必然会反馈到建筑空间设计上，需要针对性的设计。比如 IT 信息类的楼宇，普遍会有设置数据机房的需求，所以在设计时需要在机房区域增加荷载，一般靠核心筒周边局部梁线荷载按 600 kg/m 考虑，客户数据主机房荷载按 800 kg/m^2 考虑。又比如服务外包类型产业，由于办公场所人员密集且女员工数量多，相应在卫生间的设计上会要求增加卫生间的蹲位数量，且女卫生间的数量要增大。

张江高端医疗器械产业园以产业为核心，产业功能围绕科研、实验生产为主，空间布局力图避免出行列式的机械布局及大量的管道爬上了墙面的普遍现象。为了打造新一代的产业建筑，开发团队从起始阶段就做了细致的前期市场调研，确定了对应的平面和单体容量，以满足产业需求为导向。同时加强建筑的表现力，塑造出成长性的园区特征，无论是在气体排放的通路，楼面荷载的需求，以及试验生产的空间需求，平面布局都形成了适合产业的方向。园区呈围合式布置 6 栋厂房，6 栋厂房标准层面积分为 1 200 m^2、1 700 m^2、1 900 m^2 的三个标准等级，以适应不同规模的企业使用需求。建筑采用钢结构的结构体系，以核心筒后置的方式形成流动灵活的平面布局，应对不同企业的使用特征；其次，钢结构体系也能尽量减少结构面积占比。针对医疗器械园区管线自由穿越的现状，设计采用专业风井一层一井的方式，有效提供各家企业的专属通道，避免混杂和公用的不利布局，在屋面上布置钢结构平台以对应出屋面的风机位置。另外，增加局部楼层地面荷载，预留出专用空调机房位置（图7-27）。

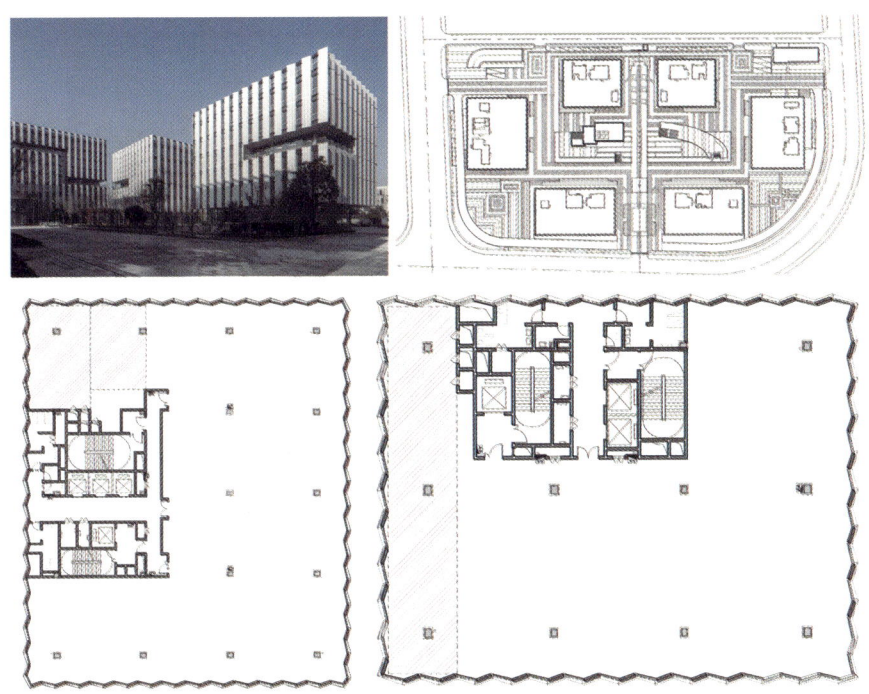

图7-27　张江高端医疗器械产业园区总平面、1号厂房4层平面、2号厂房3层平面
资料来源：上海大小建筑设计事务所有限公司

无锡量子感知产业园的设计以简单的生产动线和设备空间需求为底层逻辑，进行偏理性化的空间形态设计。园区将标准化生产空间和活力城市空间相融合，引导"产业+生活"互动发展，打造多元、互动、生产、生活社区融合一体的现代化科技产业综合体，营造富有活力的城市、建筑空间。园区的功能布局遵循"适配、高效、共享"的原则以应对在后期招商运营中存在的大量不确定性，同时又要符合现阶段的定位。为了兼顾两者平衡，设计充分考虑了园区适应性与灵活性。对于已经确定要入住的公司，根据"建设要求调查问卷"在设计中严格遵照厂家要求，确保功能布置符合各家企业需求。对于不确定部分，大跨度、规整的空间可适应各类产业中小客户的办

公、实验及研发，同时分割灵活的裙房配套设计提供了多种功能转换的可能。设计将每个研发、生产和办公空间采用最大值，以多条竖向交通核连接，这样可以让沟通和协作效率最高。企业的各个部门之间也可以用休息讨论区隔离，利于部门扩展调整，以及跨部门的协作和社交（图7-28）。

图7-28　无锡量子感知产业园
资料来源：UDG大家工作室

7.4.2 明确商业模式

产业地产的建筑设计跟项目整体定位相关,会影响到楼栋的大小。销售类的楼宇因为要考虑市场的需求和总货款,楼栋往往不能太大,且不同地区因为产业发展情况的不同,能接受的大小也不一样。持有类的楼宇往往楼栋会偏大一些,这样能便于管理,且能分摊公共服务的成本。而且这两者在交付标准上也会不一样,持有类的楼宇公区会精装修,销售类的楼宇往往以毛坯状态出售。

金港智荟园项目位于上海临港芯片区域,项目致力于汇聚全球高精尖产业,打造智慧生态、产城融合、宜居宜业的现代化滨海新城。园区融合中试研发、标准厂房、总部办公、人才公寓、配套综合等多种功能,总建筑面积约 16 万 m^2。"高适配、可生长"是适应新兴企业需求的核心要素,项目提供了灵活弹性的空间划分方案。总体设计层面丰富单栋厂房规模梯度、建筑内租售分割提供弹性拆分单元,适应不同规模、不同产业的高端制造企业的多样化需求(图 7-29)。

"天利·上高地"项目位于上海市闵行区,项目设计的核心概念是空中花园,旨在打造一个融合科技、文化、艺术创意设计为一体的空中花园式商业办公园区,成为居民休闲、娱乐、消费的好去处。九栋多层独栋办公均采用独立的方形平面图,每层 300~500 m^2,一层将体量缩进成为架空区域,作为公共活动空间,而顶层则将设置为私密性更高的花园。地块西侧设置的一栋 50 m 高的高层办公楼东、西立面设有开放的垂直花园,大量的垂直绿色景观成为本项目的一大特色(图 7-30)。

7.4.3 明确设备形式

产业工艺的要求不同会采用不同的空调形式,空调设备的形式会影响到建筑的层高。空调形式常用的有以下三种:中央空调、VRV 多联机、分体机空调。采用中央空调的商务办公楼宇层高 ≥ 4.2 m,以 4.2 m、4.5 m 这两个尺寸较为常用。VRV 多联机系统因为无大的风管,由冷媒管与室内机直接相连,对层高的影响较小,3.9 m 或 3.6 m 的层高也可适用。因为多联机可分户计量且灵活性较强,产业楼宇较多采用多联机系统,考虑未来的可变性,VRV 系统的楼宇层高以 3.9 m、4.2 m 的情况居多。分体机空调用得比较少,面积比较小的独栋楼宇会采用,对层高没有大影响,但需仔细考虑空调机位的设置。使用功能的需求也会对层高有影响,比如生物医药类的研发楼宇,层高 ≥ 4.5 m。

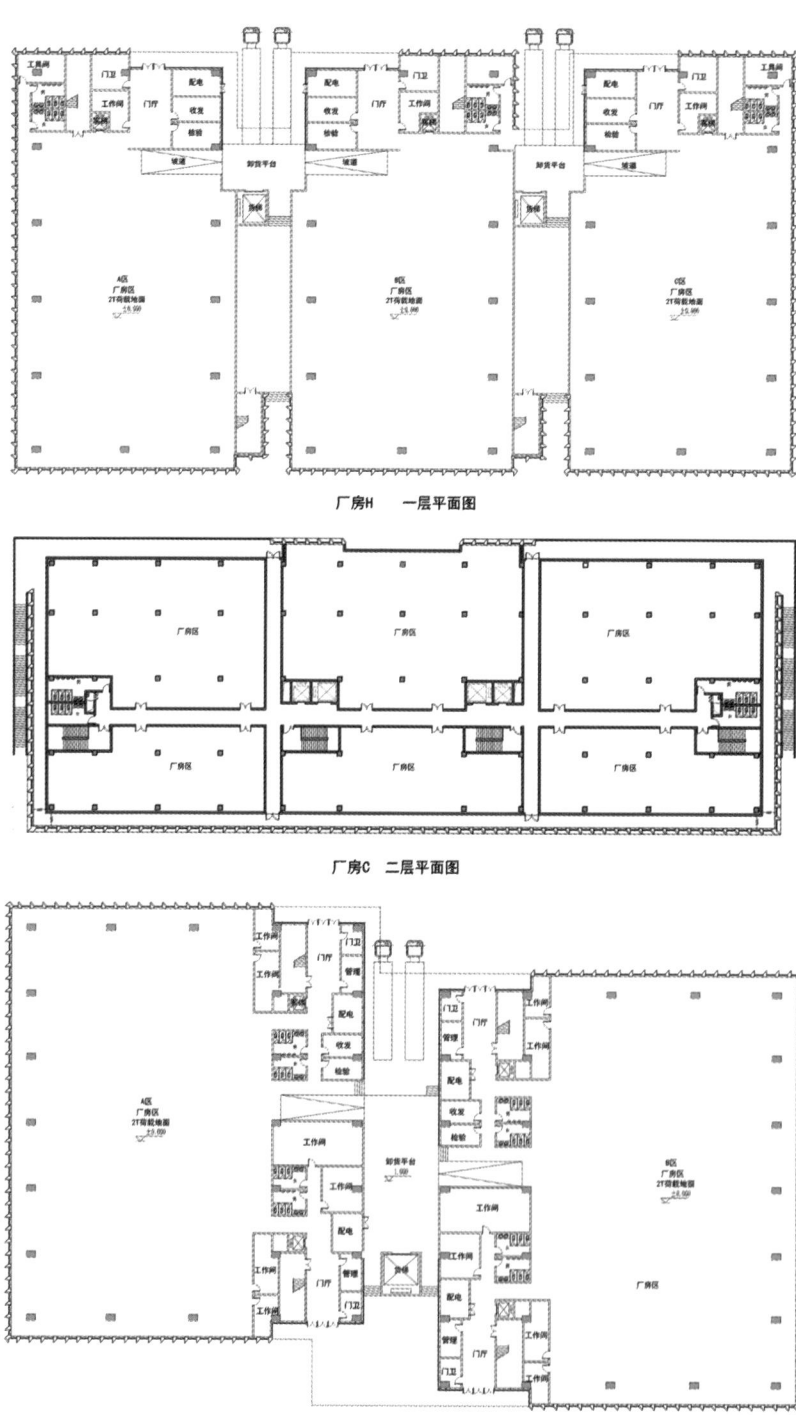

图 7-29　上海金港智荟园项目标准厂房平面图
资料来源：上海建筑设计研究院有限公司

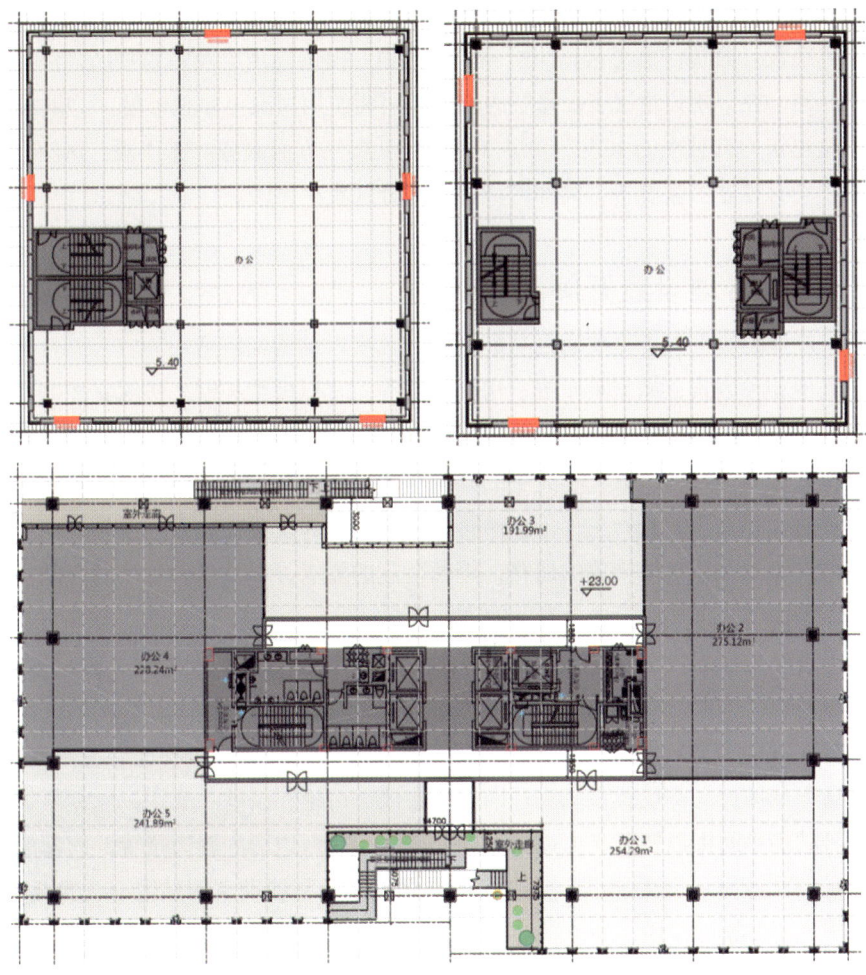

图 7-30　上海天利·上高地项目独栋及高层平面图
资料来源：上海建筑设计研究院有限公司

生物医药工艺流程复杂，专项涉及多。专业试验涉及病毒试验、细胞试验、动物实验等多种类型，生产车间也需满足洁净度等要求。从设计、建造、运营等方面均有严格的管理和认证体系。以中试研发类的建筑为例，这类建筑在荷载、层高和一些管井预留上会有不一样的需求。①中试研发类楼宇在荷载通常的办公要求不一致，通常首层按 600 kg/m², 二层及以上 350 kg/m²。②中试研发类楼宇由于设备的原因，在层高方面要求会高些，通常标准层会要求 4.5 m 以上，首层 5.4 m。③楼内预留废气井、废水井。一些中试试验会有排气和排水的要求，这类排放需用专门的井道，且应经过环保处理。

上海漕河泾开发区"科技绿洲"结合市场需求每座建筑既可能整体作

为一个独立单元出租，也可能按照楼层甚至不足一个楼层为单位供多用户租用，在设计时请注意考虑以下要素：①供电：提供高压电及建筑物所需降压变压器。在多用户情况下，每层的能源和照明使用情况可单独计量。②供水：每座建筑均有独立的水表。③煤气：不提供煤气方面服务。④供暖：每座建筑物均有独立供暖设备，局部区域可采用分区集中供暖。

7.4.4　合理设置开间与进深

产业建筑平面首先要满足功能需求，其次以结构经济适用为宜，并且考虑其他相关因素，如家具布置、房间净高等，宜以模数控制。进深宜控制在 9~15 m，开间 4.5~12 m。开敞式的办公区通常会设置成核心筒至外墙柱直接无柱的形式，形成一个完整的开敞空间。张江高端医疗器械产业园区厂房单层面积在 1 000 m² 左右，楼梯间和设备用房都设置在北面或主景观面的背面。无论是在气体排放的通路，楼面荷载的需求，以及试验生产的空间需求，平面布局都形成了适合产业的方向。

现在的研发办公更注重高品质工作环境，比如自然采光通风、视觉等。阿里巴巴西溪园区四期每个六边形网格的边，均控制在两个 9 m 柱网的进深尺度。其中南侧柱网日照充分，主要布置通用办公区，楼电梯间、卫生间、机房等辅助房间都设置在北侧柱网，而会议、讨论、茶歇、文印、电话亭等多种功能小间则以按需自由地嵌入办公空间。在六边形的斜边位置，内部的局部空间布置可以更加灵活，进一步强化了办公和辅助空间的混合与穿插，形成更为丰富的使用体验（图 7-31）。

上海漕河泾开发区"科技绿洲"遵循花园办公模式的打造原则，在建筑设计上每层的进深控制在 18~21 m（两跨），首层净高最少 3.0 m，首层以上为 2.75 m；首层结构高度最大 4.5 m，首层以上为 4.20 m；上方每一楼层均为水平楼层（无错层）；附加荷载为 3.85 kN/m²，首层荷载为 10 kN/m²；辅助服务性核心筒（电梯、洗手间、楼梯间）应靠近主要入口设置；建筑高度以不超过 30 m 为宜，建筑密度不超过 1.3。建筑面积希望达到的最大使用率：使用面积占总建筑面积的 85%。每幢建筑面积宜控制在 4 000~12 000 m²，标准层建筑面积应为 800~2 000 m² 为宜。同时结合总平面设计，可便于将若干幢楼打包出租或出售，并利于管理的便捷性（图 7-32）。

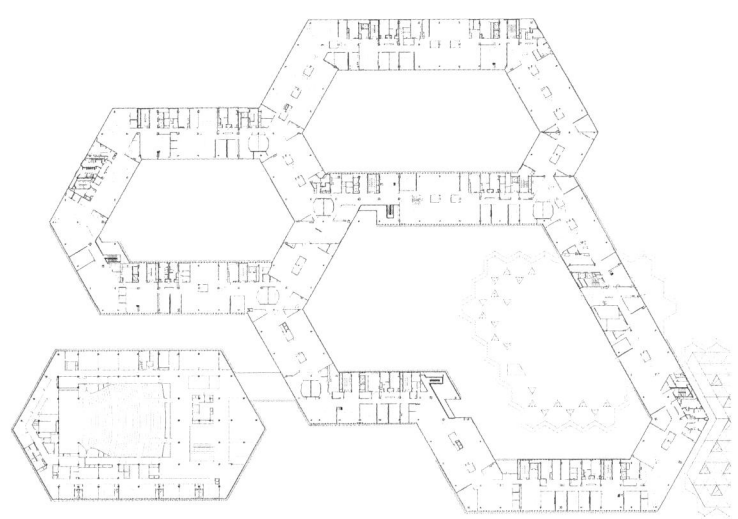

图 7-31　阿里巴巴西溪园区四期平面图（局部）
资料来源：恩比建筑咨询（上海）有限公司、浙江大学建筑设计研究院有限公司

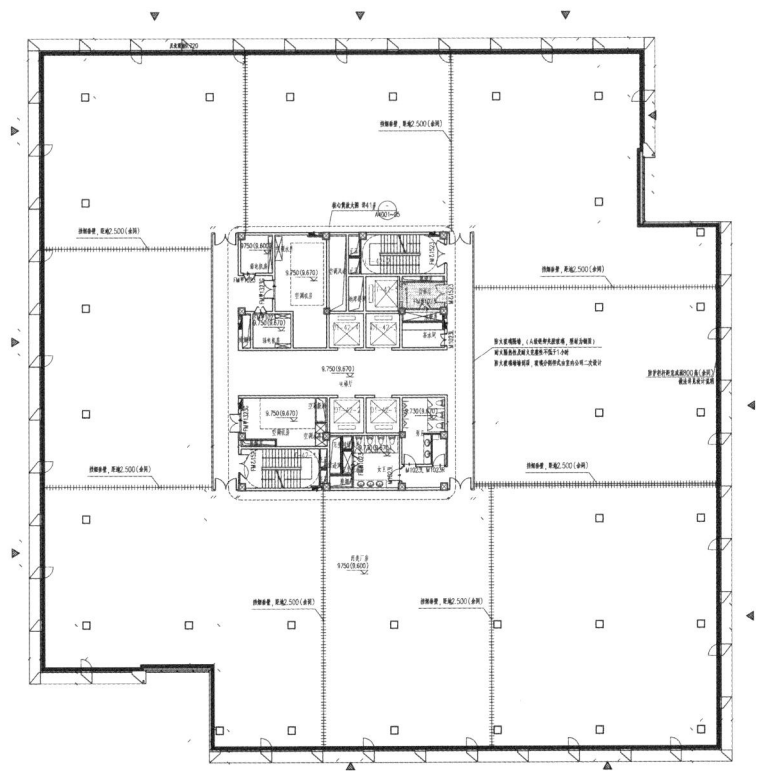

图 7-32　上海漕河泾开发区"科技绿洲"六期厂房平面
资料来源：上海漕河泾开发区高科技园区发展有限公司

7.4.5 注重空间的模块化组合设计

产业地产的科研办公在建设初期往往还没有明确入住的客户，模块化的设计更有利于适应未来市场的变化。模块化设计布局灵活，可分可合。空调、喷洒、照明等末端设备以柱网为单元模数化布置，供电以 400~500 m² 为一个单元。

济南历城区浪潮智能计算产业园在考虑产品结构时前置后期运营需求，提供涵盖超高层办公、总部办公和花园办公三大类办公产品，为客户提供多样性选择。其中，超高层办公是整个地块的形象标志；总部办公又分为"独栋"和"双拼""三拼"三种形式；花园办公也分为独栋和双拼两种形式。产品空间可分可合，适合不同规模的企业灵活入驻。同时，匹配多样化的生活服务配套"商业、展览、运动、酒店"等，将园区打造成为一个现代生态复合城市综合体（图7-33）。

杭州西溪云澜谷园区根据规划条件界定，办公建筑最小产权分割单元不小于 300 m²。设计以 25 m × 12 m，300 m² 为基本模块进行组合，可扩展，中

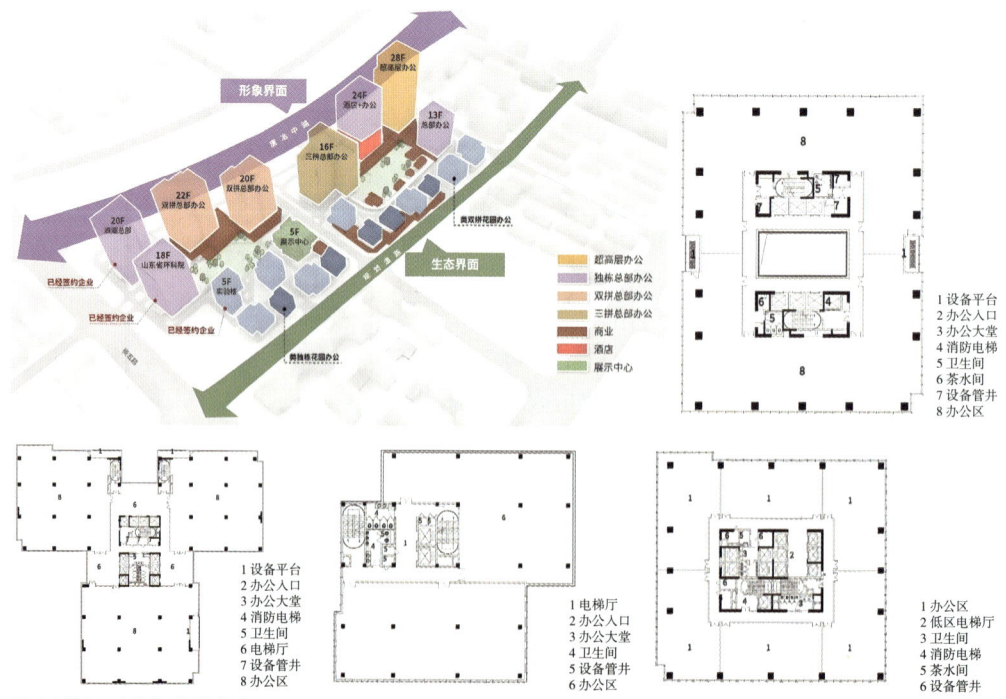

济南历城区浪潮智能计算产业园 B1\B2 地块产品策略

图 7-33　建筑平面弹性模块化设计
资料来源：UA 尤安设计

间打通可形成 3 000～10 000 m² 多个面积区间的使用规模，适应企业"空间弹性"的需求，并在保证办公各自独立性的基础上，统一中求差异，打造园区的标识性和积极有效的共生环境。平面布局上，压缩交通核面积，尽量提供更多的运营功能面积；模块式布局，最大限度实现空间扩展和单元组合的灵活性（图 7-34）。

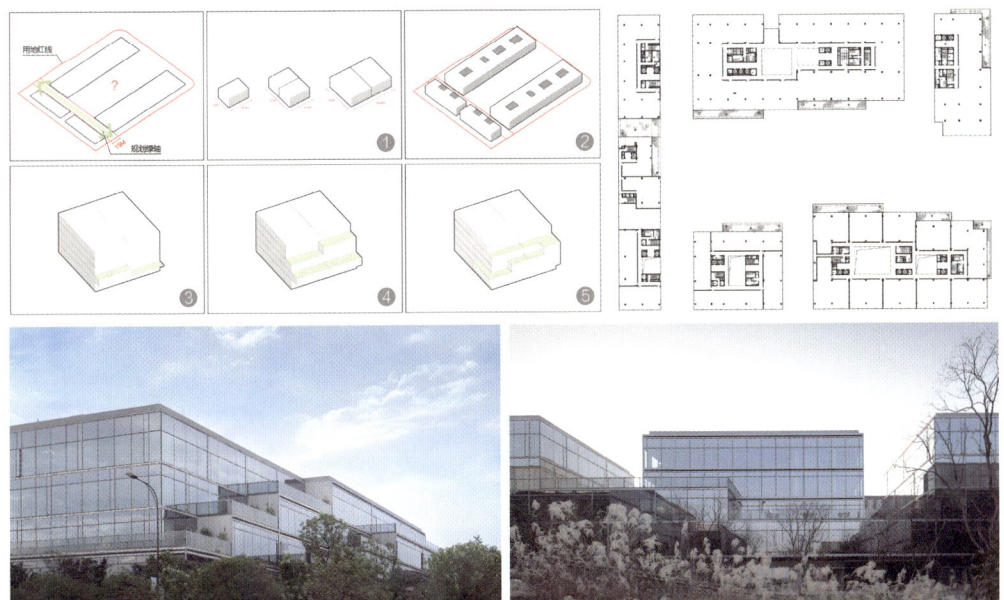

杭州西溪云澜谷建筑平面功能模块组合
图 7-34　建筑平面弹性模块化设计
资料来源：gad

中粮西安港务区产业园在产品方面表现为"小单元，大变化"的特征，设计提供了若干院落单元，每个院落均由模块化的盒子围合而成，盒子 3～4 层，约 600 m² 一栋，在室外庭院里设置水平连廊及竖向交通，解决疏散，提升得房率。根据企业规模及发展变化，可选择一层、一栋、多栋、一个院落多种运营方式。为平衡造价与场景丰富度，可控制模块数量、统一柱网尺寸，通过盒子自由组合形成本案独特的场所精神。单元盒子采用层层退台的方式，各层均享有露台花园，扩大了产品的价值感。随着场地大范围被绿植覆盖，以及塔楼空中花园的引入，园区呈现一片"万物生长"的景象（图 7-35）。

西安·中粮港务地块产业园设计

图7-35 建筑平面弹性模块化设计
资料来源：骏地设计

7.4.6 注重垂直交通的优化布置

建筑的垂直交通包括电梯、扶梯、楼梯等，在产业建筑中由于受到科研、生产等因素的影响，垂直交通是体现效率的重要环节。核心筒是常规高层建筑服务功能的集合，包括卫生间、电梯、楼梯、设备用房及管井等，要将其设计得紧凑合理，才能提高产业办公楼的使用系数。如仅除去核心筒面积计算，通常要求使用系数 > 85%。设备用房及管井，包括空调（新风机房）、电气设备用房、排烟管井、给排水及消防管井。采用VRV系统时，不需要设置空调机房，而是设置冷媒井。其他管井要安排合理，且减少对主要办公空间的开门，特别要注意首层大堂的界面，最好不要有管井门影响大堂的空间效果。

中国台湾·新竹生物医学园区第三生技大楼设计基于"生物核心"的概念，探索建筑如何像活体有机体一样根据环境条件激发灵感。大楼内部以交流和共享为设计理念，研究单元围绕中央中庭布置。大楼的垂直交通以六－八部电梯为主，一方面为每层的三个独立单元提供支持；另一方面电梯围绕中庭设置，呈现了一种开放的垂直运输体系，交通空间与景观空间结合，为研发办公楼创造了一种独有的个性空间（图7-36）。

7.4.7　生态节能的智能化建筑

苹果新总部大楼整体采用智能系统，合理控温、灯光、空气湿度等，所以是全球最大的智能系统大楼。圆环的顶部拥有17 MW的屋顶太阳能板，这就意味着Apple Park完全实现了自己供电的思路。剩余的电能还能作为备用能源，或者对外出售。

Apple Park竭尽所能地使用自然风通风，可以打开的巨型玻璃门便为此准备。苹果公司称一年中的9个月里都不需要使用空调。不只是节能，园区环境总监Lisa Jackson给了另一个浪漫的说法："我们希望员工通过温度的变化去感知外界，让你知道在一天到了什么时候，外面的温度大概是什么样子，是否起风了。这才是史蒂夫·乔布斯最初意图，打破室内和室外的边界。那会唤醒你的感官。"

大楼生活用水也可以循环使用，苹果公司投入1 750万美元，用于建设连接邻近的桑尼维尔地区和本地增压泵设施，管道一共长4 054 m。巨大的循环水处理系统，将非饮用水过滤为再生水，为园区内的园林设施服务。这些循环水还能供给库比蒂诺的城市居民，总水量占到当地城市循环水量的1/4（图7-37）。

小米总部园区设计以信息化为手段，融入互联网及人性化理念，在整个小米总部园区内实现建筑物运行和管理的信息化，同时为物业管理提供支持与保障，为园区的运维提供数据支撑平台。建筑采用ALOT技术，为空调温控器、智能灯控面板、照明智能控制、智能插座等产品构建云端平台并对其进行自动管控。本项目中大量运用了小米智能产品，物业运维人员和场景使用人员均可以运用移动平台与所处场景进行互动，由此创建人性化的科创与生活园区（图7-38）。

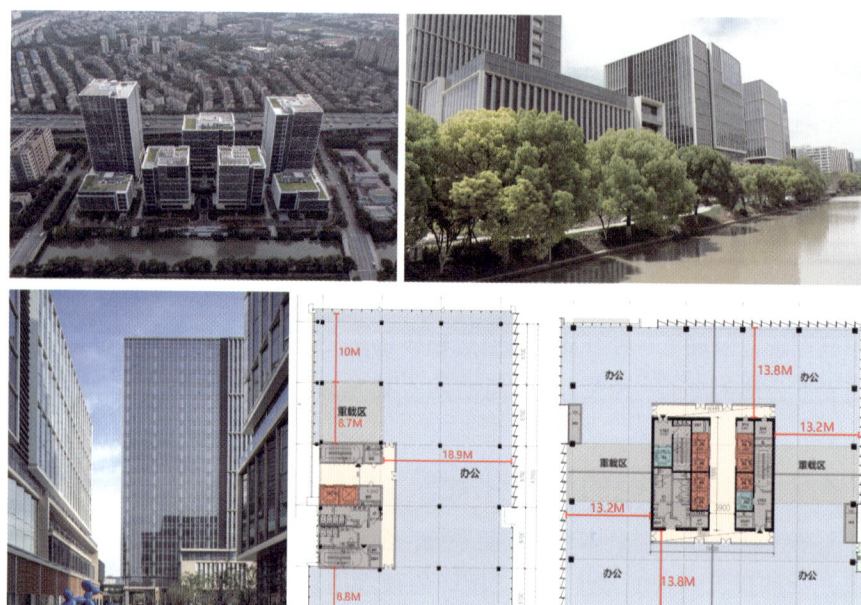

张江集电港 4-2 园区

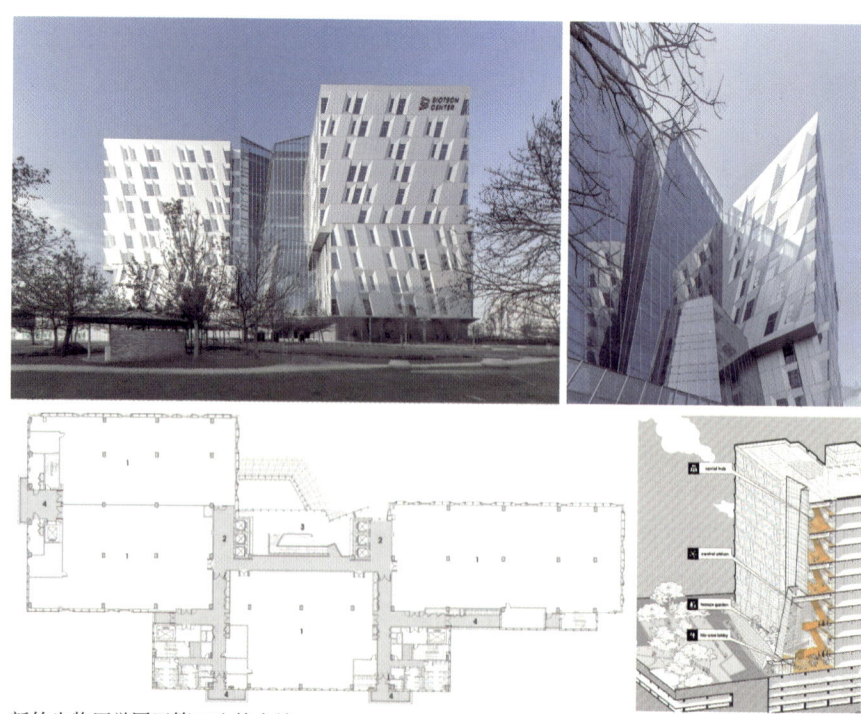

新竹生物医学园区第三生技大楼

图 7-36　垂直交通的优化布置

资料来源：豫陇秦沪·大庸、上海建筑设计研究院有限公司、JJP 建筑与规划事务所

图 7-37　苹果新总部大楼的太阳能系统和室内自然通风环境
资料来源：Foster+Partners

图 7-38　小米总部科技园数字科技社区生活
资料来源：北京市建筑设计研究院

羽田 CHRONOGATE 邻近羽田国际机场，集陆海空"物流网"和先进的"增值功能"于一体，是日本最大的物流枢纽。设计力求将其打造成更亲近城市与生活，并通过最先进的物流技术实现"无间断物流"的基础设施，同时建设一个全面贯彻环保理念的建筑。羽田 CHRONOGATE 和与周边城市互融互通的"和之里"共同形成了以物流为基础的新型智慧城市，"和之里"为周边居民提供了开放的论坛、托儿所、咖啡厅等公共设施。与基准值相比，该物流枢纽的能源消耗相对减少了 62%，并荣获了 2015 年 JIA 环境建筑奖（图 7-39）。

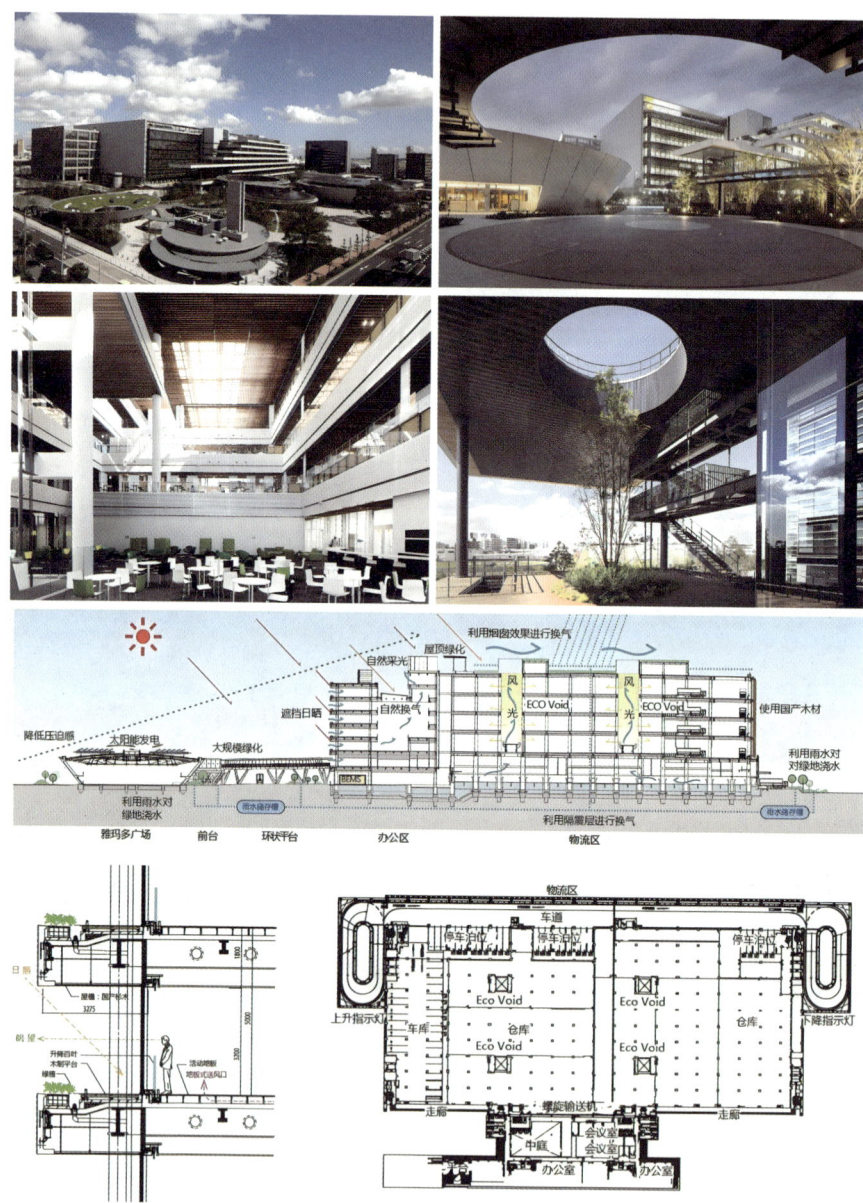

图 7-39 东京雅玛多集团羽田 CHRONOGATE 物流枢纽
资料来源：日建设计

盛裕集团全球总部是新加坡新兴的裕廊创新区的旗舰开发项目，主要由 10 个 5~7 层高的"亭台"建筑以及一条中央步行"街道"组成。整座建筑采用了顺应景观的设计，而非以内部为核心的传统空间策略，使室内外景观交织，公园空间渗透进了办公园区，创造了一个沉浸于大自然的工作空间网络。中央"街道"以贯穿室内庭院、露天庭院、公共空间以及各楼层的便利设施将各个建筑单体串联起来。架空的单体建筑使得自然地形地貌与"街道"公共空间有了和谐的对话。设计贯通了园区的地面层，提供了开放、通达的空间，在工作场所的核心区域创造了充满活力的公共空间。

盛裕集团总部的设计提出了一种新的工作场所方式，员工应以最佳方式获得光线、空气和绿色空间，以缓解压力、促进社交并激发创造力，从而探索建筑如何更全面地支持优质的工作和生活。视野开阔的独立办公室、专用的研究空间、下沉式的庭院、活动空间、可俯瞰绿植的卡座，以及一个1 000座的多功能厅等，共同营造出一系列私密、半私密、公共的工作环境。

盛裕集团总部获得了新加坡建设局颁发的环境可持续设计的最高评级——绿色建筑标志铂金级超低能耗。为确保低能耗，该建筑采用了创新的被动式设计策略和综合建筑运营的新思路，包括充分利用自然光源、创新幕墙系统、大规模的地板送风系统、水资源可持续循环、最大化绿化面积、屋顶太阳能、绿色交通设施、智能楼宇控制系统（图7-40）。

7.5 "工业上楼"模式

土地是地球上最短缺的资源之一，产业园区采取怎样的可持续发展道路，怎样应对土地资源的紧缺，怎样应对未来产业的更替，都将是未来园区需要探索的问题。"工业上楼"指的是把重量比较轻且震动小的生产设备转移到高层，实现立体式开发的产业发展理念。"工业上楼"建筑具备相近行业高通用性、高集约性的特点，符合国家通用建筑标准及消防、节能、环保等现行规范和政策要求，用地性质为普通工业用地（M1）、新型产业用地（M0），容积率不低于2.5，高度24 m以上，层数5层及以上，配置工业电梯且集生产、研发、试验功能于一体的厂房。建筑形态上，以24 m以上高层厂房为主，用地容积率较高。建设要求上，楼板荷载、建筑层高、生产辅助设施等设计需适应生产需要。产业要求上，上楼产业一般为轻型产业，能耗低、污染低，生产工业流程相对简单，需要的室内空间尺度较小，内部物流与管线较少。

图 7-40 盛裕集团总部
资料来源：萨夫迪建筑事务所 Safdie Architects

7.5.1 模式创新的积极意义

当前，大城市在工业化快速发展进程中，要在有限的土地上拓展、发展新空间，增加载体功能，解决用地稀缺，满足产业升级过程中不同类型的产业空间需求至关重要，"工业上楼"就是推动园区更新的行之有效的探索途径之一。迫于本地土地紧缺和工业扩张的压力，中国香港与新加坡于20世纪50年代就开始探索"工业上楼"，发展至今已超过70年的时间。

工业上楼通过提高工业用地容积率，有效提升了工业用地的利用效率，近年来在越来越多的城市得到重视和实践，这是对传统工业厂房模式的空间三维突破。至今，国内"工业上楼"模式尚处于起步探索阶段，逐渐得到地方政府、社会各行各业关注。2021年国家发展改革委发布了《国家发展改革委关于推广借鉴深圳经济特区创新举措和经验做法的通知》，在总结梳理深圳已复制推广的创新举措和经验做法第十条——"划定'区块线'，保障工业发展空间"的内容中，提出要推广"工业上楼"模式，由此"工业上楼"在国家层面得到进一步认可和推动。

工业上楼是在制造业高质量发展新格局和制造业空间资源紧缺背景下，城市空间形态的创新和突破。对政府、开发主体、入驻企业来说，都是一次抓住空间变革红利的好时机。对于政府来说，工业上楼能有效提升土地利用率和产业承载力，成倍提高亩均产值和税收，还可以通过打造新型摩天工厂，改善原有建筑空间和环境品质，提升城市形象面貌。此外，工业上楼还可以在垂直空间中形成"楼上楼下创新创业综合体"，形成上下游产业链，发挥产业就近协同效应，从而促进产业升级。对于园区开发主体来说，工业上楼作为产业园区中的全新探索，政府在多方面进行政策扶持，开发企业能够以更低的成本获取土地，还可以享受较好融资政策。同时，开发主体可以借工业上楼的契机，拓展深耕高端制造业。对于园区企业来说，工业上楼的园区平台和垂直空间即可形成企业上下游配套，有利于入驻企业间协同发展、资源共享、实现双赢。同时，工业上楼有助于打造一个功能复合、运作规范的产业园区，通过搭建集成化、统筹化的运营服务功能，有效降低企业的综合运营成本。

一栋楼就是一个产业园，上下楼就是上下游。20世纪80年代，在新加坡出现了一批"堆叠式厂房"应对城市土地资源极其紧缺的情况。这种不同于传统的单层工厂生产，在高层大厦中进行生产、办公、研发、设计的产业空间新模式，正是最早出现的"工业上楼"概念。20世纪六七十年代，新加坡发展劳动密集型工业，以政府为主导进行开发。20 世纪八九十年代，新加坡工业产业结构从劳动密集型升级为资本和技术密集型。21 世纪初，新加坡工业开发组织正式改组，由政府导向转变为市场导向，知识密集型的信息产业迅猛发展。2001 年，裕廊管理局进行了改组，裕廊集团成立，全面负责裕廊工业区的经营管理工作，裕廊工业区也由此进入了全新发展时期。企业化的经营运作，使得工业项目在市场竞争中更灵敏、更灵活，资金的来源也呈现多元化趋势。

回顾新加坡的工业发展历程，工业园区发展和产业升级经历五个阶段：劳动密集型、技术密集型、资本密集型、科技密集型、知识密集型。在每一个阶段，以政府主导的工业园区都成为经济发展的新引擎。随着技术的进步，产业逐渐选择回归城市和社区，为知识密集型产业的发展时代创造产业转型升级的契机。

裕廊集团在开发工业产业项目的过程中不断创新产业空间的利用模式，不断提高开发强度。大士工业园，是裕廊集团的首个面向跨国企业以及中小企业的综合开发项目，积极吸引包括石油天然气、精密工程和一般制造等不同行业企业入驻。2017 年，裕廊集团在大士地块新建 3 幢 9 层高共 130 个单元的多用途综合工业楼宇，配套三种类型厂房——7 个首层厂房、36 个坡道厂房和 95 个平层厂房，生产上配备重型车辆停放设施，加上多重物业类型创新组合，配套小面积办公空间和装卸平台，形成多样化、可扩展、定制化的生产空间，满足不同企业的生产运营功能。同时，在楼宇内高层设有工人宿舍，可以提供 1 344 个床位，生活上配备多业态商业设施。

立面形态上，堆叠式厂房以三层为一个单位向上堆叠，呈现三层叠三层最高为 9 层的形态，将容积率提升至 2.0 以上。通过垂直盘道的设计，解决高层厂房货运运输难题。平面形态上，厂房的一个单元内有三层楼面，合理地集"货车装卸、停车、生产、研发、制造、仓储、员工休息"于一体，满足了多样化、多功能的园区产业需求。而生活空间则通过平面分隔和立面错层的方式，较好地和生产区域进行分离，员工宿舍设置在 8~10 楼，配备餐厅和迷你超市，7 楼设置体育娱乐设施和一个休闲中心，满足员工的休闲娱乐需求（图 7-41）。

为应对经济和产业结构的变革，香港特别行政区政府正在推动香港的再工业化。香港先进制造中心（AMC）总建筑面积 10 万 m^2，服务于先进电子制造业、健康医疗等领域，为未来潜在的高端企业提供多用途的多层厂房生产基地。项目以超越第四次工业革命为目标，提出了一个基于坚固的结构、

第 7 章 产业园区建筑空间形态 | 297

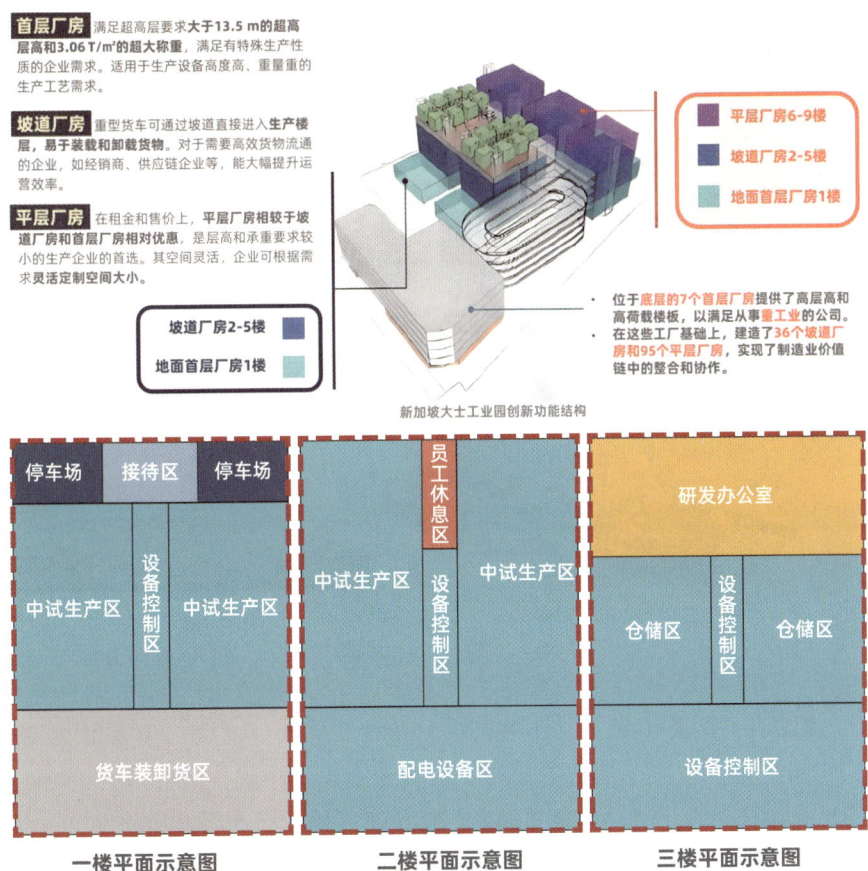

图 7-41 裕廊大士工业园产品形态（生产区、附属设施和生活区）
资料来源：远博志城

灵活适用的模块化方案和最先进的物流系统构成的可持续、智能、创新的原型（图 7-42）。

深圳坪山新能源汽车产业园是全国首个百米装配式"摩天工厂"、深圳市首个以新能源与智能网联汽车为主题的专业园区，也是深圳市首批 72 个"工业上楼"代表性项目。园区聚焦新能源、智能网联汽车、新型储能产业等相关上下游企业、服务机构，致力于打造成国内新能源汽车与智能网联产业标杆型园区。坪山新能源汽车产业园（一期）占地约 3.4 万 m^2，建筑面积约 25.62 万 m^2，含 3 栋建筑，包含厂房约 9.7 万 m^2、研发办公用房约 5.7 万 m^2、人才公寓约 1.2 万 m^2、商业配套约 1 万 m^2，以及食堂、会议中心等配套。

图 7-42 香港先进制造中心（AMC）
资料来源：王董建筑师事务有限公司、株式会社日建设计

研发办公楼主要位于 1 栋 7~16 层、2 栋 6~19 层，单层面积约 2 100 m²，层高 4.2 m，荷载 0.5 t/m²，可为企业提供小试、检测、办公空间，满足企业产、学、研一体化需求。厂房位于 3 栋，标准层面积约 5 785 m²，1~3 层不仅设置了三首层空间可以有效提高货车的可达性和效率，8~10 m 的层高也为市场提供了稀缺的高层高、大面积厂房。三层以上每层设有 2 部 5 t 汽车梯、4 部 3 t 货梯、4 个卸货平台，以及 1 条可直接开上厂房 3 楼的汽车货运坡道，解决货物垂直运输问题。同时每层可整租或分两户，12 m 的柱跨越生产线的灵活布置提供了较大的自由空间。在荷载设置方面 1~3 楼荷载达到 2.5 t/m²，其他楼层遵循从下到上逐渐较小的原则为企业提供专业生产空间（图 7-43）。

7.5.2 应用场景的特殊性

工业生产过程中，比较大型的设备由于自身的重量、体积问题对楼层的承重与层高提出了更高要求，高层工业厂房的安全问题需要摆在首位。高层工业厂房在规划容积率、建筑层高、楼板荷载、柱网间距、生产辅助设施等建筑工艺上，与传统工业厂房相比标准要高得多，对于配套服务设施等建设

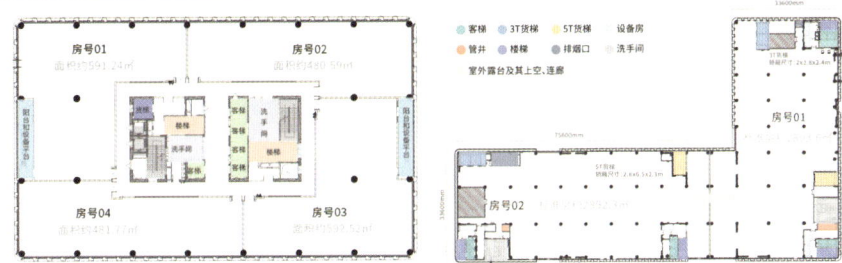

图 7-43 深圳坪山新能源汽车产业园
资料来源：深圳市坪山区产业投资服务有限公司

也要进行更加合理完善的设计。

不是所有产业都适合上楼，例如农副食品加工、家具制造、金属制品等产业就不宜上楼。

高层垂直空间量级拓展的同时，不同产业容易在同一楼层作业，但是部分企业由于生产条件较为苛刻，不适合在高层厂房进行生产活动。例如，生物制药方面的企业对于环境的要求比较突出，制药的厂房需要无菌、无尘的密闭生产空间，对周围的环境极为敏感，同时对楼层内的排气、排水等管道设施的布设、楼层层高也有比较高的要求，因而不适合同其他工业生产放在同一栋大楼里。

工业化时代热衷于高楼大厦，城市化进程不断加快，在园区土地面积紧缺的情况下，可以克服甚至是忽略高层工业建筑存在的弊端。未来作为历史遗留，在后工业化阶段和逆城市化现象出现时，高层工业建筑处置会面临很大的困难，在解决当前问题的同时又会带来新的难题，这也是部分城市对于"工业上楼"持谨慎态度的原因之一。

由于工业上楼在产业选择上存在一定限制，并不是所有企业都适合上楼。上楼产业最好是"精密小轻"产业，产业要符合轻型生产、环保型、低能耗等特征，生产工业流程要相对简单，对室内空间尺度要求较小，内部物流管线较少。一般来说，工业上楼的企业要能够将重量较轻、震动小的生产设备迁移至高层，像高端智能制造业，主要是工业互联网、智能装备及机器人、物联网等企业。比如有些工业生产要用到大型机器设备或重型起重运输设备，或者生产的产品体积重量很大，这类企业就不适合采用工业上楼的模式。此外，企业生产所产生的噪声、污染、辐射等也是能否上楼必须考虑的因素。因此，在综合考虑环保安全、减振隔振、工艺需求、垂直交通、设备载重5个要素，可以进一步分析哪些行业可以上楼。

从环保安全来看，对环境基本无干扰和污染的或有微量干扰和污染的产业适宜上楼，有严重干扰和污染的产业不适宜上楼。因此，使用、储存危化品的行业和生产过程容易发生火灾隐患的行业不建议上楼。从减振隔振来看，因高层建筑易产生共振，会对精密机器或仪表设备造成影响，因此对生产工艺无独立基础要求和生产工艺加工非高精度要求的行业可选择上楼。从工艺需求来看，受工业上楼厂房面积大小的限制，不宜为生产线尺寸较大的流程式生产的行业。从垂直交通来看，垂直空间运输载重不宜过大，原材料或生产成品单件重量是否≤3吨或原材料或成品单件尺寸是否≤2.5 m（长）×3 m（宽）×2.2 m（高）（即能进入货梯）就成为能否上楼的关键。从设备载重来看，厂房楼板承重不宜过高，其核心生产设备重量是否≤1 t/m^{2}也成为能否上楼的考察点。

通过分析，可梳理出重点鼓励上楼产业主要以通信电子类为主，各类通信设备、智能终端、智能装备、医疗器械因其设备与产品体积不大、重量较轻、零部件组装环节多的特点非常适合上楼，此外仪器仪表、生物医药、纺织服装行业的部分领域也同样适合上楼。

上海《自贸试验区金桥片区发展"十四五"规划》明确，金桥要着力打造"金桥智造城"品牌，着力打造"智能制造先行、产业转型示范、城市功能创新、绿色低碳引领"的世界一流智造城。金桥南区位于浦东新区唐镇东南，成立于2001年，历经近二十年发展，已进入产业迭代，产城融合的新阶段。金桥南区已挂牌上海市特色产业园区——上海金谷智能终端智造基地，试点浦东第一个"工业上楼"项目（图7-44）。

图7-44　金桥南区空间规划
资料来源：上海浦东规划建筑设计有限公司

金桥南区智能制造产业园区标准厂房项目由1栋仓库、3栋厂房、1栋配套楼组成，是服务于智能制造上游企业和电子信息，集研发、设计、生产于一体的定制产业园。在建筑单体设计上充分考虑定制化厂房的适配性，单栋面积、层高、荷载均按照高标准厂房要求设计，为特定产业领域的企业提供定制化、个性化、精品化的一站式空间载体方案，有效提高空间利用率，满足企业研发、生产、加工、仓储等一系列需求。同时每栋厂房根据不同需求设置适宜的公共空间。东南角厂房包含了定制厂房和办公业态，办公区位于三四层，结合四层屋顶景观平台设置轻餐厅，高标准定制化打造企业展示、研发空间（图7-45）。

金桥南区新能源汽车产业园区标准厂房项目位于浦东新区金桥出口加工南区关外产业园区内，引入产业园概念，集研发、设计、生产于一体的多功能现代工业用地物业开发模式，建成为新能源汽车制造企业总部产业园。项目除满足厂区传统需求外，进行功能化平面设计，将厂房、办公、企业展示等使用需求有机地融合在立体的空间内，一栋建筑即一个园区。这个项目是按照企业的个性化需求来完成企业产品、服务、配套全面升级。全周期定制化设计建设极大地缩短投产时间，为企业提供直接有效的服务。在建筑平面处理上交通核集中在北面呈一字排开，腾挪出南部开阔完整的产研空间，为多种业态自由组合提供了空间上的可能（图7-46）。

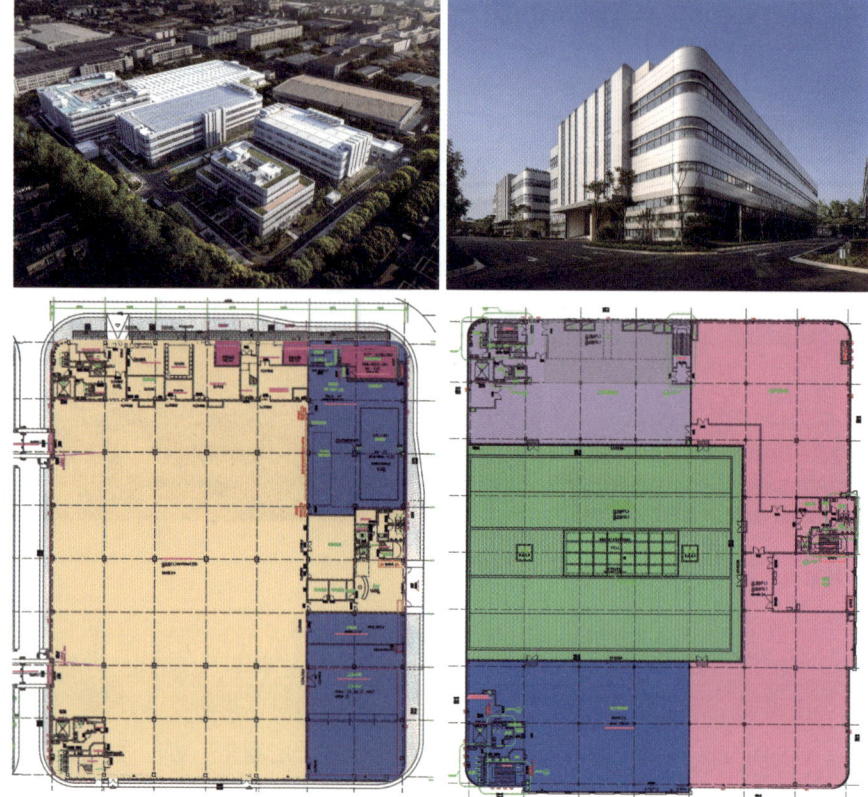

图7-45　金桥南区智能制造产业园区标准厂房项目
资料来源：上海建筑设计研究院有限公司

7.5.3　效益与经济的平衡性

作为新时代工业建筑代表，"工业上楼"项目需在形象升级上适配产业升级。同时作为效率优先、成本管控严格的生产型企业载体，通用型园区开发应把控成本管控及项目品质之间平衡点，成本投放有的放矢。在保障生产物理空间好用的基础上，合理控制造价，降低入驻企业买租成本，增强厂房产品竞争力。

"工业上楼"不仅仅是生产空间的简单叠加，更是制造业进步需求的一个缩影，从空间形态到配套设施，都需提出更高的要求。上楼后的产业密度更高，聚集效应也会随之增强，园区管理需要跟上企业不断更新的体系。园区的硬件设施和运营服务相辅相成，技术的进步与意识的突破互相成就，必将带来更多值得期待的长足进步。

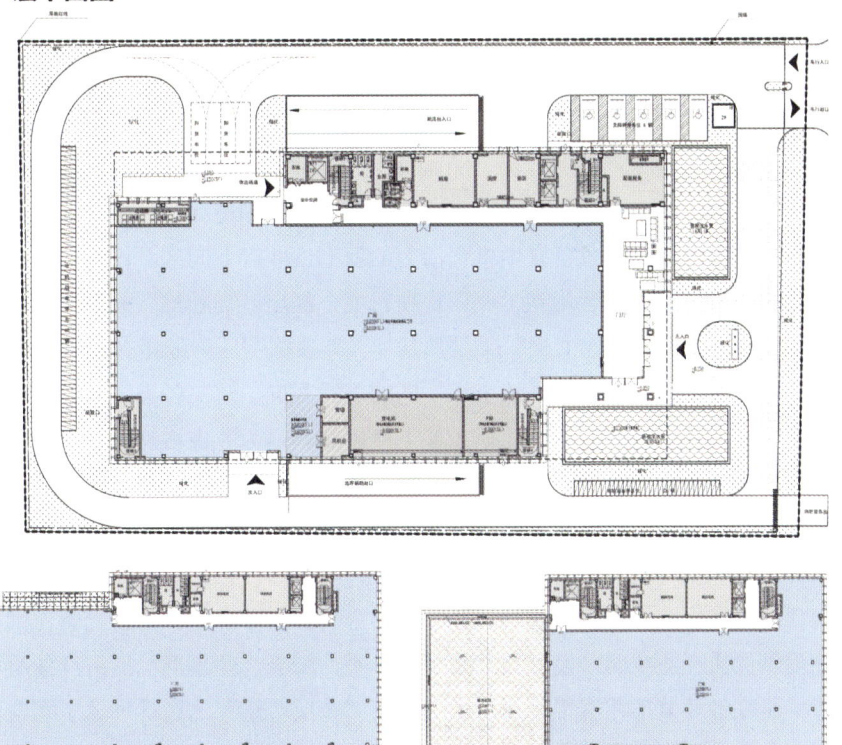

图 7-46　金桥南区新能源汽车产业园区标准厂房项目
资料来源：上海建筑设计研究院有限公司

"工业上楼"项目虽然具有产业聚集效应，但不同产业及同一产业上下游企业在企业规模、出货量级、生产设备要求等方面仍具有较大的差异。因此"工业上楼"产品除满足部分特殊产业的特殊需求外，多数为通用类产品。"通用型园区"在设计之初不仅应当充分调研市场，了解未来预期入驻企业现实需求，也应当在产品设计上预留足够的平面弹性，以满足不同企业对于建筑空间及企业未来成长需求。平面的弹性通常体现在产权分割清晰，面积段组合灵活以及产品多样性几个方面。不同地区政策对于厂房最小单元的划分有不同规定，如深圳市通常要求厂房户内建筑面积不得小于 1 000 m²，厂房平面设计时应在满足使用效率的前提下，尽可能以小面积划分产权，便于出售和使用灵活。厂房标准层面积段通过分户组合方式可形成不同面积段区间，以满足不同客户的差异化需求。市场上生产型厂房面积需求面积大多在 2 000~4 000 m²，所需产线长度集中在 30 m 以下，30~60 m 以及 90~120 m。通过条形基本平面及平面组合，方形平面多拼组合可满足不同企业面积及产线长度需求。

中国节能集团杭州环保产业园项目一方面设计出了更适应市场的产品类型，在限定的面积内提供了多样化的空间选择，以此提升土地利用率、产业承载力和工业建筑产品力；另一方面则是对工业园区的空间组织方式创新，在保障生产流线的高效、与城市互通互联的同时，创造绿色可持续、具有社区感的园区环境，形成富有生机和活力的新型工业产业园区。设计中将人居领域的叠墅产品思路运用到工业厂房项目上，提出"类独栋"概念，并确定多层独栋厂房 + "工业上楼" 平层厂房 + "类独栋"厂房的组合模式。四种不同的产品类型精准定位当地市场不同的目标客群，解决各类企业不同的需求痛点，在满足高容积率的前提条件下尽可能多地为业主增加项目货值，加快项目去化速度（图 7-47）。

宝龙专精特新产业园采用"低成本开发 + 高质量建设 + 准成本提供"模式开发共总五个地块，总体容积率达到了 4.53，计容建筑面积约 40 万 m²，包含高标准厂房、配套商业、宿舍、食堂等公共服务配套，为符合条件的企业提供优质产业空间。设计从产业研究入手，细分产业集群，拆解产业链环节，研究各环节工艺流程特点，进而提出"叠层产链"的设计理念。意在为制造业提供可完美落位产业链各环节生产需求、促进上下游集聚的高标准产业空间。在"叠层产链"模型中，首层层高 8 m，荷载 2 t/m²，底部大生产圈层锚定产业链核心重生产环节。上部小生产圈层中，2~4 层层高 5.4 m，荷载 1.2 t/m²，锁定产业链的中型生产环节。5~10 层为"通用生产模块"，层高 4.5 m，荷载 0.8 t/m²，锁定产业链上下游优质成长型企业的研发、中试及小规模中轻型生产。每栋厂房沿短边设置核心筒服务模块，每个模块包含 2 部 3 t 货梯，两部客梯、集中设备平台、卫生间、机电工艺管井等要素，结合东西上下分户，可实现每家企业独立入户、独立客货运的需求。这种自

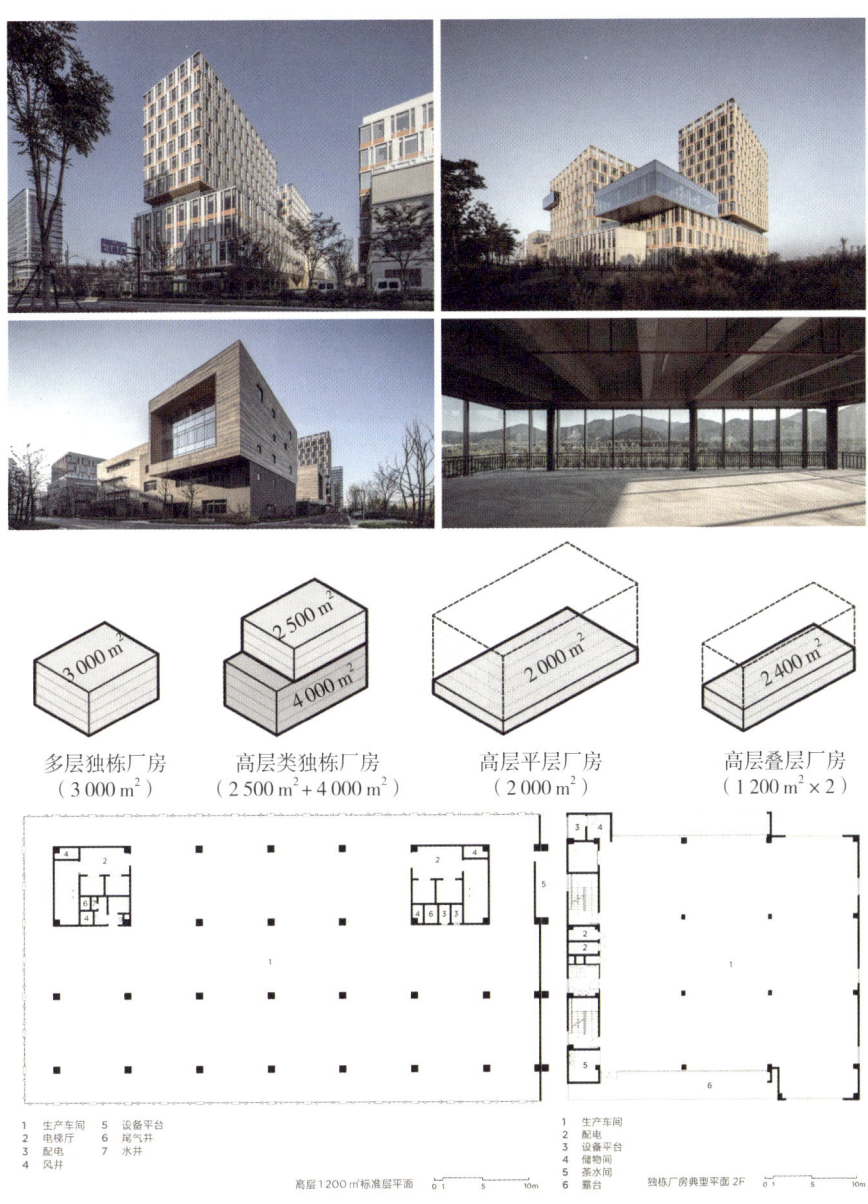

图 7-47　中节能杭州（富阳）环保产业园
资料来源：line+ 建筑事务所、gad

下而上的设计思路，可以促进产业链的各个环节有机复合，叠层落位，打造"一体化产业链群"，优化产业集聚发展，打造满足企业全生命周期成长、产业链生态完整闭环的先进制造业园区（图 7-48）。

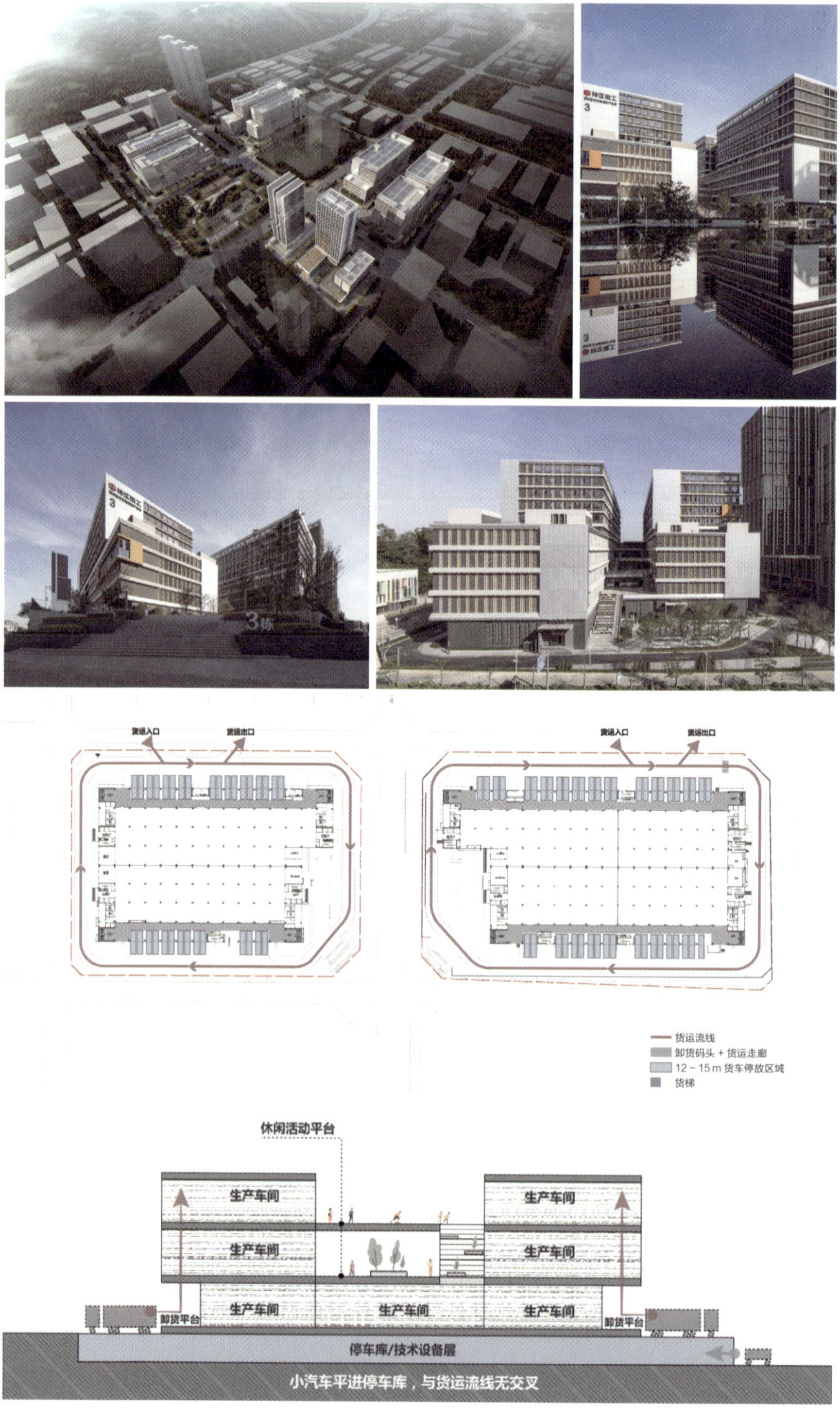

图 7-48 深圳宝龙专精特新产业园
资料来源：奥意建筑

7.6 产业建筑的更新改造

7.6.1 低效产业用地的再更新

在城市化的空间扩展过程中，郊区的产业建筑逐渐被城区包围，有污染或噪声的产业不得不面临着再次郊区化的问题，保留下来的产业建筑或产业升级的需要进行升级改造。2024 年起上海就强调要以城市总规为统领，全力推动城市更新。在已经明确进入存量时代的背景下，要实现"五个中心"的目标，只能通过城市更新向低质、低效的土地资源要功能、要空间、要效益。上海正通过试点探索更新提质路径，再全面推广至全市，以点带面，先行先试，如大吴淞的试点经验正影响并推进了低效产业用地的梳理与盘活。

伴随着宝山区的产业转型，宝武集团的部分产业功能从上海宝山区搬迁到湛江，留下了大片的限制钢铁业厂房。一座废弃的不锈钢工厂长达 860 m 的厂房被改造为上海美术学院吴淞校区，不仅保留了其独特的工业骨架，更将扩建为上海美术学院崭新的总部，将成为中国艺术学生和国际艺术交流的重要舞台。设计方案以"时间回廊"为理念，本着尊重场所历史精神，保护重要风貌元素，延续当地历史文脉的原则，对型钢厂房连续的柱网与屋架结构进行了最大限度保留与重构，在还原其宏伟壮观的空间尺度感的同时，也为新的展览、表演、演讲、实验空间增添了一份钢铁工业的记忆。

上海美院吴淞校区以中间教育核心为设计的锚点，西侧国际教育中心和东侧图文信息中心为美院的对外延伸，三部分连为一体，达成一个既有内部核心、又有对外开放的完整校园体系。这座总建筑面积约 22 万 m^2 的建筑，除了为教员提供舒适的用房外，还设有工作室、论坛、图书馆、体育设施、博物馆和展览区，甚至还包括餐厅和零售空间，充分展现了其功能的多元化。这座充满韵律感的建筑，不仅仅是一个学术机构的新家，更是城市更新与再利用的典范，向世界展示了工业遗产与现代设计的完美结合（图 7-49）。

7.6.2 工业建筑的再利用

工业建筑也是城市历史的一部分，记载了城市产业经济的文化和故事。当技术的革命带动产业的更新换代，新的格局带来新的变化。作为历史一部分的产业建筑何去何从也留给了后来者很多思考。随着城市更新与工业遗产保护意识的增强，旧工业建筑的改造与再利用成为了城市文化传承与创新的重要途径。不仅保护和展现了历史工业建筑风貌，并形成了新功能业态以焕

图 7-49　上海大学上海美术学院（吴淞校区）
资料来源：gmp

发新生，更是一次深度解读其内部价值、构造美学的过程。

上海百诺巧克力梦工厂作为上海核心市区内极少有的生产性工厂，在改造时除了满足综合发展的需求之外，着重打造高附加值的文化设施，与产业产生联系并激发新动力。最终设计将旧工业厂房打造成为一个兼具工业建筑质感和文化建筑功能的综合型博物馆，项目在保留原有生产功能下，同时融入文化展览、工业研发等功能，作为一个集工业、研发、办公、学习、娱乐、购物、互动于一体的综合型空间体验的开放式园区，服务于多样的使用人群，包括工厂工人、研发人员、行政办公人员、外来参观人员等。博物馆部分以巧克力制品作为主打概念，将食物元素与建筑混糅，将其打造为一座个性化的、能激发创造力的灵感建筑。同时项目由原来的低层厂房改扩建为高层智造楼，工业建筑向城市型综合体转变，不仅可以提质增效，又打造城市精神标识和文化地标，也是原料加工厂、食品加工厂与品牌营销走向三产融合的必然选择（图7-50）。

北京金隅兴发科技园为原金隅水泥厂工业遗产改造项目，坐落于怀柔科学城，总建筑规模约7万m^2。水泥厂工业建筑群更新为绿色低碳智慧园区，包括北京雁栖湖应用数学研究院区、综合管理服务区、孵化器办公区、高等研究院区、专家工作室区五大片区。改造设计的意义有效地把水泥厂的老厂区融入了当下城市空间，更将其转变为一个集科技研发与学术交流的多功能科学园区。改造后的园区在立面、屋面材质和色调等方面，通过采用"素混凝土、红砖"等原厂区典型符号，与园区历史脉络做出呼应。园区内的现存建筑均在原有结构基础上进行升级改造，如十八仓，是园区内最高和最长的保留建筑单体。设计采用"既有建筑利旧＋换新"的方式，通过空间的立体组织，首层布置公共活动空间，2~5层为研究生宿舍或公寓。教学科研楼由原来的皮带廊及堆场改造而来。初碎车间改造为丘成桐先生办公区，中碎车间改造为数学院餐厅，锥形建筑帐篷库将转换成多功能展厅，水泥袋装站台改造为科学档案馆，石灰石均化库改造为大型实验室等（图7-51）。

科技公司戴森的全球总部将始建于1926年的新加坡圣詹姆斯发电站首次融入了现代元素，采用了尊重现有遗产建筑的园区式总体规划，提供一个可持续的、以人为本的工作场所。总部的核心是四层楼高的原涡轮大厅，这个中央空间作为一个流通枢纽，连接所有区域。在另一端，毗邻工作咖啡厅的是露天剧场，形成一个分享经验的目的地，鼓励交流、实验和不断学习。戴森全球总部的主要目标是要提供一个能更好地支持科学家和工程师研究未来技术的空间。在尊重现有的传统建筑的同时，精心的规划分区满足了所有

图7-50 上海百诺巧克力梦工厂博物馆
资料来源：上海创霖建筑规划设计有限公司－泽柏

图 7-51 北京金隅兴发科技园
资料来源：HPP+ 北京市建筑设计研究院股份有限公司、北京建院装饰工程设计有限公司

部门的不同需求。安静区、医疗室、母婴室与祷告室等一系列包容性便利设施体现了对员工身心健康的重视,位于顶层的景观露台为邻近的会议和社交空间增添了自然触感(图 7-52)。

图 7-52 新加坡戴森总部
资料来源:M Moser Associates

参考文献

［1］ 卢济威,庄宇,陈泳,等.城市形态组织论［M］.北京:中国建筑工业出版社,2022.
［2］ 博远空间.智慧园区设计［M］.香港:博远国际出版有限公司,2021.
［3］ 佳图文化.总部科技园Ⅲ［M］.广州:华南理工大学出版社,2015.
［4］ 高迪国际出版有限公司.产业园［M］.苏艳娇,李晶,马骞,译.大连:大连理工大学出版社,2013.
［5］ 高迪国际出版有限公司.科研建筑［M］.许雅杰,杨华,译.大连:大连理工大学出版社,2013.
［6］ 高迪国际出版有限公司.办公总部基地［M］.曹亮,译.大连:大连理工大学出版社,2013.